JN029004

都市計画

第4版

川上光彦 著

森北出版

●本書のサポート情報を当社Webサイトに掲載する場合があります.
下記のURLにアクセスし,サポートの案内をご覧ください.

https://www.morikita.co.jp/support/

●本書の内容に関するご質問は,森北出版 出版部「(書名を明記)」係宛
に書面にて,もしくは下記のe-mailアドレスまでお願いします.なお,
電話でのご質問には応じかねますので,あらかじめご了承ください.

editor@morikita.co.jp

●本書により得られた情報の使用から生じるいかなる損害についても,
当社および本書の著者は責任を負わないものとします.

■本書に記載している製品名,商標および登録商標は,各権利者に帰属
します.

■本書を無断で複写複製(電子化を含む)することは,著作権法上での
例外を除き,禁じられています.複写される場合は,そのつど事前に
(一社)出版者著作権管理機構(電話03-5244-5088,FAX03-5244-5089,
e-mail:info@jcopy.or.jp)の許諾を得てください.また本書を代行業者
等の第三者に依頼してスキャンやデジタル化することは,たとえ個人や
家庭内での利用であっても一切認められておりません.

第 4 版 ま え が き

　第3版の発行からおおむね4年，初版からおおむね13年が経過している．それぞれの版で何回かの増刷を重ねた．これは，多くの教育機関において教科書として採択いただいた結果であり，そのことに感謝しつつ，都市計画を学ぶ導入的なテキストとして活用されていることに引き続き大きな責任を感じている．

　初版および第2，3版の「まえがき」に書いた都市計画の課題などについては，基本的に同じことを指摘できるが，都市計画の背景となる社会経済状況の変化がみられる．人口減少，少子高齢化や単身世帯の増加が持続的に進展し，それらに伴い，人々の意識やライフスタイルが変化している．また，地球温暖化による気候変動とそれに起因する水害の多発や深刻化がみられる．さらに，インターネットの普及やAI技術の進展などにより，都市での生活や形態が変化しつつある．これらをふまえつつ都市計画を検討していく必要がある．

　都市計画の地方分権が進み，市町村の権限が大きくなっており，地域特性に合わせた施策の検討と展開が求められている．一方，市町村間の連携や市町村を超える圏域での都市計画のあり方も検討する必要があり，それに関連して都道府県のより積極的な方向での役割の見直しも必要である．

　第4版の改訂に際しては，掲載データをできるだけ最新のものに更新した．そのほかに，講義などで消化できる分量を維持しつつ，近年の制度的変更などをできるだけ取り上げるようにした．それらには，都市計画基礎調査のオープンデータ化，立地適正化計画における防災指針の組み込み，道路や公園などの都市施設を都市空間として活用した地域活性化への取り組みなどがあげられる．

　第4版への検討に際しても，それぞれの専門分野で活躍されている方々にお願いして提案や示唆をいただいた．阿部成治氏(福島大学)，陣内雄次氏(宇都宮共和大学)，岡井有佳氏(立命館大学)，沈振江氏(金沢大学)，関口達也氏(京都府立大学)，三谷浩二郎氏(石川県)，木谷弘司氏・本光章一氏・小柳健氏(金沢市)，西澤暢茂氏(新潟市)，埒正浩氏・片岸将広氏・眞島俊光氏(日本海コンサルタント)，大和裕也氏(福井高専)，豊島祐樹氏(石川高専)の各氏である．また，出版に際して森北出版の加藤義之氏にお世話になった．これらの方々に対して深く感謝申し上げる．

　本書を通じて，都市計画の基本的な内容について学び，都市計画やまちづくりに関わるさまざまな分野で活躍いただければ筆者の心からの喜びとするところである．

　　2021年9月

著　者

まえがき

　わが国は，明治以降の近代化の中で，西欧諸国の先進国をモデルとして，近代的な都市計画制度とそれに基づく都市づくりに取り組んできた．その中で，都市計画に関するプランを描くとともに，法的な規制を通じて土地利用計画の実現や誘導を行い，都市計画事業などにより都市基盤施設の実現を図ってきた．しかし近年，社会はますます急速に変化し，都市の問題や課題も増え，都市計画として対応すべき諸問題も多くなってきた．

　こうしたなか，さまざまな分野においてめざすべき方向性と構築されてきた仕組みなどが見直されている．都市においても，災害に強い安全で安心できる環境づくり，地球環境問題や持続的発展のためのあり方などが重要なテーマとなっている．都市計画では，そうした動向をふまえつつ，近代的な都市計画制度の確立に向けてつぎのような新しい取り組みをする必要がある．

- ・都市計画マスタープランの充実などにより，都市全域を対象とする基本計画と地区レベルにおける計画の二段階的計画制度を充実させていくこと
- ・国，都道府県，市町村の役割を見直しつつ，都道府県などによる広域的な計画や調整のもとに，市町村主体の都市計画制度へと変革していくこと
- ・都市計画を本来的な総合的環境形成のための制度へと充実させていくこと
- ・さまざまなまちづくり活動と積極的に連携するようにしていくこと
- ・計画に関連する情報のよりいっそうの公開と住民参加を拡大すること

　さらに，これらを担うことができるプランナーなどを育成していくことも大切である．

　本書は，都市計画の入門書として，計画の理論と制度の基礎から実務的な内容の概要まで，総合的に扱っている．内容は，都市計画の歴史的流れ，諸外国などの理論や事例，都市基本計画や各分野における計画のための調査や計画の立案方法の概要を説明している．また，後半部においては，都市計画制度について，できるだけ新しい内容や事例などを整理しながら，基本的なことについてわかりやすく説明している．各章末には，演習問題を掲載し，その解答例を巻末に示した．さらに巻末には，執筆にあたり参考とした文献を掲載した．

　本書の特徴は，都市の基盤施設計画から景観設計まで幅広く扱っていること，前述のようにその重要性から都市の環境計画や防災計画を独立した章として充実させていること，都市計画制度については，わが国が参考としてきた諸外国について紹介するとともに，わが国の制度についてもていねいに紹介している．

　本書を執筆するに際して，多くの方々にお世話になった．とりわけ，図表の作成には，城戸隆良氏（金沢大学技術専門職員）に協力いただき，出版に際しては，森北出版株式会社の石田昇司氏にお世話になった．深く感謝申し上げる．

　本書を通じて，都市計画への理解を深め，都市計画や関連分野，まちづくり活動などについて関心をもち，さらには，読者自身が都市計画の進展に貢献いただければ，筆者の心からの喜びとするところである．

　　2007 年 10 月

著　者

目　次

第13章　日本の都市計画制度

第1章

都 市 論

本章では，都市計画の対象である都市や都市的地域の特性について説明し，わが国における都市や市街地の定義と実態について述べる．また，都市計画がいままでに対応してきた都市問題について，産業革命期以降の古典的なものと現代のものとに分け，それらの特徴について説明する．

1.1 都市の定義

人類は，狩猟・採集を行っていた社会から約五千年前に農耕・牧畜の社会へと変化し，その結果，定住の場として都市が誕生した．そこでは，富の蓄積により階級的社会が形成され，さまざまな都市文化が勃興し，専業的役割（職能）が確立していった．これを原始的都市社会という．

都市社会の特徴は，農村的社会と対比して把握することができ，それらは，集住性，産業構造，社会経済的役割，さらには，人々の社会的関係などによって特徴づけられる．集住性とは，一定の限定された地域に相対的に多くの人々が定住していることを意味する．わが国では，国勢調査による統計的地域区分である**人口集中地区（DID，Densely Inhabited District）**から得られる統計を用いることが多い．産業構造とは，一般的に農業よりも生産性の高い非農業的産業が成立している状況を意味している．わが国では，国勢調査などに基づいて，産業大分類別で第2次，第3次産業の就業人口が一定割合以上を占めることを「市」の要件にしている．

図1-1は，DIDの人口と面積の推移を示している．1960年から2015年にかけて面積は約3.3倍，人口は約2.1倍に増加し，人口密度は0.64倍となっている．このことから，モータリゼーションの影響などにより，人口密度を低下させながら市街地が拡大してきている状況がわかる．

わが国における行政上の都市としては，基礎的自治体である市町村の「市」があり，それらのうち一定要件を満たすものについては，政令指定都市，中核市，特例市として，行政上の特別の権限が認められている．これらのうち，**政令指定都市**は地方自治法の1966年の改正により創設されたもので，人口50万人以上の都市で，とくに政府が政令で指定した都市に道府県の事務権限の一部

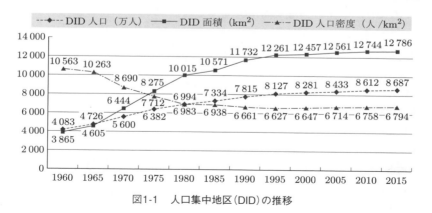

図1-1　人口集中地区（DID）の推移

を委譲する制度である．指定要件の規模としては，実際には人口70万人程度の都市を対象としており，2021年3月現在で20が指定されている．

また，**中核市**は，政令指定都市に準じた権限をもたせる制度で，1994年の地方自治法の改正によって創設された．1996年4月に最初の12市が移行し，2021年4月1日現在で62市が指定されている．中核市の要件は，人口30万人以上，面積100平方キロメートル以上で，人口50万人未満の場合は，**昼夜間人口比率**が100以上として始まったが，地方分権を推進する流れの中で人口以外の要件は廃止され，また，2015年より人口要件も20万人以上になった．

人口集中地区（DID）

DIDは，市町村合併により，わが国の「市」が農山村的地域を多く含むなど，必ずしも都市的地域を表さないようになったため，1960年の国勢調査より実質的な都市地域を表すために導入されたものである．人口密度40人/haの**基本単位区**（1990年までは調査区）が隣接し，人口5 000人以上になる区域と定義されている．国勢調査年ごとに確定され，各種統計が報告されている．都市計画分野においても都市的地域（市街地）を表すものとして用いられることがある．

昼夜間人口比率

昼夜間人口比率は，夜間人口100人あたりの昼間人口のことで，都市の中心性を表す指標として用いられる．常住人口は，住むなど常住している人口で夜間人口ともいう．昼間人口は，常住人口から就業や通学などによる出入りを考慮した人口で，通常の昼間に滞在している人口である．昼夜間人口比率が100以上の場合，都市の中心性が高いとする．一般的には，都市の中心部では100以上となり，郊外では100未満となる．

さらに，2000年4月からは，地方分権をより一層進めるために特例市の制度が発足した．**特例市**は中核市に準ずるものであり，指定要件は人口20万人以上である．市からの申し出に基づいて指定され，中核市に委譲されている同じ権限については，一部を除いて委譲される．2015年より特例市制度が廃止され，現在，制度廃止時に特例市であったもののみが継続指定され，2021年4月1日現在で23市が指定されている．

農村社会の人間関係は，一般的に小規模で，生産と生活が一体となった濃密な人間関係を特徴とする．一方，都市における人間関係は，一般的に個が尊重され，多様で複雑な関係があり，会社における雇用関係のように，契約によって成立しているような形式が多い．また，転職や住宅の住替えなど移動性が高い．とくに大都市地域では人口密度が高く，多くの人々が集住するが，人々の関係は必ずしも緊密ではない．そのような状況を指して，人間関係の砂漠化と比喩されることもある．

都市と農村は以上のように対比的にとらえられてきたが，今日ではやや様相が変わってきている．とくに，わが国など先進諸国においては，高等教育の普及，テレビ，新聞，電話，インターネットなどの情報通信システムの発達，自動車などによる交通運輸施設の発達に伴って，都市と農村に居住する人々の生活意識，ライフスタイルが類似したものとなり，それほど差異はみられなくなってきている．乗用車保有台数は，1960年代以降，急速に増加しており，また，携帯電話など移動電話の加入者数も1995年以降，やはり急速に増加している（8.4節参照）．これらの結果，農村的地域に居住する場合でも，農業を生業とする割合が小さく，非農業的世帯の居住割合が徐々に大きくなってきている．これらのことから，都市的要件としての集住性は，あまり意味をもたなくなってきた．

1.2　都市の成り立ち

都市は，その特性に応じて，さまざまに分類で

表1-1 都市の分類

大項目	小項目	都市の種類
地理的立地	位置的条件	臨海都市，内陸都市
	属地地形条件	丘陵都市，高原都市，山岳都市
	気候条件	積雪地都市，豪雪地都市，寒冷地都市，亜熱帯都市
歴史的系譜	時代区分	古代都市，中世都市，近世都市，近代都市，現代都市，未来都市
	都市の起源	城下町，門前町，宿場町，市場町，国府，軍都，開拓村
都市機能		国際都市，政治都市，軍事都市，商業都市，産業都市，工業都市，観光都市，保養(リゾート)都市，住宅都市(ベッド・タウン)，学術都市，大学都市，宗教都市
人口規模・人口動態		大・中・小都市，巨大都市，メガロポリス
階層的関係		首都，県庁所在都市，地方中枢都市，地方中核都市，地方中心都市，核都市，拠点都市，母都市-衛星都市
形 状		線形都市，帯状都市，同心円構造都市，扇形都市
そのほか		田園都市，新都市(ニュータウン)-旧都市(オールドタウン)，双子都市(ツイン都市)，スマートシティ，スーパーシティ

きる．表1-1にその分類を示す．

ヨーロッパの都市の多くは，領主の城または商業中心地として発生したため，都市の周囲に防衛のための城壁をめぐらしていた．そこでは，都市の市民が居住し，農村とは異なる都市的生活があった．そうした歴史的経緯から，現在でも多くの都市で城壁やその痕跡を認めることができ，また，都市と農村との境界が明確である．中国などの都市も，基本的には同様である．

一方，わが国の場合は，城下町のような領主の居住地として発達した都市が多いが，城壁は領主の館を中心とするもので，都市と農村の区分は明確ではない．また，西洋の都市に存在した市民権をもつような自立的市民や，市民生活は存在しなかった場合が多い．そのため，近代化の過程でも，都市と農村との領域が曖昧なままに市街地が周囲に拡大し，多くの都市居住者も，農村居住者とさまざまなつながりをもちながら生活してきた．

1.3 都市問題

都市的地域では特有の問題，すなわち都市問題がある．都市問題としては，産業革命による工業化に伴い発生した古典的都市問題と，現代社会において特徴的にみられる現代的都市問題がある．

1.3.1 古典的都市問題

産業革命により都市は工業生産の場となり，農村の過剰人口が都市に安価な労働力として流入した．その結果，都市には，劣悪な労働環境，居住環境が出現した．このような状況下で発生した都市問題は，都市が産業資本による利潤追求の場となった問題ということで古典的都市問題とよばれる．当時の労働者の居住環境は，住宅や上下水道などが不十分で，また過密居住でもあったため，不衛生であり，伝染病が発生するなどの大きな問題をもたらした．また，生産活動に伴う工場の煤煙，河川の汚濁などが，自然の自浄能力を大きく越えて発生した．

図1-2は，英国ロンドンにおける，そうした労

図1-2 ロンドンの19世紀の労働者街
([出典] ギュスターヴ・ドレ，1872)

働者街の劣悪な居住環境を描いたものである．住宅の後庭側を見たものであり，石炭利用による大気汚染，過密居住などの状況がうかがえる．そのほか，低賃金での長時間労働，婦女子の深夜労働，犯罪の多発なども問題であった．

ヨーロッパ諸国における近代都市計画の発端は，これらの都市問題の解決を主な命題として始まったものである．また，これらの社会問題に対してキリスト教の土壌に基づく博愛主義的な慈善活動が多く行われた．それらの結果，イギリスの**公衆衛生法(1848)**をはじめとする一連の改革の法制度の整備がなされた．さらに，良心的な工場経営者や社会改良家がユートピア的な工場村を作る試みも多くみられた．その中で，**ロバート・オーウェンの理想工業村**の提案(1816)や，エベネーザ・ハワードの田園都市の提案(1898)などが有名である(2.3.5項参照)．

1.3.2 現代的都市問題

現代的都市問題の様相は，古典的都市問題とは大きく異なる．

古典的都市問題は，公衆衛生の発達，労働条件の改善，居住環境の整備，教育制度の充実，福祉制度の発展などの社会的制度の整備により徐々に改善されてきた一方，生産性の向上により，生活のあらゆる面にわたって工業製品が使われるようになり，生活様式が大きく変化した．このことによって，工業製品の大量生産と大量消費による生活様式の画一化，資源の大量消費と廃棄によるごみなどの処理問題，大気や水環境における汚染の深刻化などの環境保全問題などが発生してきている．これらを現代的都市問題という．

こうした問題は，大都市において深刻である．わが国は人口密度が高いこともあり，大都市が多く，その人口比率が高い．とくに，東京圏の人口や産業の集中度は高く，全国人口の約3割が集中しており，**東京への一極集中**とよばれている．

大都市では，居住環境の劣悪化が深刻である．住宅や宅地も狭小であり，土地の所有関係が細分化され，急速な都市化などにより，保育園，義務教育施設，下水道などの生活関連施設の不足または未整備などの諸問題を抱えている．たとえば，新しく建設される居住専用建築物のうち，敷地規模が$100\,m^2$未満の住宅棟数割合は，2015年の場合，全国平均は20%であるが，東京都44%，大阪府48%であり，しかも年々その割合が増加してきている．

また，都市の過密化は，一方で緑地の喪失，文化財の改廃などの問題ももたらしている．さらに，自動車の急速な普及によるモータリゼーションの進展は，交通渋滞や交通事故など深刻な問題を引き起こし，幹線道路沿道では，騒音，振動，排気ガスなどによる環境汚染や健康被害をもたらしている．これらは，工場などによる公害とは発生メカニズムや対策が異なるため，都市公害という．

都市への人口集中は，低湿地，河川氾濫原，低丘陵地などの宅地化をもたらした．その結果，大雨や震災などに弱い地域を増加させ，災害に脆弱な都市構造となった．さらに，地下水の過度の利用による地盤沈下，石油など化石燃料による大気汚染も加わり，この問題はより一層深刻になってきている．こうした都市問題は，都市化の進展とともに，その量的質的様相を拡大深刻化させ，しかも多くの場合，老人，身体・精神・知的障害をもつ人々，子供，低所得世帯など社会的に弱い立場の人々への圧迫となって現れてきている．

都市化に伴う**アメニティ**（総合的快適環境）の減退も見逃せない．都市化の進展は，前述のように工業化社会の発展でもあり，モータリゼーションの進展による車の氾濫でもある．その結果，工業製品を用いた建築や土木施設などから構成される画一的景観が多くなり，人間的（ヒューマン）な空間や景観が少なくなってきている．それに伴って，それぞれの地域固有の歴史的景観や伝統文化が失われてきた．このような状況の中で，本来一体のものであった生産活動と生きがいが遊離してしまい，伝統的コミュニティが弱体化し，都市で生活することによるストレスが増加している．また，都市型犯罪が増大するなどの諸問題の発生と，それらによる人間性の喪失も指摘されている．

1.4 日本の都市と都市化

　日本の都市の都市化は，現代的都市問題としての共通の特徴をもっているが，日本独自のものもある．たとえば，前述のように歴史的特性としてヨーロッパの都市と異なり，日本の都市は都市を囲む城壁をもたず，都市と農村の境界が不明確であった．また，わが国の建築物は，伝統的に木造を主体としてきたため，現在でも木造建築物の比率が高い．その結果，多くの木造建築物によって構成されている市街地が都市内に広範に存在しており，火災延焼の危険性が高いという問題がある．また，木造建築物は，一定の耐用年数ごとの建築更新を前提としているため，比較的短いサイクルで建築物が更新され，それに伴って街並みも変化しやすい特徴をもっている．

　とくに，戦後における民主化の流れの中で**建築の自由**が広範に認められてきたため，建築技術の変化や経済的合理性追求の結果として，建築主の価値観だけで個々の建築活動がなされるようになってきた．その結果，建築物の外観がばらばらで街並みが不統一になるなど混乱した様相を呈してきている．これは，わが国が明治以降つねに規範として参考にしてきた欧米諸国の都市計画が，都市美や街並みの美しさを大切な目的としてさまざまな制度を確立してきているのに対して，大きく異なる点であるといえる．

1.5 開発途上国の都市と都市化

　世界には多くの大都市がある．国連の推計によると，**2016年**の人口は，デリー**2645万人**，ムンバイ**2136万人**，メキシコ**2116万人**，ダッカ**1824万人**，マニラ**1313万人**などである．これらは**開発途上国**における大規模都市であるが，人口増加の多くは，農村の過剰人口が都市へ流入したことによるものである．彼らの多くは不法定住者であり，一般的に各都市において**2～3割**の人口が**スクウォッター地区**とよばれる場所に居住しているといわれている．

　このような都市問題に対応するための方法としては，人口増加を抑制するための家族計画の普及のほかに，都市計画的な対応として，住宅，道路，上下水道などの**基礎的定住基盤施設**の整備がある．また，そのほかの方法として，都市への人口流入を抑制するために，地方に工業などの拠点都市を形成し，そこへ農村の過剰人口を吸収することも進められている．

> **スクウォッター（squatter）地区**
> 　開発途上国において，農村の過剰人口が都市へ流入し，廃ビル（廃墟ビルともいう）や河川敷，都市周辺の公有地などへ非合法的に居住した地区のことをいう．低質な居住環境であり，貧困や病気，犯罪などとも関連している．都市人口の3，4割にも達することがあり，大きな社会問題の一つである．その解決に，わが国をはじめ先進国の果たす役割が求められている．

　わが国の場合，先進国として開発途上国へ各種の支援を行う義務があり，都市計画の分野においても支援の必要性がある．すでに，そうした技術移転の一環として，わが国で発達した**土地区画整理事業（13.3.2項参照）**の仕組みについて開発途上国の技術者研修などを行う努力がされている．

1.6 社会変化と都市

　20世紀には都市が大きく成長し，社会的，経済的に重要な役割を果たすようになった．そのため，**都市の時代**とよばれることがある．わが国の場合，21世紀に入り，経済成長は低成長またはマイナス成長へと変化した．また，年齢構成は少子高齢化の影響で成熟社会となり，都市問題とその対応も交通手段や情報通信システムの発達に伴い，グローバルな（地球環境全体の）問題としてとらえる必要があるなど変化してきている．

　わが国の総人口は**2010年**に約**128百万人**でピ

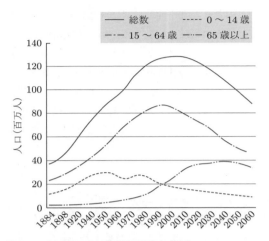

図1-3　わが国の人口変動の推移と予測
（社会保障・人口問題研究所による資料と推計値，より作成）

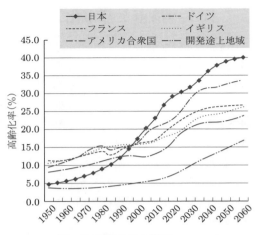

図1-4　高齢化率の推移
（高齢社会白書，より作成）

ークに達したが，その後，減少に転じた．図1-3に示すように，2017年4月の推計によると，中位推計で2065年に88百万人（2010年の69％）になる．年少人口（0〜14歳）と生産年齢人口（15〜64歳）および高齢者人口（65歳以上）の割合は，それぞれ2010年の13％，64％，23％に比較して，2065年には10％，51％，39％となる．また，こうした人口構造の推移による高齢化は，図1-4に示すように，ほかの先進国に比較して短期間に進み，しかも高い比率になることが予測されている．

このような状況の中では，都市においても，持続可能な社会経済の仕組みの追究，そのための各種資源などのリサイクルシステムの確立などが必要である．また，情報通信システムの一層の発達が，産業や生活のあらゆる面にわたって広範な影響を与えていくものと思われる．

インターネットの利用は持続的に増加し，国の調査によると2019年12月において個人で90％とほとんどが利用しているといえる状況である．60代91％，70代74％と高齢者も多くが利用してい

人口の指標

　人口の年齢構成を年齢階級で3区分し，年少人口（0〜14歳），生産年齢人口（15〜64歳），高齢者人口（65歳以上）で表す．また，人口の変化（動態と称す）は，自然増減（出生者数から死亡者数を引いたもの）と社会増減（ある地域の転入者数から転出者数を引いたもの）で表す．さらに，出生率は，女性が一生の間に生む平均人数を合計特殊出生率で表す．出生率の低下は，先進国共通の現象であるが，わが国は最も低いほうである．長期的な人口減少傾向はそのことに起因する．

合計特殊出生率

　女性が一生の間に生む子どもの平均値である．具体的には，15歳から49歳までの女性の年齢別出生率を合計した数値で表す．人口が増減しない理論値は2.08程度である．わが国は，第2次大戦後1947〜1949年に4.0以上となり第一次ベビーブームを迎え，その子どもが1971〜1974年に2.0を超えて第2次ベビーブームを経験した．その後，一貫して減少し，2005年に1.26と最小値を記録，近年では1.4前後と低い値で推移している．

る．こうした普及により就業や就学の形態が変化しつつある．すでに自宅でのテレワークやサテライトオフィスでの就業が進み，**SOHO**（**Small Office Home Office**）ビジネスが発達している．国は**ICT**（**Internet Communication Technology**）活用をより積極的に進めようとしている．また，新型ウィルス感染症（**COVIT-19**）の感染防止対策は，こうした取り組みを急速に進展させた．

ただし，**ICT**自体は手段であり，その普及だけを目的とすることは適切ではない．都市においては，**SDGs**（**9.1**節参照）を考慮した都市の住民や生活の豊かさの向上を，そうした手段でどのように達成していくかを明確にする必要がある．

そうしたものの普及による都市に与える影響としては，郊外から中心部への通勤が減少し，自宅での勤務や生活が増加し，その結果，そこでの自立的な生活形態がより重視されるようになり，ライフスタイルにおいても仕事中心の考え方から仕事と家庭生活のバランス（ワークライフバランス）を重視した生き方が一般的になると思われる．

一方，人と人とのネットを介さない交流の大切さもあらためて認識されている．家庭生活や友人などの交流をさまざまな形で維持し豊かにしていくことも大切である．人々が出会い，集い，交流することは人の生き方や成長に不可欠である．それらによりお互いに情感を刺激し合いながら成長していくことはこれからも大切である．都市生活においても人々の英知をこらしながら人と人との交流を豊かにしていく必要がある．

> ### テレワーク（telework）
> 　情報通信技術（**ICT**）を利用して，実際に通勤せずに働くことを意味し，テレコミューティング（telecommuting）やリモートワーク（remotework）とも称する．近年，徐々に増えている．たとえば，都市の郊外に居住している場合，都心部などの勤務先に通勤せず，郊外のサテライトオフィスや自宅で情報通信システムを利用して勤務する．そうすることにより，生活時間に余裕ができ，また，障害をもつ人や主婦（夫）にも働く可能性が広がることになる．

■ 演習問題

1.1　下記の用語について説明しなさい．なお，複数の用語があげられている場合は，それらの相互関係についても説明しなさい．
- （1）人口集中地区（**DID**），市
- （2）政令指定都市，中核市，特例市
- （3）古典的都市問題，現代的都市問題
- （4）自然増減，社会増減
- （5）合計特殊出生率

1.2　都市問題とその解決のためのあり方について述べなさい．

1.3　近年の新聞報道などから，都市問題にかかわると思われるものを一つ取り上げ，その実態，内容を説明し，それらの解決のための都市計画のあり方などについて述べなさい．

第2章

都市計画論

本章では，わが国において明治以降に近代化の一環として取り組まれてきた都市計画の歴史の概要について述べる．また，それとともに，これまでわが国の都市計画の発展に大きな影響を与えてきた欧米諸国の都市計画の主な理論や事例を説明する．

2.1 都市学と都市計画

都市学は，都市における歴史，実態，構造などを対象として，歴史学，地理学，社会学，経済学などの各学問が対象とする科学的普遍性，法則性を探究しようとするものである．**都市計画**（**urban planning**）は，これらの諸科学における知識をふまえて，計画目的に対応した問題の把握，計画課題の抽出を行い，適切な計画内容の策定と決定や，各種手段を通じての実現を図るものである．具体的な内容として，土地利用，各種施設，景観などを対象としている．なお，都市計画は**フィジカルプランニング**（物的計画，**physical planning**）の一種であるが，経済計画や社会計画などは，直接的には非フィジカル（**non-physical**）なものを対象としている．

2.2 日本における都市計画の発祥

1872年の大火により東京の銀座一帯が消失した際，政府は一連の欧化政策の一環としてイギリス人技師の設計による煉瓦造建築物と広幅員街路による整備を進めた．実際には計画の一部しか実現しなかったが，写真2-1に示すように幅員15間（約27m），うち歩道3.5間（約6.3m）の街路と一体的な建物が整備された．歩道はわが国で最初のものであり，街灯もみられるが，街路樹は車道上である．

わが国における最初の都市計画制度は，1888

写真2-1　銀座煉瓦街
（[出典] 建築学会：明治大正建築
写真聚覧，日本建築学会，1936）

（明治21）年の東京市区改正条例に基づく**市区改正**である．市区改正とは，農地改良を意味する田区改正に対応して造語された都市計画を意味する用語である．目的は，当時の日本帝国の首都である帝都（東京府）を改造し，近代的な中央集権国家の首都としての体裁を整え，内外に誇示することと，それによって不平等条約の改正を進めることであった．その特徴は，帝都改造を国家の事業として位置づけ，国の機関として市区改正委員会を設立し，それに市区改正の設計や事業の議定を行わせたことにある．それらを内務大臣が内閣の認可を得て決定し，事業の遂行は東京府知事が東京府の経費負担で執行した．

その中の市区改正意見書に，「道路橋梁及河川ハ本ナリ，水道家屋下水ハ末ナリ」という表現がある．このことは，わが国の都市計画が，その出発点から土木事業を中心とするものであり，住宅などの生活関連のものが軽視されてきたという指

摘の根拠とされている．実際，市区改正に用いられた経費は，約7割が道路費，3割弱が上水道費であった．なお，東京市区改正条例は徐々にほかの都市にも準用されていった．

2.3　都市計画の計画・設計の事例

わが国の都市計画は，前述のように，その出発点から欧米諸国のものを規範としていた．このことは，ほかの多くの分野の近代化の過程で共通してみられる．以下では，そうしたわが国の都市計画に大きな影響を与えてきた，欧米諸国における都市計画の理論や事例からいくつか重要なものを取り上げて解説する．

2.3.1　オスマンのパリ改造

フランスのナポレオン3世の権力下，パリ県知事に任命された**オスマン**（**George-Engene Hauseman, 1809-1891**）は，1840年の大改造計画に基づいてパリの大改造を行った（図2-1）．そこで用いられた都市形成の手法は，ブールバール，公園系統，中央駅，統一的な建築などによって構成されるものである．**ブールバール**（**Boulevard**）とは，都市の外輪を形成していた城壁を取り壊した後の環状や放射状の幹線道路などの呼称である．

シャンゼリゼ通り（写真2-2）は，このときに形成されたもので，パリの都市軸の一部を構成している．幅員約70m，全長約3kmの直線街路で，沿道の石造建築物やマロニエの街路樹で構成されている．世界で最も美しい街路景観の一つである．

こうした都市美形成の手法，沿道建築物と一体となった広幅員の街路，幾何学的な街路パターン，街路の結節点などに記念碑や主要建築物を配置するビスタ景を考慮した構成などは，その後の都市づくりの主要な規範として世界的に影響を与えて

写真2-2　シャンゼリゼ通り

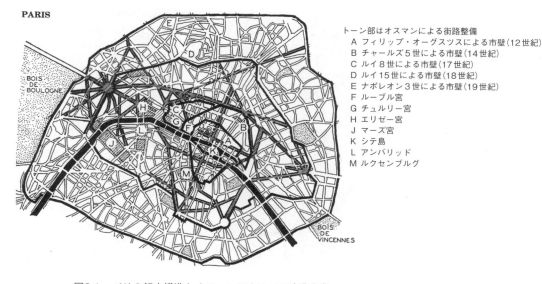

PARIS

トーン部はオスマンによる街路整備
A フィリップ・オーグスツスによる市壁（12世紀）
B チャールズ5世による市壁（14世紀）
C ルイ8世による市壁（17世紀）
D ルイ15世による市壁（18世紀）
E ナポレオン3世による市壁（19世紀）
F ルーブル宮
G チュルリー宮
H エリゼー宮
J マーズ宮
K シテ島
L アンバリッド
M ルクセンブルグ

図2-1　パリの都市構造とオスマンによるパリ改造事業
（[出典] A.B.Gallion, S.Eisner: The Urban Pattern, Van Nostrand Reinhold Company Inc., 1983）

ビスタ景

　ビスタ(**vista**)とは，一般に美しい広がりを見せる眺めを意味し，ビスタ景は，特定の地域や都市を象徴するそうした静的な景観を指して用いられる．事例としては，美しい街路景観や並木の景観，ランドマークを含む景観やそのほかの特徴的な眺望景観などがあげられる．

写真2-3　ワシントン D.C. のモール

きた．わが国においても，明治前期における帝都改造の目標像とされ，前述の銀座煉瓦街や東京市区改正の計画・設計に影響を与えた．

2.3.2　ワシントン D.C.

　ワシントン D.C. は，1790年にアメリカ合衆国の新首都に決定された．図2-2に示すように，幾何学的街路網を特徴とする都市デザインは，フランス人技師ピエール・ランファン(Pierre L'Enfant)によって設計されたものである．

　国会であるキャピトールを中心として北・東・南の3本の主要街路によって市内を大きく4区分し，全体の街路は，東西南北の格子状街路と主要建築物や交差部からの放射状の街路を組み合わせ，交差部にサークル，スクウェア，プラザなどの広場，公園などを配している(写真2-3)．全体は，10マイル(16 km)四方の正方形の土地を対象として計画されたが，一部バージニア州に返還されたため，面積は 177 km² である．

2.3.3　理想都市

　第1章でもふれたが，19世紀初頭から中期にかけて，資本主義社会の害悪を解決するためのさまざまな理想都市が，ロバート・オーウェン(Robert Owen)らの社会改良家によって提案された．オーウェンは，イギリス北部にあるニューラナーク

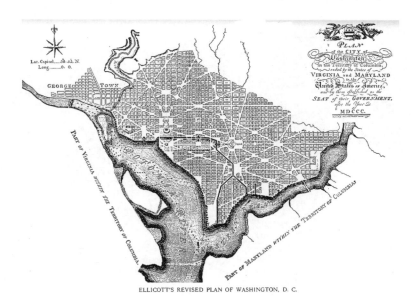

図2-2　ワシントン D.C. の計画図
　　　（[出典] T. Adams: Outline of Town and City Planning, Van Nostrand Reinhold Company Inc., 1935）

（New Lanark）の綿工場の工場主で，1816年に農業と工業を結合した理想工業村の提案を行っている．1 000 〜 1 500エーカー（405 〜 607 ha）の正方形の敷地に1 200人の労働者を収容し，各人に1エーカー（約4千 m²）ずつの農地を与え，失業のない自給自足的共同社会を営ませようとした．中心部には，子供用宿舎，共同調理場，学校など多くの共同施設を配置した．

2.3.4　線型都市

線型都市（La Ciudad Liniear）は，スペインのソリア・イ・マータ（Arturo Soria y Mata）が1892年に提唱した．図2-3に示すように，軌道を中心に幅500 mに水道，ガス，電気，および，公園，消防署，保健所などのサービス施設を設けて，両側に戸建住宅地の開発を行うもので，必要に応じて延伸可能であることが特徴である．マドリッドを対象に，周りの小都市を線型都市で結びながら囲む提案がなされた．

2.3.5　田園都市

E. ハワード（Ebenezer Howard）は，著作「明日の田園都市（Garden Cities of To-morrow）」（1902）で，都市と田園の長所を組み合わせた都市の実現を田園都市として提唱した．図2-4に理念を示す

ように，都市（town）と農村（country）の長所，短所をあげ，それらの長所を実現するのが**田園都市**（**town-country**）であるとしている．具体的には，下記のような点を提唱している．

① 農地の保有と永久的保全
② 都市の経営者による土地の所有，借地の利用の規制

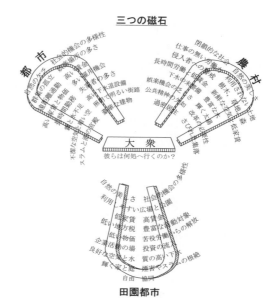

図2-4　田園都市の理念
（[出典] E. Howard: To-morrow, Routledge/Thoemmes Press, 1898）

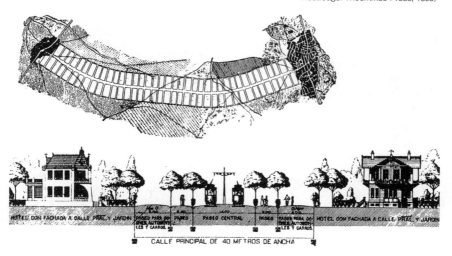

図2-3　線型都市の概念図
（[出典] A.S.y Mata; The Linear City, Routledge/Thoemmes Press, 1892）

③　開発利益の社会還元（**7.6.6**項参照）

④　雇用の場の確保

⑤　住民による自由と協力

　これらの内容を実現した田園都市の概念図を著書の中で表しているが，そこでは，中心市（Central City）の近郊に鉄道や運河で結ばれた田園都市（Garden City）が立地し，人口**32 000**人，市街地規模**400 ha**，周辺の農耕地**2 000 ha**の自立的都市が描かれている．田園都市の内部に放射環状の街路網をもち，中心部に役場，図書館，劇場などの施設や公園，外周部には工場を配し，周りを農地が囲むような同心円状の土地利用構造となっている（図**2-5**）．

　最初に実現した田園都市は**レッチワース**（Letchworth）である．出資者を募り，ロンドンの北方**54 km**に**1 547 ha**の用地を買収し，1903年から**745 ha**の市街地が建設された．計画・設計は，レイモンド・アンウィン（Raymond Unwin），バリー・パーカー（Barry Parker）によって行われた．住宅が約**7 000**戸建設され，上下水道および工場地も整備された．さらに，第二の田園都市として，やはりロンドン北方約**36 km**に**ウェルウィン**（Welwyn）が1919年から建設された．図**2-6**に示すように，中心の鉄道駅近くに商店，公共施設，工場を配し，周りを農地が囲むようにしている．

建設から**15**年後に，人口**10 000**人，工場**50**となる実績があった．なお，ウェルウィンは，第二次大戦後に開発された初期（第一世代）のニュータウン（**2.3.7**項参照）の一つとしても再整備された．写真**2-4**に見るように，ゆったりとした住宅地が実現されている．

　田園都市は，世界各国に大きな影響を与えてきた．事例としては，**田園郊外**として，郊外の住宅地に，そのデザイン的影響を受けたものなどが数多く開発された．アメリカ合衆国では，グリーン

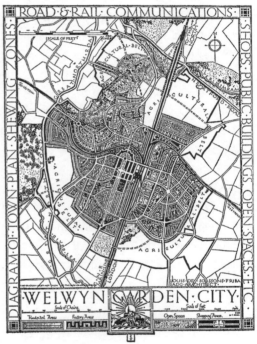

図2-6　ウェルウィン田園都市の全体計画図
（［出典］J.Nolen: New Towns for Old, Routledge/
Thoemmes Press, 1927）

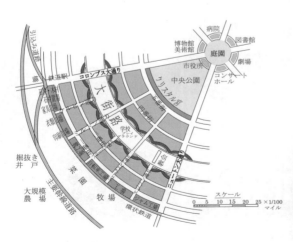

図2-5　田園都市の部分概念図
（［出典］E. Howard: To-morrow, Routledge/
Thoemmes Press, 1898）

写真2-4　ウェルウィンの住宅地

郊外住宅での暮らし

　イギリスの人々は，郊外の戸建住宅の暮らしを好む傾向がある．田園都市やニュータウン（2.3.7項参照）もそうしたことを反映している．写真2.4の左に見るように，住宅前面の前庭は，腰あたりまでを生垣などで囲い，バラなどを植えよく手入れする．前庭に面した居間の窓には白いレースのカーテンをかける．一方，後庭は目線より高い塀とし，庭や物干しなどのプライバシーを守ることを重視したものとする．なお，写真2.4の左は2戸建住宅（semi-detached house. 7.5.3項参照）のもので，敷地面積を節約して戸建住宅の良さを享受できるようにしたものである．

ベルトタウンと称され，日本でも同様の開発がなされた．大都市郊外において，電鉄会社がその沿線開発の一環として住宅地開発を行った．東京の田園調布はその一つの事例であり，名称にも田園が取り入れられている．また，後述するように，第二次大戦後，イギリスにおいて大規模に開発が行われたニュータウンの理念，計画・設計にも継承された．

2.3.6　近隣住区

　近隣住区（The Neighborhood Unit）は，**C. A. ペリー**（Clarence Arthur Perry）が，著作「ニューヨークとその周辺地域における調査（Regional Survey of New York and its Environs）」の第7巻（1929）の中で提唱した．その中で，ペリーは，近隣住区の6原則として，下記をあげている（図2-7）．

① **規模**：小学校のコミュニティを単位とする．実際の区域は人口密度によって変化する．

② **境界**：幹線道路で囲まれた区域（**スーパーブロック**）とし，コミュニティの境界を明確にする．

③ **オープンスペース**：公園用地など10%を確保する．

図2-7　ペリーの近隣住区の概念
（[出典] C.A. Perry: Neighborhood and Community Plannings, Regional Plan of New York and its Environs, 1929）

④ **公共施設計画**：小学校などは中央にまとめる．

⑤ **地区的な店舗**：交差点部に設け，隣接街区のものと近いところに配置する．

⑥ **内部街路体系**：住区内の交通を処理するように設け，通過交通を排除するようにする．

　近隣住区は，田園都市の影響で1920〜1930年代にかけてアメリカ合衆国で展開された田園郊外の中から生み出されてきたものである．フィジカルプランニングの立場からみたサービスユニットとしての単位であり，小学校区を住区の単位として重視している．それによって，コミュニティの組織化を図り，幹線道路計画と整合性をもち，各種の公共施設の配置を行う．

　図2-8はペリーが示した近隣住区の計画例であるが，モデルとして示されたのは，つぎのようなものである．小学校の児童1 000〜2 000人，戸数密度25戸/ha，敷地面積64 ha，小学校への最大通学距離1/2マイル（約800 m），オープンスペース約10%とし，それらを適切に分散配置する．

　近隣住区理論は1930〜1940年代，世界的に急速な広がりをみせ，その後の新都市や市街地の

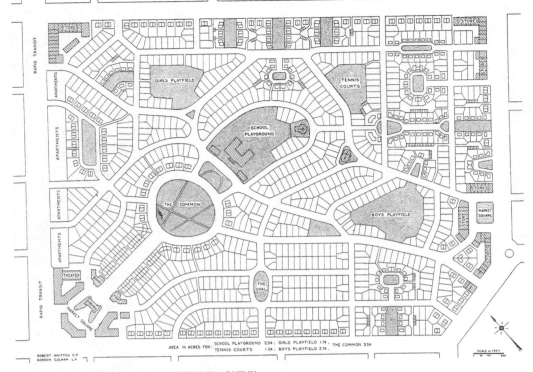

図2-8 ペリーの近隣住区の計画例
([出典] C.A. Perry: The Neighborhood Unit, Routledge/Thoemmes Press, 1998)

形成計画に大きな影響を与えてきた．とくに，イギリスのニュータウンの構成計画原理として取り入れられた．また，わが国のニュータウンにも同様に用いられてきた（**7.5.2**項参照）．

2.3.7 イギリスのニュータウン

イギリスのニュータウン計画は，**大ロンドン計画**（Greater London Plan）に基づいて進められた．大ロンドン計画は，当時の都市・地方計画大臣の要請により検討され，**P. アーバークロンビー**（Patrick Arbercrombie）教授による報告書として**1944**年に刊行された．図**2-9**に示すように，ロンドンなどの大都市の過大な人口を適正規模に抑制するため，大都市の周囲に約**10 km**幅の**グリーンベルト**（green belt）をつくり，その外側に**ニュータウン**（新都市，**new town**）を建設した．**100**万人の過剰人口の収容と衰微都市の産業育成を図り，**40**万人は既存都市の拡張によって収容し，**40**万

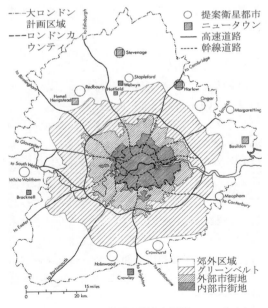

図2-9 大ロンドン計画の概念と建設ニュータウン
([出典] Peter Hall: Urban and Regional Planning, Penguin Books Ltd., 1975)

グリーンベルト（green belt）

　市街地の拡大を抑制するために市街地周辺部に指定するものであり，農地や緑地などで構成され，農村集落も含む．ロンドンやマンチェスターなどの都市で指定されている．市街地の拡大防止のほか，森林や農地の保全，都市住民へのスポーツやレクリエーション地の供給，景勝の保全などの目的もある．指定は半永久的な保全地域とし，森林や河川などのできるだけ明瞭な区域境界を指定する．開発は厳格に規制され，農業などの目的以外の建築物の新築は原則禁止され，既存建築物の増改築は土地利用や修景などを審査のうえで許可される．グリーンベルトの目的に合わない土木工事や土地利用の大きな変化を伴う開発行為も禁止される．

人を八つのニュータウンの建設によって収容する計画である．

　具体的には，**1946年に新都市法（New Towns Act）**を策定し，それに基づいて各ニュータウンに新都市開発公社が設立された．開発時期とその計画設計の違いにより第一世代から第三世代に分けられる．

（1）第一世代

　計画人口の規模は，**2〜6万人**程度である．計画原理は近隣住区（**2.3.6項参照**）を基本としている．また，住民が新都市内で働くことができる**自立的都市**とするために，鉄道駅の近くに工業地を設けている．全体として田園都市（**2.3.5項参照**）の考え方を継承しているといえる．しかし，低密度であり，変化が少なく単調であるため，都市らしさ（**urbanity**）に欠けるとの指摘も受けた．

　第一世代の事例としてハーロウ（**Harlow**）を取

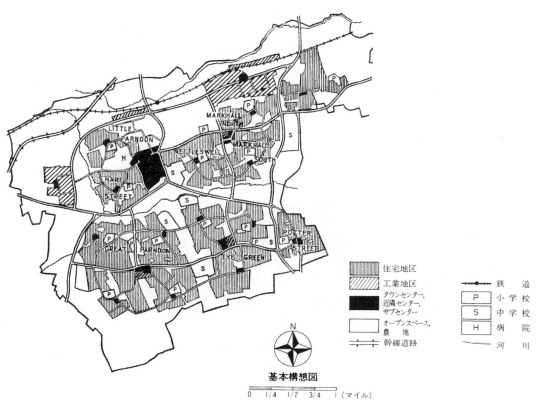

図2-10　ハーロウ・ニュータウン
（[出典] F. J. Osborn & A. Wittick: The New Towns, Cambridge Massachusetts, 1969）

写真2-5　ニュータウンの住宅地例（ハーロウ）

り上げる．ハーロウは，ロンドンの北方約30マイル（約48 km）に建設された．1947年に計画された初期ニュータウンの代表的な事例である．田園都市の思想を継承し，図2-10や写真2-5に示すように，近隣住区の原則で構成されている．計画人口は6万人であったが，のちに8万人に増加修正された．

(2) 第二世代

　第一世代のニュータウンの経験から，中心部はより高い密度になるよう構成し，自動車に対応した都市交通体系としている．そのため，いずれも中心部は人工地盤などにより立体的都市構造とし，中心から周辺に向かって徐々に人口密度を低下させる段階的な密度構造とした．道路についても，それらに対応した体系的ネットワーク構造としている．フック（Hook），ランコーン（Runcorn），カンバーノールド（Cumbernauld）などが代表例である．

　ランコーンは，リバプールの人口分散のために建設されたニュータウンであり，第二世代のニュータウンとして計画・設計された代表的事例である．図2-11に示すように，立体的な構造をもつワンセンターシステム（写真2-6），中心部における高密度住区クラスター，都市全体にわたる歩車道分離，中心部における大規模立体駐車場などを特徴としている．原案は1965年に策定され，計画人口約9万人，敷地面積2 900 ha，計画人口密度は全体で175人／ha，中心部の高密度地区で375人／ha，外縁部の低密度地区で125人／haとなっている．また，ランコーンの特徴は，8の字型をしたバス専用路であり，それにより公共交通サービスを行うとともに，都市の骨格を形成している．

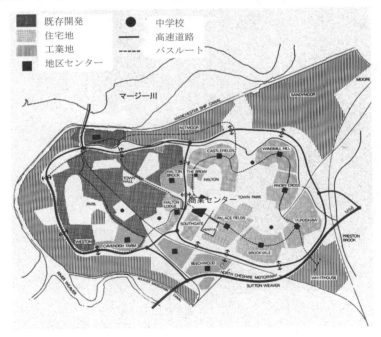

図2-11　ランコーン・ニュータウン
（[出典] Runcorn Development Corporation: Runcorn New Town, Runcorn Development Corporation, 1973)

写真2-6　ランコーンのタウンセンター

(3) 第三世代

　第二世代のニュータウンより人口規模を大きくし，人口収容力を高めるため，計画人口を**10万人以上**としている．中には数十万人のものもある．また，全く新規に都市を建設するのではなく，既存小都市を核として都市を拡大整備する，**拡張都市**(expanding town)を基本とするようになった．

2.3.8　フィンガープラン(コペンハーゲン)

　フィンガープランとは，デンマークの都市計画学会が**1949年**に提案したもので，ロンドンのグリーンベルト(**p.15**参照)に対置するプランである．郊外鉄道に沿って住宅地と業務地を配置し，フィンガー(指)のつけ根に都市的機能を集結さ

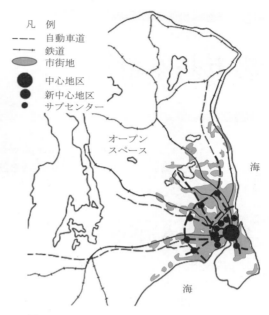

図2-12　コペンハーゲンのフィンガープラン
〔[出典] Peter Hall: Urban and Regional
Planning, Penguin Books Ltd. の図〕

せた(図**2-12**)．指と指の間は，田園，オープンスペース，森林とし，市街地と自然環境の調和と近接性を図ることができる．このパターンにすることにより，公共交通機関を中心とする土地利用と一体になった都市軸を形成し，多核的な都市構造が形成可能である．

凡　例
--- 自動車道
→→ 鉄道
市街地
中心地区
新中心地区
サブセンター
オープンスペース
海
海

■ 演習問題

2.1　下記の用語について説明しなさい．

(1) 市区改正
(2) 銀座煉瓦街
(3) 理想都市
(4) 近隣住区
(5) フィンガープラン

2.2　オスマンのパリ改造の内容を説明し，それが世界の都市づくりに与えた影響について説明しなさい．

2.3　田園都市の考え方，実現例，世界の都市計画に与えた影響などについて説明しなさい．

2.4　イギリスのニュータウンについて，その考え方の変遷，事例などについて説明しなさい．

第3章

都市基本計画

都市基本計画は，マスタープラン（master plan）ともいい，総合的な計画で，都市計画の基本となる．本章では，それを構成する内容と基本的な方法を説明し，わが国における都市基本計画の制度などを紹介する．

3.1 都市基本計画の位置づけ

都市基本計画は，都市計画の基本となるものであり，これに基づいてすべての都市計画の内容が定められ，実現される．図3-1に大まかな策定の流れを示す．まず，都市計画に関連する上位・関連計画を照らし合わせて調べる必要があるが，上位計画とは，都市計画を検討する際に与件となるものであり，関連計画とは，必要に応じて都市計画と内容などの調整を行うものである．

都市基本計画の場合，都市より広域を対象とする国土計画や地域計画などを上位計画とし，自然保全や農業などの関連計画と調整することになる．

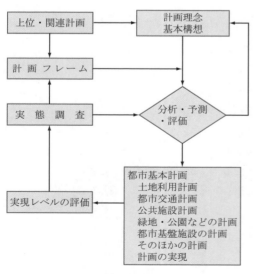

図3-1　都市基本計画の策定の流れ

策定は，まず計画の理念とフレームワークに基づいて計画の課題と目的を示す．そして，それらの実現のために，実態調査とその分析，予測，評価などを行い，その結果に基づき，空間的計画像を伴いながら土地利用計画，都市交通計画，公共施設計画，公園・緑地・オープンスペースの計画などについて，文書と計画図を用いて策定する．都市基本計画には，それらの計画内容を実現する手法やプログラムなども含める必要がある．

3.2 都市基本計画の上位・関連計画

3.2.1　上位計画

わが国の場合，都市より広域の地域に関する計画で，都市計画の上位計画に位置づけられるものとして以下の**6種類**があり，それぞれ（　）内に示す法律により規定されている．地方や大都市圏などの地域計画や都道府県計画などが上位計画にあたる．また，地方自治法に基づいて市町村に策定が**2011**年までに義務づけられていた**基本構想**も，都市計画の上位計画として位置づけられている．

① 国土形成計画（国土形成計画法，旧全国総合開発計画，旧国土総合開発法）

② 国土利用計画および土地利用基本計画（国土利用計画法）

③ 首都圏整備計画（首都圏整備法）などの圏域別・地方別の広域計画

④ 都道府県総合開発計画，都道府県長期構想

表3-1　市町村総合計画と市町村都市計画マスタープラン

	市町村総合計画	市町村都市計画マスタープラン
性　格	自治事務 「基本構想」議会議決が必要 2011年より市町村への策定義務廃止	自治事務(1999年地方分権推進一括法により機関委任事務から変更) 議会へは報告
対象地域	全域	都市計画区域
計画期間	10年，5年，3年	20年(市街地開発事業などは10年)
計画内容	総合的内容 ソフト的施策が主な内容	土地利用計画 都市施設整備
そのほか	首長の政治的意図の表現	都市計画の基本方針

など(地方自治法)

⑤　市町村の基本構想，市町村の総合計画など
　(地方自治法)

⑥　河川，鉄道，港湾，空港などの施設に関する国の計画(各個別法)

　基本構想とそれに基づいて策定されている市町村総合計画と市町村都市計画マスタープランは，表3-1に示すような性格を有している．**市町村総合計画**は，議会承認を必要とし，市町村の全域について市町村行政全体の計画を表すもので，**市町村都市計画マスタープラン**は，都市計画区域を中心として都市計画の内容を表し，議会には報告のみされることが多い．

市区町村の基本構想

　地方自治法の**1969年**改正により策定が義務づけられ，ほとんどの市区町村で策定された．地方分権の観点から**2011年**に法による義務化は廃止されたが，ほぼ同様に策定されている．市区町村全域を対象とする地方自治行政全体にわたる分野を取り扱っている．また，一般的にその計画内容は空間的計画像を伴わないことが多く，その点で都市基本計画と性格，役割を異にしている．基本構想に基づいて基本計画，実施計画が策定され，これらをまとめて市区町村総合計画とよぶ．各首長の施策を表すものと位置づけ，「○○総合計画」などのように政策の理念を表す固有の名称をつけている場合が多い．

3.2.2　土地利用基本計画

　前述の上位計画のうち，土地利用基本計画は国土利用計画法(1974年)に基づいており，国土に関する基本的な構想を定める計画である．都道府県単位に計画され，土地利用の種別として以下の5種類があり，それぞれ( )内に示す法律により規定されている．

①　都市地域(都市計画法)

②　農業地域(農業振興地域の整備に関する法律，略称・農業振興法)

③　森林地域(森林法)

④　自然公園地域(自然公園法)

⑤　自然保護地域(自然環境保全法)

　これらの地域は，原則として相互排他的であるが，一部重複して指定される場合もある．都市計画にとっては，上記の土地利用種別のうち，都市地域が都市計画法の適用対象地域である都市計画

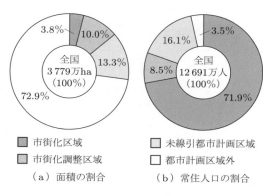

（a）面積の割合　　　（b）常住人口の割合

図3-2　全国における都市計画制度適用地域の面積と人口(2020年3月末日時点)
(都市計画現況調査，より作成)

区域に一致する．図3-2に示すように，全国土のうち都市計画区域の占める割合は1/4程度であるが，人口では9割以上を占め，多くの人々が都市計画区域内に居住していることがわかる．また，線引きをしているのは国土の約14%であるが，市街化区域と市街化調整区域の人口は80%を占める．さらに，国土の約4%の市街化区域に人口の約2/3が居住している．

3.2.3　関連計画

都市計画の関連計画として，工業，商業，農林漁業，社会福祉などに関する計画があげられ，それぞれ担当部局との協議などを通じて調整が行われる．通常，都市計画の原案が一般に公表される前に，都市計画担当部局が策定した素案に基づいて関連計画を担当する他部局と協議が行われる．

3.3　都市基本計画の与件

3.3.1　基本構想

都市基本計画の前提として基本構想を位置づけることがある．この場合の基本構想とは，対象都市における「実態認識と問題」「計画課題と目的」「計画の基本的方向と内容」などを示すものである．ただし，基本構想をとくに区別しない場合は，都市基本計画にこうした内容を含んでいる．

3.3.2　計画の理念・フレームワーク

経済成長，人口予測などは都市計画の内容と深くかかわるが，基本的には外生的に決まり，都市計画の枠組み（フレームワーク，framework）の一つとして位置づけられる．そのため，上位計画や関連計画に基づいて都市計画の前提条件としてそれらの予測値をフレームワークとして決定する場合が多い．また，不確定要素が多いことを考慮して，いくつかのケースを設定したり，一定の幅をもつものとして設定することもある．

3.4　都市基本計画の内容

都市基本計画は，都市計画の課題や目標を示し，将来の都市像などを定める．また，それらを実現するために，土地利用計画，交通計画，公園・緑地・オープンスペースの計画などのフィジカルプランニング（物的計画）を定める．表3-2に，わが国における物的計画の内容を示す．

なお，従来の都市基本計画は，将来の計画時点における計画内容を意味している度合が強かった．しかし，そうした特定時点の静的計画は，計画条件の変化などに追随することが一般的に困難であ

表3-2　都市基本計画で定める物的計画の内容

計画名	種　類		内　　容
土地利用計画	市街地・保全地の計画		市街地，緑地，農地，そのほか
	市街地の土地利用計画		住・商・工・公共・そのほか
都市施設計画	交通施設計画	道路計画	主要幹線，幹線，補助幹線，歩行者路，自転車路など
		道路関連施設配置計画	駐車場，広場，自転車駐輪場，ターミナルなど
		新交通システム	地下鉄，LRT，モノレールなど
	公園緑地計画		都市公園，墓園，都市緑地など
	下水道計画	汚水排水計画	幹線，処理場，ポンプ場など
		雨水排水計画	幹線，都市下水道，ポンプ場など
	基盤施設計画	都市施設計画	卸売市場，火葬場など
		学校等配置計画	病院，学校など

（［出典］日本都市計画学会編著：都市計画マニュアル　総集編，ぎょうせい，1985）

り，社会的価値観の変化にも対応しにくい．その
ため，特定時点における計画像はあくまでさまざ
まな計画関連主体がかかわった計画プロセスの帰
結とみなし，計画プロセスの中での関連主体の価
値観や討議に基づく選択などをより重視するよう
な方向に変化してきている．

3.4.1 土地利用計画（第4章参照）

都市基本計画を構成する，最も中心となるもの
が土地利用計画である．土地利用は，さまざまな
社会的活動のために必要なものであり，また社会
的活動の結果の集積でもある．土地利用計画の内
容としては，以下のようなものがあげられる．

（1）用途別土地利用

土地利用の用途は，大きく分けて都市的土地利
用，農業的土地利用があり，そのほかに自然環境
がある．都市的土地利用には，住宅地，業務地，
商業地，工業地，各種都市施設などが，農業的土
地利用には，農地（田，畑），菜園，林業地などが，
自然環境としては，公園，緑地，河川空間などが

ある．このように，都市は市街地などの都市的土
地利用だけで成立するわけではなく，市街地の周
辺をとりまく農業的土地利用や自然環境などが必
要である．それらは，市街地の規模を確定し，都
市の景観を形成し，また，都市住民のレクリエー
ション地などにもなる．さらに，農業的土地利用
は，都市への農産物を供給する．また近年，都市
におけるヒートアイランド現象などの環境問題の
改善が課題とされてきており，そのためには都市
における自然環境の保全が大切である．

（2）可住地，非可住地

土地利用の策定に際して，計画対象地は可住地
と非可住地に分類される．

可住地とは，住宅などの建築が可能で居住系市
街地として利用可能な土地を意味する．それに該
当するのは，一定勾配（おおむね15％）以下の土
地，貴重な文化財などのない土地，原生林などの
貴重な自然環境でない土地，河川氾濫地でないな
どの災害危険性の少ない土地などが該当する．

一方，非可住地には，表3-3に示すように，こ

表3-3 非可住地の例

種 類		内 容
保全区域	山 林	保安林，自然公園，自然環境保全地区，急傾斜地など
	農 地	農地計画などによって定められる保全農地
	そのほか	河川，湖沼など
工 業 用 地		操業中の工場で工業系用途内のもの．工業専用地域の未利用地
公園緑地	公 園	開設公園，都市計画公園（公園率設定も可）
	緑 地	緑地として担保されているもの
	墓 園	開設墓園，都市計画墓園
公共施設用地	学校等	開設されている学校など，教育委員会により計画されている学校など
	官公庁	官公庁および計画中の官公庁
	病院そのほか	病院，コミュニティセンターなど
公共空地	広 場	開設されている広場，都市計画広場
	神社・仏閣・墓地	社叢林，境内，墓地
	そのほか	駐車場など
レクリエーション用地		スポーツ施設，リゾート施設
交通施設	道 路	現況道路＋都市計画道路（区画道路については道路率設定）
	鉄 道	駅施設，線路敷
	そのほか	空港，港湾
そのほか		専用化された業務施設など

〔［出典］日本都市計画学会編著：都市計画マニュアル　総集編，ぎょうせい，1985）

れらの可住地であげた条件以外の土地のほか，優良農地などの生産性の高い農地，河川・湖沼，防風林などがある．また，大規模な公共施設，教育施設，事業所などの住宅以外の都市的土地利用，および，寺社地，墓地，公園などがあげられる．通常，線引きなどの策定には，**2 ha** 以上の非可住地を考慮する．

（3）土地利用の密度計画

土地利用の種別ごとに，土地の高度利用の必要性を考慮しながら，土地利用のレベル，すなわち，**土地利用強度**（land use intensity）を設定していく必要がある．これらの土地利用強度は，街路，上下水道などの公共的基盤施設の需要と密接に関連しているため，将来的変化を予測し，それらとの整合性に十分留意しなければならない．

土地利用強度とは，人口，住戸数，建築面積，延床面積などに関する各種土地利用の単位面積あたりの分布量を表したものであり，面積の単位としては通常「ha」が用いられる．また，その種類には，図**3-3**に示すように，面積の取り方によって**純（ネット，net）密度，準総（セミグロス，semi-gross）密度，総（グロス，gross）密度**がある．住宅地の場合を例にして説明すると，総密度とは，対象地域全体や対象地域を取り囲む外周の幹線道路における中心線以内の面積を用いるものであり，最も小さい数値となる．準総密度とは，上記の場合の外周道路を除くものであり，純密度とは，ほぼ住宅敷地面積のみを用いるもので，数値は最も大きくなる．

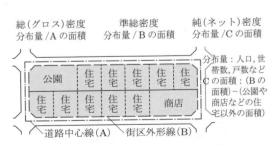

図3-3　土地利用強度の算定の種類（住宅地の例）

3.4.2　都市交通計画（第5章参照）

都市における交通施設計画を含む都市交通計画は，土地利用計画とともに最も主要な都市基本計画の内容である．その内容は以下のようなものである．なお，都市交通計画には，都市全体を対象とするものだけでなく，幹線街路に囲まれた地区における生活環境などを考慮した地区単位の交通計画である地区交通計画も含まれる．

（1）交通システム

交通システムは，土地利用計画および交通需要予測などに基づいて，交通量の流動とそれらを処理する交通施設を計画し，幹線道路などの整備を行い都市の骨格を形成する．また，交通量の処理は，公共交通，自動車交通などの交通手段別の分担により行われる．近年では，都市の中心部においては，公共交通を優先し，自動車交通の抑制などを図る **TDM** や **MM**（**5.5.2**項参照）が基本とされている．なお，交通計画は，人の移動（人流）だけでなく，物資の移動（物流）も対象とする．

（2）街路空間の計画・デザイン

街路は交通流を処理するだけではなく，市街地を構成する主要部分であり，その空間計画は，都市デザインにとって重要な役割を担っている．たとえば，都市中心部における主要街路は，都市のシンボルや祭事空間となる．また，沿道の建築物などと一体となった街並みも，それぞれの都市の特性を表すものとして大切である．また，街路空間におけるストリートファニチュア（**11.8**節参照）などの計画・デザインも重要である．

3.4.3　都市基盤施設の計画（第8章参照）

都市活動を支える各種の都市基盤施設，および，不特定多数の市民などが利用する公共施設の計画も都市基本計画の内容である．都市基盤施設としては，上下水道，電気，ガスなどのライフライン施設，ごみ処理施設などが，公共施設としては，学校，病院などがあげられる．それらの計画内容としては，以下のようなものが含まれる．

（1）施設需要予測

人口の変動と市街化の動向に応じて，各種施設の需要の量，内容，および，必要な整備時期などについて予測する．

（2）整備計画

需要施設の予測に基づいて，必要な公共施設の量と配置（立地），整備の事業主体，整備時期などについて計画する．

3.4.4 公園・緑地・オープンスペースの計画
（第6章参照）

公園，緑地などのオープンスペース（open space）の計画は，これらと原生林などの自然緑地，河川・湖沼などを対象とする計画である．なお，オープンスペースは，公園，緑地のほか，建物で覆われる土地（**建ぺい地**）以外のすべて（敷地内の非建ぺい地，街路，河川・湖沼，農地など）を指すことがある．

3.4.5 計画の実現

都市基本計画の内容を実現するには，そのための方法を定める必要がある．それにはまず，関連する都市の住民や事業者などに，計画策定過程を含めて都市基本計画を周知し，そのうえで都市計画審議会で正式に計画決定しなければならない．都市基本計画の内容について，実現するため規制，誘導，事業などの手法の選定，規制や誘導をする場合の仕組みの考案，事業主体，予算，スケジュールなどの具体化が必要である．また，これらのいずれの段階においても，関係する住民や地権者，事業者などの住民参加が不可欠である．さらに，将来の諸条件の変化に対応した見直しを規定しておくことも重要である．

3.5 都市基本計画の方法

3.5.1 実態把握と計画課題の抽出

都市基本計画の立案には，対象都市の実態をできるだけ正確に把握することがまず必要である．そのため，必要な各種データについて，過去における必要な期間の時系列データを入手し整理すること，必要な統計的解析手法を用いて対象都市の実態と問題点の把握，将来予測などを行い，それらに基づいて計画課題の抽出や計画目標を定める

ことが必要である．さらに，計画代替案を作成して，シミュレーションなどにより，計画目標の達成について分析し，計画案を選定する必要がある（図3-1参照）．

わが国の都市計画制度では「おおむね5年ごとに，都市計画に関する基礎調査として，国土交通省令で定めるところにより，人口規模，産業分類別の就業人口の規模，市街地の面積，土地利用，交通量そのほか国土交通省令で定める事項に関する現況および将来の見通しについての調査を行うものとする」（都市計画法第6条）として，**都市計画基礎調査**を行うように都道府県に義務づけている．また，市街化区域と市街化調整区域の区域区分など重要な都市計画の策定に際しては，都市計画基礎調査に基づかなければならないとしている．

実際の調査は，都道府県が市町村を通じて行う．調査項目を下記①～⑬に，具体的な内容を表3-4に示す．対象地域における社会・経済的データとして，人口，商業，工業に関連するもの，土地利用データとして，各種の施設整備，建築活動に関連するもの，自然環境に関連するものとして，地形，災害に関するもの，および，財政に関するものなど，幅広いものが対象となる．なお，都市計画基礎調査は，都市計画を科学的に行うために1968年の都市計画法の改正で導入された．

① 地価の分布の状況

② 事業所数，従業者数，製造業出荷額および商業販売額

③ 職業分類別就業人口の規模

④ 世帯数および住宅戸数，住宅の規模そのほかの住宅事情

⑤ 建築物の用途，構造，建築面積および延床面積

⑥ 都市施設の位置，利用状況および整備の状況

⑦ 国有地および公有地の位置，区域，面積および利用状況

⑧ 土地の自然的環境

⑨ 宅地開発の状況および建築の動態

⑩ 公害および災害の発生状況

表3-4　都市計画基礎調査の主な内容

分　類	データ項目	収集の項目
人　口	人口規模	年齢階級別(5歳)，性別人口
	DID	位置，面積，人口
	将来人口	年齢階級別(5歳)，性別人口
	人口増減	自然増減，社会増減など
	通勤・通学人口	15歳以上の就業者・通学者
	昼間人口	昼間人口
産　業	産業・職業分類別人口	常住地別および就業地別，行政区域
	事業所数・従業者数・売上金額	事業所数，従業者数，小売販売額，製造品出荷額
土地利用	区域区分の状況	位置，面積
	土地利用状況	位置，用途，面積
	国公有地の状況	位置，所有者，地目，面積，利用状況
	宅地開発状況	位置，事業方法，面積，用途など
	農地転用状況	位置，面積，転用の年・目的，農業振興法の指定
	林地転用状況	位置，面積，転用目的
	新築動向	位置，用途，事業主体，面積
	条例・協定	名称，決定時期，位置，面積，決定主体，概要など
	農林漁業関係施策適用状況	位置，名称，事業種別・主体，着工時期など
建　物	建物利用状況	用途，構造，階数，建築・延床面積，建築年・耐震種別
	大規模小売店舗等の立地状況	位置，開設・廃止年，延床面積，施設の名称・用途
	住宅の所有関係別・建て方別世帯数	住宅の所有関係別世帯数，建て方別世帯数
都市施設	都市施設の位置・内容等	都市計画の決定年月日，施設名称，進捗状況，事業期間
	道路の状況	位置，幅員
交　通	主要な幹線の断面交通量・混雑度・旅行速度	12時間交通量，ピーク時交通量，大型車混入率，平均混雑，混雑時旅行速度
	自動車交通量	トリップ数(乗用車・貨物車など別)
	鉄道・路面電車等の状況	路線，駅位置，運行本数，乗降客数
	バスの状況	乗降客数，運行路線/停留所，運行頻度
地　価	地価の状況	価格，用途
自然環境等	地形・水系・地質条件	位置，名称
	気象状況	気温，風向，風速，降水量など
	緑の状況	緑被地および水面の位置，面積
	レクリエーション施設の状況	施設名，設置主体，施設規模，利用者数
	動植物調査	植物・動物の分布状況
公害及び災害	災害の発生状況	既往災害の位置，名称，発生時期，被災状況
	防災拠点・避難場所	防災拠点・避難場所の位置，名称，種別，収容人数など
	公害の発生状況	位置，種類，発生年，発生源，被災面積，被害の概要
景観・歴史資源等	観光の状況	入込客数，消費額，宿泊施設数，収容人数，客室数
	景観・歴史資源等の状況	景観地区，風致地区，文化財，史跡，名勝，伝建地区など

(国土交通省「都市計画基礎調査実施要領」，より作成)

表3-5 現況調査の種類と調査方法

調査項目	細　目	資料・調査方法など
人口規模	過去5〜10年，各年	国勢調査，住民基本台帳
産業分類別の就業人口の規模	過去5〜10年，5年ごと	国勢調査
市街地の面積	過去5〜10年，5年ごと	国勢調査によるDID面積
土地利用	調査年	土地台帳，実査など
交通量	調査年の近似年	全国交通情勢調査結果
地価の分布の状況	調査年	公示地価，売買実例調査
事業所数，従業者数，製造業出荷額，商品販売額	過去5〜10年，5年ごと	事業所統計，国勢調査，工業統計，商業統計
職業分類別就業人口の規模	過去5〜10年，5年ごと	国勢調査
世帯数，住宅戸数，住宅の規模，そのほか住宅事情	調査年の近似年	国勢調査，土地・住宅統計調査
建築物の用途，構造，建築面積，延床面積	調査年	実査
都市施設の位置，利用状況，整備の状況	調査年	担当部局による調査
国有地，公有地の位置，区域，面積，利用状況	調査年	担当部局による調査
土地の自然的環境	調査年	緑の国勢調査，踏査
宅地開発の状況，建築動態	過去5〜10年，各年	担当部局による調査
公害および災害の発生状況	過去にさかのぼれる範囲	担当部局による調査
都市計画の事業の執行状況	調査年	担当部局による調査
レクリエーション施設の位置，利用状況	調査年	担当部局による調査
地域の特性に応じて都市計画策定上必要な事項	適宜	適宜

（[出典] 日本都市計画学会編著：都市計画マニュアル　総集編，ぎょうせい，1985）

⑪　都市計画事業の執行状況

⑫　レクリエーション施設の位置および利用の状況

⑬　地域の特性に応じて都市計画策定上必要と認められる事項

表3-5に，これらの調査項目について調査年や調査方法を整理して示す.

なお，都市計画基礎調査のデータは必ずしも有効に活用されてこなかったため，調査内容のデータの市町村間の共通化と電子データ化を進め，個人情報に配慮しながら，都市計画分野だけでなく，他分野での利用や市町村間の比較が行えるようにオープンデータ化が進められつつある．とくに，町丁目などの地区単位で，土地利用や建物の用途，階数，構造，面積などの利用価値が高いとしている.

都市計画は住民とのかかわりが深いため，こうした実態調査やそれに基づく問題点の整理，計画課題抽出などを住民参加で行ったり，それらの結果をわかりやすく提示したりすることが大切である．こうしたものはコミュニティカルテとよばれ，生活の地区的単位である町丁目ごとなどにまとめる.

> **コミュニティカルテ**
>
> カルテとは，医者が患者の病気などの診断を記録する一定形式の書類であり，それに基づいて健康・病気の診断，治療の方針の決定，それらの記録などがなされるものである．コミュニティカルテとは，同様の役割を果たすために，都市または都市内の一定地域を対象として実態，問題，専門家や住民による所見を一定形式の書類に記録，整理し，それらを分析することにより対象地の特性を明らかにし，問題点の発見と整理，計画的課題の抽出，計画対応の方法などを考慮するために用いるものである．1970年代に神戸市の都市づくりの中で初めて用いられた和製英語である.

3.5.2　計画フレームの設定

（1）人　口

人口は**計画フレーム**の中で最も基本となるものである．計画フレームの人口指標としては，計画目標時点における人口規模，性別・年齢別構成，常住人口の地理的分布，産業分類別就業人口などがあげられる．これらのうち必要な指標について計画フレームとして設定する．

（2）産業・経済

経済的な計画フレームとしては，対象地域における総所得や平均所得，生産高，製造業の出荷額，商業などの販売額などがあげられ，これらのうち必要なものについて定める．

（3）土　地

土地に関する計画フレームとしては，土地利用の用途別利用可能地の予測，土地利用にかかわる規制の実態と枠組みの変化などがあげられる．

3.6　日本の都市基本計画

わが国の地方行政は，都道府県と市町村の二層制で行われ，内容によって役割を分担している．都市計画においても同様である．都市基本計画（都市計画マスタープラン）については，**都市計画区域マスタープラン**を都道府県が策定（2000年，都市計画法改正）し，それを上位計画として市町村が市町村内の都市計画区域について**市町村都市計画マスタープラン**を策定（1992年，都市計画法改正）するようになっている．なお，法改正まで都市基本計画の策定は任意とされ，都市計画区域を市街化区域と市街化調整区域に区域区分（線引き）する場合，その都市計画区域について**整備，開発または保全の方針**が義務づけられ，都市基本計画を代替するものとされてきた．しかし，整備，開発または保全の方針は，都市計画決定事項を中心として文書表現だけで記述されたものであるため，都市基本計画としては不十分であった．

3.6.1　都市計画区域マスタープラン

2000年の都市計画法改正により，都道府県が「都市計画区域の整備，開発及び保全の方針を定める」ように規定され，これを都市計画区域マスタープランと称している．その内容は，おおむね20年後の都市の姿を展望したうえで，「都市計画の目標，区域区分の有無，土地利用，都市施設の整備や市街地開発事業に関する方針」などを定め，「都市施設，市街地開発事業については，優先的におおむね10年以内に整備する」ものを目標として示している．具体的には，下記①～⑥の項目について定め，必要に応じて，そのほかの社会的課題への対応についても関連部局と調整のうえ，都市計画の目標として定めている．第一次計画は2004年までに策定された．

① 都市計画の目標

② 区域区分の有無と方針，区域区分を行う場合の市街化区域の規模

③ 土地利用に関する主要な都市計画の決定の方針（主要用途の配置，建築物の密度の構成，住宅建設，特定地区の土地利用，緑地，風致の維持，農地との調和，災害防止，自然環境の保全など）

④ 都市施設の整備に関する主要な都市計画の決定の方針（交通施設，下水道，河川，ごみ焼却場など）

⑤ 市街地開発事業に関する主要な都市計画の決定の方針

⑥ 自然環境の整備または保全に関する都市計画の決定の方針（環境保全，レクリエーション，防災，景観構成など）

また，計画内容については，イメージ図などでわかりやすく示すことが望ましいとされている．図3-4は，都市計画区域マスタープランの内容を概略的な図により示した例である．

3.6.2　市町村都市計画マスタープラン

1992年の都市計画法改正により，都市計画区域を有する市町村に都市計画の基本方針（市町村の都市計画に関する基本的な方針）の策定が義務づけられた．これは，わが国で初めて導入された都市計画マスタープラン（都市マスタープランと

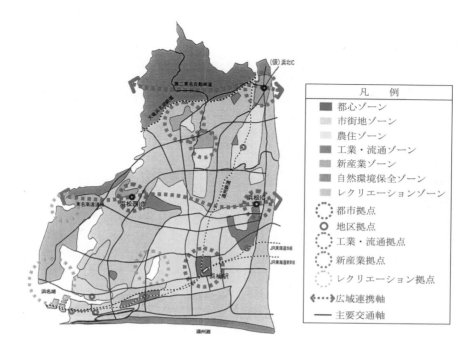

図3-4 都市計画区域マスタープランの例
（[出典] 日本都市計画学会編：都市計画マニュアルⅠ，丸善，2003）

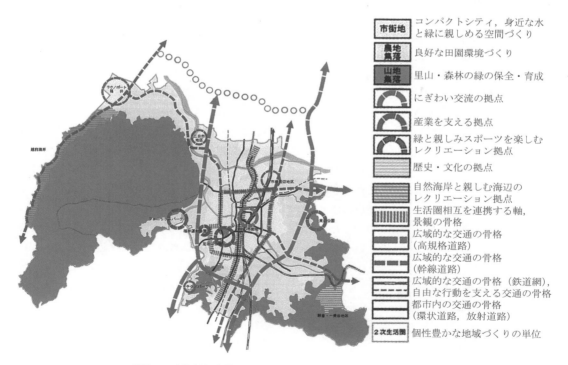

図3-5 市町村都市計画マスタープランの例
（[出典] 日本都市計画学会編：都市計画マニュアルⅠ，丸善，2003）

もよばれる）である．市町村都市計画マスタープランは，市町村の基本構想や都市計画区域マスタープランなどに即して，市町村が「創意工夫の下に住民の意見を反映し，策定するもの」としている．内容としては，例示ではあるが，下記の項目を定めている．

① まちづくりの基本理念や都市計画の目標

② 全体構想（目標都市像とその実現のための主要課題，整備方針など）

③ **地域別構想**（あるべき市街地像などの地域像，実施施策など）

また，環境問題，防災，バリアフリー，景観の保全・形成などについても，関係部局との調整のうえ，都市計画としての考え方を盛り込むことも可能である．また，住民に最も身近な計画であることから，住民の意見を反映させるための工夫が必要である．たとえば，公聴会・説明会の開催，パンフレットなどの活用による積極的な広報，アンケート調査の実施，住民が参加するワークショップ（p.162参照）の開催などである．インターネットを活用して情報公開と意見募集などの工夫を行っている市町村も多くみられる．さらに，住民にわかりやすく提示するため，計画内容を図示するように努める必要がある（13.6.8項参照）．図3-5は全体構想を概略的に示した事例である．

なお前述のように，都市計画は都道府県と市町村が分担して行う二層制となっている（図3-6）．すなわち，都道府県は都市計画区域マスタープランを定め，それを上位計画として市町村が市町村都市計画マスタープランを定める．また，それぞれの計画内容の実現手法として，都道府県は主として区域区分，大規模な市街地開発事業など，市町

村は地域地区，地区計画，特別用途地区などを定めるような二段の構造となっている．用途地域については，三大都市圏や政令指定都市のものは都道府県が定め，そのほかのものは市町村が定める．

このように，都市計画マスタープランが制度化され，全国の都道府県や市町村で初回のものが策定された．その後，おおむね10年を経て改訂が行われてきている．ただし，都市計画マスタープランの策定制度は整えられたが，計画内容を実現するための仕組みが制度化されていない．そのため，具体的な都市計画を計画検討するときなどに参照されることはあるが，その内容の実現の度合は，各自治体の熱意や工夫によりばらつきがある．都市計画マスタープランの制度をより実効性のあるものにしていくためには，計画内容を実現するために，各種の事業手法や規制誘導の仕組みとリンクさせることを制度化する必要がある．

3.6.3　広域圏等計画策定の工夫

都市計画区域は歴史的経緯から一市町村内に指定される割合が約8割もある（表13-2参照）．その場合，都市計画区域マスタープランと市町村都市計画マスタープランが同じ区域を対象とすることになり，「広域的」な視点で計画するという制度の主旨が生かされないことになる．

都市計画区域を広域的な都市圏に合わせて再編することにより，都市計画区域マスタープランで広域的で根幹的な都市づくりを計画し，それに即して市町村都市計画マスタープランを具体的で詳細に計画するという本来の制度主旨を実現しようとする都道府県による工夫がみられる．

線引きの導入に際して制度の主旨をふまえて奈良県と富山県は広域的な区域設定を行った．奈良県では25市町村からなる大和都市計画区域，富山県では3市からなる富山高岡広域都市計画区域を設定した．また，その後，都市計画区域の再編を行ったのは大阪府で，2004年にそれまでの42都市計画区域を4区域に再編した．また，市町村合併が進む中で，新潟，宮城県，愛知県では，より広域化する生活圏に対応するため，大きく都

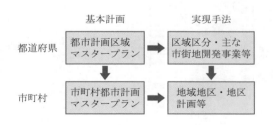

図3-6　わが国における二段二層の都市計画の仕組み

市計画区域を再編して広域化している．都市計画区域の再編は，首長の意向や政治的状況などから容易ではないため，**15都県**において都市計画区域マスタープランの策定に際して任意の広域圏を設定しマスタープランを策定する工夫をしている．

3.6.4 立地適正化計画

人口減少時代において，防火性を高めつつ，高齢者や子育て世帯が安心して暮らせる持続可能な都市づくりをめざすため，公共交通の整備と生活利便施設や住宅地の配置を関連させていく「**コンパクトシテイ・プラス・ネットワーク**」（ネットワークは主として公共交通ネットワークを意味する）の考え方とそれを進めるための**立地適正化計画**が制度化された．制度化は**都市再生特別措置法**を2014年に改正し行われた．なお，都市再生特別措置法は，近年における情報化，国際化，少子高齢化などの社会経済情勢の変化に対応して，都市機能の高度化，居住環境の向上などを図るために2002年に制定された．

立地適正化計画は，図3-7に概念を示すが，市町村が市町村都市計画マスタープラン（**3.6.2**項参照）に整合するようにして，都市計画区域を対象としてその中に公共交通網を考慮して住居を誘導する**居住誘導区域**を定め，さらに，その中に公共

交通の拠点駅などを中心とする**都市機能誘導区域**を定めるものである．なお，線引き都市計画区域（**13.2.3**項（**2**）参照）の場合は，市街化区域内に両区域を設定する．計画期間はおおむね20年であるが，より長期的な実現を考慮していく必要がある．

立地適正化計画は，防災指針を定めるとともに，居住の誘導や都市機能誘導区域への医療施設や福祉施設，商業施設などの誘導を図り，公共交通計画により公共交通の整備を進める．それらを国が支援したり，関連施策の適用や優遇を受けられたりする．その中には，誘導施設として定められた施設の移転建設に対しては，公共用地や融資の提供なども可能となっている．また，3戸以上など一定規模以上の住宅開発や誘導する都市施設として定められた施設の区域外への建設には30日前までに届出を義務づけ，必要に応じて市町村長が区域内への変更を要請し，それが不調の場合は**勧告**などが行える．

なお，居住誘導区域に含めないとされているのは，工業専用地域のほか，工業系用途地域であっても居住の誘導を図るべきではない区域，農地や森林のほか，土砂災害や津波災害の警戒区域など各種ハザード区域である．また，対象区域の中に積極的に居住を誘導しない区域として**居住調整区**

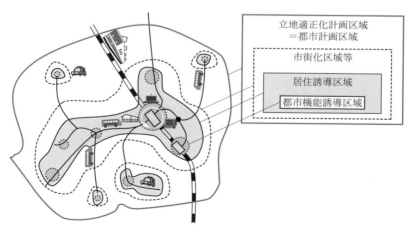

図3-7　立地適正化計画の概念
（［出典］国土交通省資料）

域を定めることができる．線引き都市計画区域の場合，市街化区域内であっても指定することが可能である．

　市町村都市計画マスタープランは実現の仕組みが制度化されていないことが課題である（3.6.2項参照）が，立地適正化計画は，公共交通網の整備と関連させて居住誘導区域と都市機能誘導区域の指定とそれらの集約化を長期的に進めるものである．多くの市町村都市計画マスタープランがコンパクトシティの実現を主要目標にあげており，この制度はその実現のための有効な仕組みであると高く評価できる．また，都市再生特別措置法による制度化により，都市計画分野だけでなく，関連する分野と施設に対しても計画が適用されるようになっており，その意味でも計画制度としての実効性が期待される．

　立地適正化計画は2020年12月末日時点までに，全国で347市町村が策定済，212市町村が策定中である．なお，具体的な策定に際して，居住誘導区域外に市町村独自の区域を設定したり，市町村の意図などに対応して計画名称をつけたりしている場合がある．また，隣接する複数の市町村が連携，共同で計画策定が可能である．今後，策定市町村が増え，内容を実現するための仕組みを充実するなどして都市計画制度としての実効性が高まることを期待したい．

■ 演習問題

3.1　下記の用語について説明しなさい．なお，複数の用語があげられている場合は，それらの相互関係についても説明しなさい．

(1)都市基本計画(都市計画マスタープラン)，基本構想

(2)上位計画，関連計画

(3)フレームワーク

(4)可住地，非可住地

(5)立地適正化計画，居住誘導区域，都市機能誘導区域

(6)総（グロス）密度，準総（セミグロス）密度，純（ネット）密度

3.2　都市基本計画の策定を進めるためのデータの種類，策定の方法などについて説明しなさい．

3.3　わが国における市町村総合計画と市町村都市計画マスタープランについて，比較しながら説明しなさい．

3.4　都市計画マスタープランと立地適正化計画について，それぞれの役割と両者の関係を説明しなさい．

第4章

土地利用計画

都市計画の分野別計画の中で，土地利用計画は交通計画とともに最も主要なものである．本章では，土地利用計画の内容や計画策定の方法を述べるとともに，土地利用計画の実現手段として位置づけられる地域地区制度について説明する．

4.1 土地利用計画の目的

土地は重要な公共的資源であるため，都市計画において，土地の需要量を種類別に予測し，それらを適正に配分することが必要となってくる．土地利用計画はそれらを行うための計画であり，都市計画の中で最も主要な分野である．

土地利用計画とは，対象となる地域について，計画の目的や計画フレームに基づいて，土地利用の内容，立地や配分，利用の形態や度合などを計画するものであり，文書と計画図で構成される．また，都市施設自体も土地利用としてとらえられることから，広義の土地利用計画には建築的なものだけでなく，各種の都市施設，交通施設なども概念として含まれる．

1992年の都市計画法改正により，都市計画区域のある市町村には都市基本計画（市町村都市計画マスタープラン）の策定が義務づけられ，その中で土地利用計画が策定されるようになっている．土地利用計画の実現手段として，市街化区域および市街化調整区域の区域区分制度（線引き制度），地域地区制などにより土地利用活動を規制・誘導している．

わが国では，1960年代の高度経済成長期に都市部へ人口が集中したことにより，都市周辺部において社会的基盤施設が不十分な状態のまま開発が虫食い的に拡散していくスプロール現象が社会的問題となった．その結果，市町村による宅地開発指導要綱（13.5節参照）が策定され，また，国による線引き制度が導入された．また，1980年代のいわゆるバブル期における開発ブームの中で，住宅地の中に各種の業務ビル開発などが盛んに行われ，住環境上大きな問題が発生したため，住居系の用途地域を細分化し，専用度を高めるような形で用途地域の種類を増やす改正が1992年になされた．

4.2 土地利用の基礎的理論

4.2.1 土地利用分布モデル

都市の土地利用分布には一定の法則性が認められ，都市地理学において，図4-1に示すような理論モデルが提唱された．図(a)の同心円モデル（Concentric ring model）は，バージェス（Burgess）がアメリカ合衆国の諸都市の実態調査に基づいて1920年代に提唱したもので，中心部からCBD（Central Business District，中心業務地区），さまざまな用途が混在する遷移地区，工場労働者の住宅地，中産階級の住宅地，郊外の通勤者の住宅地となっている．その後，ホイト（Hoyt）は，単純な同心円ではなく，図(b)に示すように中心から周辺へ貫通しているいくつかの扇形的な土地利用が見られるとし，扇形モデル（セクターモデル，sector model）を提案した．さらに，ハリス（Harris）とウルマン（Ullman）は，都市が発展するにつれて中心が一つではなく，商業，業務などの核が都市内外に複数存在するようになる図(c)の多核モデル（multiple nuclei model）を提唱した．

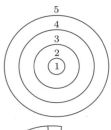

凡例（同心円モデル）
1　CBD
2　遷移地区
3　労働者階級住宅地
4　中産階級住宅地
5　通勤者居住地区

（a）同心円モデル

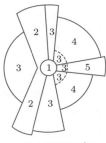

（b）扇形モデル　　　（c）多核モデル

凡例（扇形・多核モデル）

1	CBD	6	重工業地区
2	卸売・軽工業地区	7	郊外型業務地区
3	低クラス住宅地	8	郊外住宅地
4	中クラス住宅地	9	郊外型工業地区
5	高クラス住宅地		

図4-1　都市の土地利用分布モデル

4.2.2　人口密度の分布

　都市の夜間人口の分布は，一般的に中心部の密度が高く，周辺に向かうに従って密度が低くなる構造をしている．実際には，指数関数的な減少傾向を示すことがわかっている．また，都市においては，人口が増加しながら市街地が拡大していくときには，中心部の人口はあまり増加せず，その周りに人口増加ゾーンがドーナツ状にみられることが多い．このような現象を**ドーナツ化現象**という．

4.2.3　土地利用の原単位

　住生活や産業活動などに要する都市的土地利用の単位面積は，ばらつきをもちながらもおおむね平均的な値を想定することが可能である．そのような値を土地利用原単位といい，土地利用の実態分析や計画に用いる．たとえば，常住人口一人あたりの住宅床面積や公園面積などがそうである．ただし，原単位は時代や社会により変化することに留意する必要がある．

4.3　土地利用の計画技術

4.3.1　用途別土地利用

　土地利用の分析や計画に用いる指標として，土地面積と建築面積，または延床面積を用いることが多い．これらを組み合わせた建ぺい率，容積率を単位面積あたりの利用度である**土地利用強度**として用いる．図4-2に示すように，**容積率**は各階の床面積の合計を敷地面積で除した割合，**建ぺい率**は建築物の建ぺい地（土地を覆う部分）を敷地面積で除した割合である．両者とも百分率で表すことが多い．

　土地利用の種類は，住居系，商業系，工業系に三分類し，必要に応じてそれらを細分化する．土地利用の需要予測は，これらの用途種別に行われる．たとえば，住居系の場合，まず常住人口の予測値に一人あたりの土地面積（**原単位**）を掛けて必要な土地面積を求め，建物の形態なども考慮した密度計画などに基づいて地域別に配分する．工業地，商業地などに対しても同様の方法で行う．

　建築物の用途別配置は，都市活動上の機能，異種用途間の相互関係などを考慮し，配置計画などを検討していく．その際，同種の用途を集めるようにして専用化することが基本である．それによ

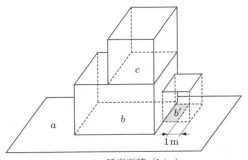

$$容積率（\%）= \frac{延床面積\ (b+c)}{敷地面積\ (a)} \times 100$$

$$建ぺい率（\%）= \frac{建築面積\ (b+b')}{敷地面積\ (a)} \times 100$$

a = 敷地面積
b = 1階床面積
b' = 庇などの1m以上部分の面積
c = 2階床面積

図4-2　土地利用強度指標

って，各用途の効率性を高め，隣接関係からのマイナス効果を抑制する．たとえば，商業的土地利用は，その購買圏や交通の利便性などを考慮し，地区や都市の中心に配置する．工業的土地利用は，生産活動上の利便性，交通の便，公害などの発生予防などを考慮して，他用途とくに住居系用途と分離する．住居系は，生活環境上の利便性，快適性などを重視して配置する．とくに，工業系用途との分離，幹線道路などからの離隔などを考慮する．

ただし，わが国では，地場産業など地域に根付いた産業活動がなされてきていて，単純に分離することが困難な場合がある．また，工業活動が技術革新などにより重厚長大から軽薄短小へと変化してきており，工業の種類によっては分離する必要性が少なく，むしろ住居系などと混在させることにより，地域の活性化に資すると考えられる場合がある．そのため，原則分離を考慮するとしても，対象地域によっては混在を計画的に行うことも考えられる．

これらの用途の組み合わせは，図4-3に示すように三角グラフとして描くことができる．対象地区の土地利用の分布点が，各頂点付近の場合，**専用的な土地利用**であり，それ以外については，工住，商住，商工住などの**混合**（混在ともいう）**的土地利用**がなされていることになる．

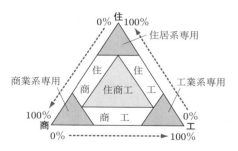

図4-3　土地利用の専用・混合

このほかの土地利用用途としては，公共用地，農業，公園・緑地，道路などがあげられる．これらについても，計画原単位などにより必要面積などを算出し，それぞれの機能などを考慮して配置

建築物の面積指標

　建築基準法で定義する建築物の面積は，建築物の柱，壁などの中心線で囲まれた区域の水平投影面積である．したがって，各階別にそのようにして計測された床面積の合計値が延床面積となる．また，建築面積は，建築物によって土地が被覆されているとみなされる面積で，1階の床面積と庇などの1mを超える部分についての合計である．そのため，建築面積は1階床面積より若干大きくなることが多い．

していく．

4.3.2　密度計画

　土地利用として需要される面積は，土地利用強度によって大きさが異なる．たとえば，同じ人口を収容するとしても，集合住宅では高密度となり，戸建住宅は低密度となる．ただし，これはネット密度のみを考えた場合であり，住宅地全体のグロス密度を考えると，人口規模などに応じて公共施設や公園，道路などの需要量は変わらないので，都市全体での面積の差異は比較的小さい（**3.4.1項（3）**参照）．

4.3.3　建築形態

　建築形態とは，建築物の階数や高さ，住宅の場合の，戸建，長屋建（テラスハウス），集合（アパート）などの建て方などを意味する．これは，密度計画とも関連し，一般的に都市の中心部については土地の高度利用をはかるため，集合住宅が中心となる．逆に，郊外では密度が低く，住宅の場合は，戸建住宅などが中心となることが多い（**7.5.3項**参照）．

　また，建築形態として道路や街区との関係を考える必要がある．道路に沿って建築物が連続すると，街路沿いに壁面が連続的に続くことになり，それらの建物や壁面の高さや外観デザインなどに共通性がみられると，統一的な街並みとなる．ヨーロッパの歴史的な都市の中心部は，おおむねこ

のような街並みをもつ場合が多い．そうした統一的な街並みを維持したり創出したりするために，沿道建築物の壁面位置や建物高さ，外観デザインなどについてきめ細かく都市計画的のルールを決め，規制・誘導している場合が多い（**11.3.2**項参照）．

4.3.4　地域制

土地利用計画を表したり実現したりするために**地域制（ゾーニング，zoning）**を用いる．これは，まとまりのある地域について特定の地域種別を指定し，土地利用の用途，土地利用強度，建築物の階数や高さ，建築位置および，そのほかの建築デザインなどを規制・誘導するものである．地域種別の種類や数，規定する内容の詳細度などは各国の都市によって異なる．地域制を，対象都市について体系的に計画し指定することにより，土地利用の需要への対応，土地利用する諸活動の機能の発揮，全体のバランス，相隣する土地利用の調整などが計画的に行える．

4.4 日本の土地利用計画制度

4.4.1　都市計画区域（**13.2.1**項参照）

都市計画区域は，都市の実態および将来の計画を勘案して，必ずしも行政区域にとらわれずに実質的に一体の都市地域となるべき区域を，都道府県が指定する．都市計画法第**5**条で「都道府県は，市又は人口，就業者数そのほかの事項が政令で定める要件に該当する町村の中心の市街地を含み，かつ，自然的および社会的条件ならびに人口，土地利用，交通量そのほか国土交通省令で定める事項に関する現況および推移を勘案して，一体の都市として総合的に準備し，開発し，および保全する必要がある区域を都市計画区域として指定するものとする．この場合において，必要があるときは，当該市町村の区域外にわたり，都市計画区域を指定することができる」としている．

都市計画区域は，全国の約**6**割の市町村に指定されているが，**2010**年時点で国土の約**27**％が指定され，常住人口割合で**94**％の人が居住している．また，都市計画区域外であっても，高速道路のインターチェンジ周辺など，都市計画的対応が必要な場合，都道府県が**準都市計画区域**を指定して都市計画の仕組みを適用することができることになっている．

4.4.2　市街化区域および市街化調整区域（**13.2.3**項参照）

無秩序な市街化を防止し，計画的な市街化を図るため，主要な都市計画区域については，それを二つに区分して，市街化区域および市街化調整区域を定める．**市街化区域**は，すでに市街地を形成している区域および，おおむね**10**年以内に優先的かつ計画的に市街化を図るべき区域である．**市街化調整区域**は，市街化を抑制すべき区域である．都市計画区域が指定されている市町村のうち，線引きされているのは**46**％である．また，全国の人口の**76**％が線引き都市計画区域に居住し，そのうち**80**％が市街化区域に居住している．

4.4.3　開発許可（**13.2.4**項参照）

市街化の内容の規制を行ったり，無秩序な市街化を防止したりする手段として，**開発許可**の制度が設けられている．宅地の造成や道路整備など，土地の区画形質の変更を**開発行為**と定義し，そうした開発行為を行う場合，事前に届けを提出させ，都道府県知事などが開発許可を与える制度である．

線引き都市計画区域の場合，市街化区域内における開発行為については一定規模以上のものを対象に審査を行い，宅地開発の技術的内容（道路幅員，隅切り，側溝の排水設備など）について一定基準の確保を前提として許可，不許可を決定する．市街化調整区域における開発行為については，市街化を抑制するため原則として認めないことを基本とし，面積の下限値は設けられていない．ただし，農家や農林水産業のための施設などは適用除外として認められている．また，国や自治体が行う公共施設，および病院などは市街化を促進する恐れが少ないとして適用除外にしていたが，**2006**年法改正により開発許可の対象になった．

未線引き都市計画区域については3 000 m²以上の開発行為のみ許可が必要である．さらに，2006年都市計画法改正により，都市計画区域外であっても1 ha以上の開発は開発許可が必要となった．

4.4.4　市街地の整備・整序の方法

計画的に市街化を図る手段としては「地域地区」「都市施設」「市街地開発事業」「促進区域」「市街地開発事業等予定区域」「地区計画」などがある．また，線引き都市計画区域における市街化区域については，いずれかの用途地域に必ず指定して，建築物の規制・誘導を行わなければならない．さらに，都道府県知事は，都市計画区域ごとに，都市計画区域マスタープランを定めるが，その中で市街地の整序(土地利用や建築物の乱開発を抑制し秩序を整えることを意味する)の基本方針についても定めることになっている．

4.4.5　地域地区

（1）用途地域

わが国では地域制として地域地区を用いている．その中で主要なものが**用途地域**である．表4-1に用途地域の名称と目的を示す．名称は，まず「住居」「商業」「工業」に分類し，それらの専用化の度合を高めたものについて「住居専用」「工業専用」を設ける．つぎに，住居系については，2階建程度までを想定した「低層」，3階以上を想定した「中高層」に分類する．さらに，より専用の度合が強い「第一種」と，やや緩和した「第二種」を設ける．そのほかの住居系として田園住居地域がある．また，商業系については，広域的な購買圏をもつものについて「商業」，身の回り品などを主とする「近隣商業」に区分する．これらを組み合わせることにより，用途地域は13種類に分類されている．

（2）用途地域以外の地域地区

用途地域以外の地域地区としては，表4-1の下段に示すものが設けられている．対象地区における必要性などを考慮し，それらから選択して，ベースとなる用途地域に重ねるなどして指定される．

特別用途地区は，用途地区の一部について，対象地域の特性に合わせて，自治体が特別に内容を定めて指定するものである．観光地や地場産業などに対応して指定されることが多い．**特定用途制限地域**は，都市計画区域内において用途地域が定められていない市街化調整区域以外の地域に，乱開発を防止するなどのため，用途地域に準じた内容を定めて指定する．**高度地区**は，市街地の環境や景観を維持するため，建築物の高さの最高限度などが定められている．**防火地域**と**準防火地域**は，市街地の中心部などにおいて，火災の延焼を防ぐために，建築物の耐火性や防火性について定められている．

4.4.6　用途地域による規制・誘導

用途地域により土地利用の規制・誘導が図られている．地域地区の指定には，各地域地区の特性に応じた面積規模，形態，隣接関係などが技術的基準として定められている．また，用途地域による土地利用制御のための内容としては，大きくは用途規制と形態規制があり，いずれも，具体的内容は建築基準法により規定され運用されている．また，そのほかの都市計画的な規制に際しても，指定用途地域を基準とする場合が多い．

（1）用途規制

用途地域は，土地の利用実態をふまえて将来の土地利用の需要や計画に基づいて指定される．13種類のいずれか一つに指定される．なお，**田園住居地域**は13番目の用途地域として**2017年**に制度化された．これは，市街地に混在する農地を，緑地空間の一部として積極的に認め，低層住宅地の混在する良好な住居環境の保護を目的にして，低層住居専用地域をベースに農業用施設の立地を限定的に許容するものである．

用途地域は図4-4の例のように指定される．基本的には，できるだけ各地域をまとまりのある面積とし，住居専用地域と商業地域や工業系地域を隣接させず，間にそのほかの用途地域を介在させるように段階的に指定する．必要に応じて幹線道路の沿道には沿道両側に一定の幅で指定するなど

表4.1　地域地区の種類と土地利用イメージ

地域地区の名称		土地利用の目的・イメージ・内容	指定状況
用途地域	第一種低層住居専用地域	低層住宅の良好な環境保護のための地域	986
	第二種低層住居専用地域	小規模な店舗の立地は認められる，低層住宅の良好な環境保護のための地域	450
	第一種中高層住居専用地域	中高層住宅の良好な環境保護のための地域	1 085
	第二種中高層住居専用地域	一定の利便施設の立地は認められる，中高層住宅の良好な環境保護のための地域	791
	第一種住居地域	大規模な店舗，事務所の立地は制限される，住宅の環境保護のための地域	1 198
	第二種住居地域	大規模な店舗，事務所の立地も認められる，住宅の環境保護のための地域	972
	準住居地域	道路の沿道において，自動車関連施設などと住宅が調和して立地する地域	666
	田園住居地域	住宅に加え，農産物の直売所などが認められ，農業と調和した低層住宅の環境を守るための地域	0
	近隣商業地域	近隣の住宅地の住民のための店舗，事務所などの利便の増進を図る地域	1 145
	商業地域	店舗，事務所などの利便の増進を図る地域	967
	準工業地域	環境の悪化をもたらすおそれのない工業の利便の増進を図る地域	1 125
	工業地域	工業の利便の増進を図る地域	881
	工業専用地域	専ら工業の利便の増進を図るための地域	608
用途地域以外の主な地域地区	特別用途地区	用途地域内の一定の地区における当該地区の特性にふさわしい土地利用の増進，環境の保護などの特別の目的の実現を図るため当該用途地域の指定を補完して定める地区	438
	特定用途制限地域	用途地域が定められていない区域（市街化調整区域を除く）において周辺の環境を守るために特定の用途の建築物の立地を制限する地区	80
	特例容積率適用地区	用途地域の定められた区域において，一定の公共施設の整備状況などをふまえて地区を指定し，未利用となっている容積率について敷地間の移転を認める地区	1
	高層住居誘導地区	都心居住を促進する目的で積極的に高層住居を誘導するために，容積率の緩和を行う地区	1
	高度地区	用途地域内において市街地の環境を維持し，または土地利用の増進を図るため，建築物の高さの最高限度または最低限度を定める地区	221
	高度利用地区	用途地域内の市街地における土地の合理的かつ健全な高度利用と都市機能の更新とを図るため，容積率の最高限度および最低限度，建ぺい率の最高限度，建築物の建築面積の最低限度ならびに壁面の位置の制限を定める地区	279
	特定街区	市街地の整備改善を図るため街区の整備または造成が行われる地区について，その街区内における容積率ならびに建築物の高さの最高限度および壁面の位置の制限を定める街区	17
	都市再生特別地区	都市再生緊急整備地域において都市開発事業などを迅速に実現するため，用途地域などによる規制を適用除外とし，建築確認のみで土地の高度利用を図る地区	16
	防火地域または準防火地域	市街地における火災の危険を防除するため定める地域	745
	特定防災街区整備地区	防火・準防火地域のうち，老朽密集市街地などのとくに防災性を高めるために指定する地区	10
	景観地区	市街地における良好な景観を形成するため定める地区	30
	風致地区	都市の風致を維持するため定める地区で，建物高さ・容積率や建ぺい率の最高限度などを定める地区	224
	駐車場整備地区	駐車場法に規定する地区	121
	臨港地区	港湾を管理運営するため定める地区	332
	流通業務地区	流通機能の向上および道路交通の円滑化を図るため定める地区	27

注）指定状況は 2019 年 3 月末時点の都市計画区域数，上記のほかに，居住調整地区，特定用途誘導地区，歴史的風土特別保存地区，第一種・第二種歴史的風土保存地区，緑地保全地域，特別緑地保全地区，緑化地域，生産緑地地区，伝統的建造物群保存地区，航空機騒音防止地区，同特別地区がある.

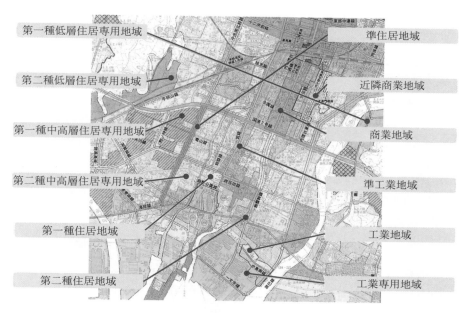

第一種低層住居専用地域　　　　　　　　　　　　　準住居地域

第二種低層住居専用地域　　　　　　　　　　　　　近隣商業地域

第一種中高層住居専用地域　　　　　　　　　　　　商業地域

第二種中高層住居専用地域　　　　　　　　　　　　準工業地域

第一種住居地域　　　　　　　　　　　　　　　　　工業地域

第二種住居地域　　　　　　　　　　　　　　　　　工業専用地域

図4-4　用途地域の指定例
（[出典]国土交通省資料）

により行っている．なお，小規模都市では，低層住居専用地域や工業専用地域などが指定されないことも多い．

　指定用途地域内における許容建築物，または禁止建築物の用途を列挙して規制するが，許容建築物を列挙しているのは，第一種低層住居専用地域，第二種低層住居専用地域，第一種中高層住居専用地域，田園住居地域であり，そのほかの用途地域は禁止建築物を列挙している．許容建築物を列挙するほうが規制としては確実性が高い．禁止建築物を列挙する方式では，新しいタイプの建築物などに速やかに対応できないため，問題となる場合がある．

　用途地域による用途規制の内容を表4-2に示す．用途地域の種類ごとに，建物の用途や延床面積などの規模により，建築できるものと建築できないものがあらかじめ詳細に決められている．それらの特徴は，比較的混合的土地利用を許容する度合が高いことである．前述のように，住居，商業，工業などに分類しているが，表に示すようにいずれも他用途の建築を許容しており，その度合が段階的に異なっている．とくに住宅については工業

専用地域以外のすべての用途地域で建築可能である．住宅は都市内で最も建築件数が多く，通常7〜8割を占める．わが国の土地利用が比較的混乱して見える理由の一つは，このように混合的土地利用を大幅に許容していることに起因している．

　また，工業専用地域は，工業団地として新規に開発された地区のみに通常指定される．そのため，工業系地域であっても地価が低いことなどから住宅立地が進行することがある．こうした工業系用途地域における土地利用の混在による問題の発生を防ぐには，合わせて特別用途地区（4.4.5項（2）参照）または地区計画（13.4.4項参照）を指定し，住居系用途を抑制することが必要である．

　準工業地域については，表4-2に示すように最もさまざまな用途の土地利用が可能である．そのため，パチンコ店やラブホテルなど相隣紛争が発生しやすいところである．準工業地域は，既成市街地の用途混在が著しいところに指定されてきた経緯があるが，新規に用途地域の指定を検討する場合などには原則として準工業地域以外の指定とする必要がある．

　用途地域の指定時に存在する建築物で，指定用

表4-2　用途地域における用途規制の概要

用途地域内の建築物の用途制限
□ 建てられる用途
▨ 建てられない用途
①.②.③.④.▲.■　面積，階数などの制限あり

用途	第一種低層住居専用地域	第二種低層住居専用地域	第一種中高層住居専用地域	第二種中高層住居専用地域	第一種住居地域	第二種住居地域	準住居地域	田園住居地域	近隣商業地域	商業地域	準工業地域	工業地域	工業専用地域	備考
住宅，共同住宅，寄宿舎，下宿	○	○	○	○	○	○	○	○	○	○	○	○		
兼用住宅で，非住宅部分の床面積が50㎡以下かつ建築物の延面積の2分の1未満のもの	○	○	○	○	○	○	○	○	○	○	○	○		非住宅部分の用途制限あり
店舗等／店舗等の床面積が150㎡以下のもの		①	②	③	○	○	○	①	○	○	○	○	④	①日用品販売店舗，喫茶店，理髪店および建具屋などのサービス業用店舗のみ．2階以下
店舗等の床面積が150㎡を超え，500㎡以下のもの			②	③	○	○	○	■	○	○	○	○	④	②①に加えて，物品販売店舗，飲食店，損保代理店・銀行の支店・宅地建物取引業などのサービス業用店舗のみ．2階以下
店舗等の床面積が500㎡を超え，1500㎡以下のもの				③	○	○	○		○	○	○	○	④	③2階以下
店舗等の床面積が1500㎡を超え，3000㎡以下のもの					○	○	○		○	○	○	○	④	④物品販売店舗，飲食店を除く
店舗等の床面積が3000㎡を超え，10000㎡以下のもの									○	○	○	○	④	■農産物直売所，農家レストランのみ．2階以下
店舗等の床面積が10000㎡を超えるもの									○	○	○			
事務所等／事務所等の床面積が150㎡以下のもの				▲	○	○	○		○	○	○	○	○	▲2階以下
事務所等の床面積が150㎡を超え，500㎡以下のもの				▲	○	○	○		○	○	○	○	○	
事務所等の床面積が500㎡を超え，1500㎡以下のもの				▲	○	○	○		○	○	○	○	○	
事務所等の床面積が1500㎡を超え，3000㎡以下のもの					○	○	○		○	○	○	○	○	
事務所等の床面積が3000㎡を超えるもの					○	○	○		○	○	○	○	○	
ホテル，旅館					▲	○	○		○	○	○			▲3000㎡以下
遊戯施設・風俗施設／ボーリング場，スケート場，水泳場，ゴルフ練習場，バッティング練習場等					▲	○	○		○	○	○	○		▲3000㎡以下
カラオケボックス等						▲	▲		○	○	○	▲	▲	▲10000㎡以下
麻雀屋，パチンコ屋，射的場，馬券・車券発売所等						▲	▲		○	○	○	▲		▲10000㎡以下
劇場，映画館，演芸場，観覧場							▲		○	○	○			▲客席200㎡未満
キャバレー，ダンスホール等，個室付浴場等										○	○			個室付浴場などを除く
公共施設・病院・学校等／幼稚園，小学校，中学校，高等学校	○	○	○	○	○	○	○	○	○	○	○			
大学，高等専門学校，専修学校等			○	○	○	○	○		○	○	○			
図書館等	○	○	○	○	○	○	○	○	○	○	○	○		
巡査派出所，一定規模以下の郵便局等	○	○	○	○	○	○	○	○	○	○	○	○	○	
神社，寺院，教会等	○	○	○	○	○	○	○	○	○	○	○	○	○	
病院			○	○	○	○	○		○	○	○			
公衆浴場，診療所，保育所等	○	○	○	○	○	○	○	○	○	○	○	○	○	
老人ホーム，身体障害者福祉ホーム等	○	○	○	○	○	○	○	○	○	○	○	○		
老人福祉センター，児童厚生施設等	▲	▲	○	○	○	○	○	▲	○	○	○	○	○	▲600㎡以下
自動車教習所					▲	○	○		○	○	○	○	○	▲3000㎡以下
工場・倉庫等／単独車庫（附属車庫を除く）			▲	▲	▲	▲	○		○	○	○	○	○	▲300㎡以下　2階以下
建築物附属自動車車庫　①②③については，建築物の延床面積の1/2以下かつ備考欄に記載の制限	①	①	②	②	③	③	③	①	○	○	○	○	○	①600㎡以下　1階以下 ②3000㎡以下　2階以下 ③2階以下　＊一団地の敷地内について別に制限あり
倉庫業倉庫							○		○	○	○	○	○	
自家用倉庫					①	②	○	■	○	○	○	○	○	①2階以下かつ1500㎡以下 ②3000㎡以下 ■農産物および農業の生産資材を貯蔵するものに限る
畜舎（15㎡を超えるもの）						▲	○	○	○	○	○	○	○	▲3000㎡以下
パン屋，米屋，豆腐屋，菓子屋，洋服店，畳屋，建具屋，自転車店等で作業場の床面積が50㎡以下	▲	▲	▲	▲	○	○	○	▲	○	○	○	○	○	原動機の制限あり，▲2階以下
危険性や環境を悪化させるおそれが非常に少ない工場					①	①	①	■	○	○	○	○	○	原動機・作業内容の制限あり　作業場の床面積 ①50㎡以下 ■農産物の生産，集荷，処理および貯蔵するものに限る
危険性や環境を悪化させるおそれが少ない工場									②	②	○	○	○	②150㎡以下
危険性や環境を悪化させるおそれがやや多い工場											○	○	○	
危険性が大きいか又は著しく環境を悪化させるおそれがある工場												○	○	
自動車修理工場					①	①	②		③	③	○	○	○	作業場の床面積 ①50㎡以下　②150㎡以下 ③300㎡以下 原動機の制限あり
火薬，石油類，ガスなどの危険物の貯蔵・処理の量／量が非常に少ない施設					①	①	○		○	○	○	○	○	①1500㎡以下　2階以下 ②3000㎡以下
量が少ない施設									②	②	○	○	○	
量がやや多い施設											○	○	○	
量が多い施設												○	○	
卸売市場，火葬場，と畜場，汚物処理場，ごみ焼却場等	都市計画区域内においては，原則，都市計画決定が必要													

（国土交通省資料より作成）

途地域の規制に適合していないものを**既存不適格建築物**という．指定時には，このような既存不適格建築物があまり多くならないことを原則とする．また，既存不適格建築物は法律に違反しているわけではなく，建築物の存在もその利用も認められている．しかし，建築更新（建替え）や大規模な修繕を行う際には，新しい規制内容に適合することが求められる．なお，市街地における土地利用の整序化のために既存不適格建築物の対応が必要である．とくに阪神・淡路大震災の教訓をふまえて，都市の防災対策の重要課題として，都市内のこうした既存不適格建築物についての耐震強化の取り組みが重要課題とされている．

（2）形態規制

　用途地域を指定することにより，建築物の用途規制とともに**形態規制**を行う．建築物の形態規制としては，土地利用強度，建築可能空間規制，建築高さ規制，建築物による隣地への日影規制（**9.4.1**項参照）などが行われている．

　これらのうち，土地利用強度規制は，前述の建ぺい率，容積率により行われている．表4-3に示すように，用途地域別に指定可能な数値があらかじめ決められており，対象都市の性格と指定地区の特性によりそれから選択する．なお，用途規制と形態規制がこのように組み合わされて規定されているため，対象地区への適切な対応に限界があ

表4-3　建築物の形態規制一覧

用途地域など	容積率（％）	建ぺい率（％）	絶対高さの制限（m）	斜線制限					
				道路斜線		隣地斜線		北側斜線	
				適用距離（m）	勾配	立上がり（m）	勾配	立上がり（m）	勾配
第一種低層住居専用地域	50，60，80，100，150，200	30，40，50，60	10，12	20，25，30	1.25			5	1.25
第二種低層住居専用地域									
田園住居地域									
第一種中高層住居専用地域	100，150，200，300，400，500	50，60，80				20	1.25	10	
第二種中高層住居専用地域									
第一種住居地域					1.25（1.5＊）				
第二種住居地域									
準住居地域									
近隣商業地域		60，80							
商業地域	200，300，400，500，600，700，800，900，1000，1100，1200，1300	80		20，25，30，35	1.5	31	2.5		
準工業地域	100，150，200，300，400，500	50，60，80		20，25，30					
工業地域	100，150，200，300，400	50，60							
工業専用地域		30，40，50，60							
用途地域の指定のない区域	50，80，100，200，300，400	30，40，50，60，70			1.25または1.5		1.25または1.5		

＊　前面道路の幅員が12m以上である建築物に対する適用

ることがある.

　容積率については，**前面道路**(建築物の敷地が接する道路，4.4.7項参照)の幅員が12 m未満(二つ以上ある場合最大のもの)において，住居系用途地域では幅員に40，それ以外では60を掛けた数値(%)が指定値より小さい場合，それが利用限界となる. たとえば，4 mの場合160%となり，200%が指定されていてもそれまでしか利用できない. また，建ぺい率について，角地(かどち)(7.5.9項参照)については10%の増加が認められている.

　建築物の建築可能空間規制は，図4-5に示す斜線制限により行われている. **斜線制限**とは，建築物の敷地が面している道路(前面道路)の反対側の敷地境界線，または，隣地境界線から立ち上げる斜線(断面図で見ると斜線，立体的に見ると平面)による規制であり，それ以下に建築しなければならない. これは，公共的な空間である道路や隣地の天空光(11.5.2項参照)による明るさ，通風などの環境衛生的条件が悪化しないように一定水準以上に保とうとするものである. これらのうち，道路斜線は，図のように，前面道路の反対側の境界線より，住居系用途地域においては1:1.25の角度，そのほかの用途地域においては1:1.5の角度で立ち上げる. また，隣地斜線については隣地境界線上に，住居系用途地域では20 mの垂直線より1:1.25の斜線，そのほかの用途地域におい

ては31 mの垂直線より1:2.5の斜線を立ちあげる. ただし，これらの斜線については，規制緩和の一環として，1987年より斜線制限の**適用限界距離**が定められ，表4-3に示したように，20 mから50 mの範囲で用途地域別に前面道路の幅員によって決められている. また，図4.5 (c)に示すように，建築物の壁面が道路境界線より後退すると，斜線起点を反対側へ同じ距離を移動させる緩和もなされ，図の網かけ部のように建築可能空間が大きくなった.

　なお，低層および中高層の住居専用地域には，日照によるトラブルの発生を抑制するために，**北側斜線制限**が設けられている(図4-6). それは，敷地北側の隣地境界線上に，第一種・二種低層住

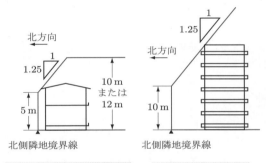

図4-6　北側斜線制限

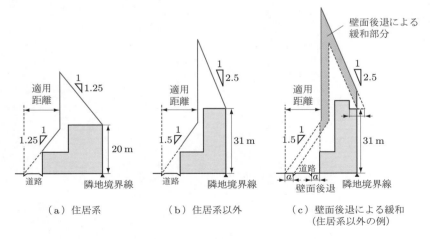

図4-5　用途地域と斜線制限

居専用地域については**5 m**，第一種・二種中高層
住居専用地域については**10 m**の垂直線を立ち上
げ，そこから敷地側に**1：1.25**の斜線を設け，そ
れ以下を建築可能空間とするものである．

　第一種・二種低層住居専用地域における良好な
住環境を確保するために高さ規制が定められてい
る．**10 m**を標準とし，必要な場合は3階建が可
能な**12 m**を指定することができる．また，外壁
の後退距離を**1 m**または**1.5 m**で定めることがで
き，最低敷地面積を**200 m²**以下の範囲で定める
ことができる．ただし，いずれも定められること
は比較的少ない．なお，**2002年**の法改正により，
後者の最低敷地面積はすべての用途地域において
定めることが可能になった．さらに，建築物によ
る北側の日影を規制し，一定の日照条件を確保す
るため，住居系地域，近隣商業地域，準工業地域
などに日影規制が定められている（**9.4.1項**参照）．

4.4.7　集団規定

　わが国において新築，建替え，増築，改築など
の建築行為を行う場合，事前に**特定行政庁**に**建築
確認申請**を行い，建築基準法の関連する規定に適
合している確認証の交付を受ける必要がある．特
定行政庁とは，**建築主事**を置く都道府県および市
町村であり，建築主事を置かない市町村では都道
府県が特定行政庁となる．なお，**1999年**より国
から認定された民間の**指定確認検査機関**も建築確
認を行えるようになり，申請者がいずれかを選ん
で申請できる．近年では**8割**以上が指定確認検査
機関で行われている．

　建築基準法の規定は，全国的に適用される単体
規定と，都市計画区域内だけに適用される集団規
定がある．**単体規定**には，構造的強度などの安全
性に対応したものなどが含まれる．**集団規定**は，
建築物などが密集していることに伴う火災の延焼
防止，環境衛生的水準の確保などを考慮して定め
られたものである．内容としては接道義務，用途
規制（前述），形態規制（前述），防火規制（防火地域，
準防火地域）などがある．このうち，**接道義務**は，
図4-7（**a**）に示すように，建築敷地が原則として4

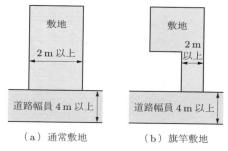

（a）通常敷地　　　（b）旗竿敷地

図4-7　接道義務の概念

m以上の前面道路に**2 m**以上接しなければならな
いというものである．

　なお，図4-7（**b**）に示す形状の敷地も許容され
ることになり，形状から通称で**旗竿敷地**（はたざお）とよばれ
る．このような敷地は，住環境としてよくなく，
また，竿部分の土地の所有や管理が不明確になり
やすく，道路側敷地の所有者と紛争になることが
ある．土地の価格を低くするための工夫ではある
が，できるだけそうした敷地の発生を避ける必要
がある．

　集団規定は，都市計画であるが，詳細は建築基
準法により全国一律に基準が定められている．そ
うすることにより，それぞれの地域やケースに応
じた**裁量**を原則として排除しようとしている．そ
の結果，全国的に共通の建築行政が確保される反
面，地域特性や個々の事例に応じた判断がきわめ
て困難になっている．また，建築基準法は**最低の
規制**を行うことを基本にし，かつ，建築物のみを
対象にしている．そのため，駐車場や物置スペー
スなどの建築活動を伴わない土地利用などに対し
ては，その対象とならないなどの限界がある．

4.4.8　ゾーニングの重層的関係

　ゾーニングとしての都市計画区域，線引き，用
途地域，そのほかの地域地区などは，図4-8に示
すように重層的に指定される．都市計画区域のみ
しか指定されないものもあるが，その上に，線引
き，用途地域，そのほかの地域地区などが指定さ
れる地区もある．都市化の度合が高いほど，一般
的には多くのゾーニングが指定される．

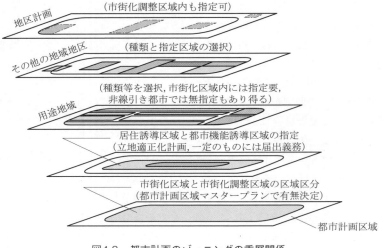

図4-8　都市計画のゾーニングの重層関係
(国土交通省資料，より作成)

2016年からは**立地適正化計画**(3.6.4項参照)が制度化され，線引き都市の場合は，市街化区域内に居住誘導区域を指定し，さらにその中に都市機能誘導区域を指定することになる．

4.4.9　大規模小売店舗の規制・誘導

大規模小売店舗は，これまで中心部に多く立地し，都市の核となり，まちの賑わいや個性の形成を担っていた．しかし，自動車利用が普及し，郊外居住が一般的になるに従って，郊外に大規模小売店舗が開発されることが多くなっている．その結果，中心部の大規模小売店舗の閉鎖や撤退が増え，中心部における商業機能が衰退した．

都市計画は，中心部に大規模小売店舗が立地することを前提として，地域地区制によるゾーニングの指定とそれによる規制・誘導を行ってきた．しかし，用途地域では，商業系地域だけでなく，住居専用地域以外の住居系地域や準工業地域において比較的大規模な商業施設の立地を認めている(表4-2参照)．また，郊外型の大規模小売店舗は駐車スペースが広大で建物も低層なものが多いため，敷地全体で計算する容積率や建ぺい率が小さく，容積率200%，建ぺい率60%を指定する用途地域でも容易に立地可能となる(4.3.1項参照)．

中心部や既成市街地における商業機能の衰退は，自治体にとっても大きな課題である．また，都市の中心部や近隣商店街などにおいて生鮮食料品を取り扱う店舗が少なくなっている．とくに，車利用をしない高齢者などにとっては，生活に不可欠な食料品の入手が困難になり，**買物難民**(買物弱者)という用語が用いられるようになった．

そのため，中心市街地を活性化するための各種の対応が図られてきた．まず，**大規模小売店舗立地法**(1998年)に基づく制度がある．これは，店舗部分の床面積1 000 m²以上の小売店舗を対象にし，それらの新規立地による，交通環境や生活環境への影響を検討して，それらが一定範囲と認められるときに立地を認めるものである．ただし，国は，商業活動の自由と利用者の小売店舗選択の自由を守るとして，同制度に関連して都市計画による商業施設の適正配置などについて考慮しないように指導している．

そのため，一部の自治体では，**自主条例**を制定して，そうした大規模小売店舗の立地を規制・誘導しようとする取り組みが行われている(13.7節参照)．

たとえば，福島県は「福島県商業まちづくりの推進に関する条例(2005年)」に基づいて「福島県商業まちづくり基本方針」を定め，大規模小売店舗について市町村とともに立地を誘導する区域と

抑制する区域を指定している．また，京都市は「京都市土地利用の調整に係るまちづくりに関する条例（2000年）」に基づいて「京都市商業集積ガイドプラン」を定め，大規模小売店舗についてはあらかじめ定めた都心部や既存の商業地域以外の立地を認めないとしている．さらに，金沢市は「金沢市における良好な商業環境の形成によるまちづくりの推進に関する条例（2001年）」に基づいて「金沢市商業環境形成指針」を定め，用途地域や幹線道路整備と適合した店舗規模を定めている．

4.5 土地利用計画制度の問題と課題

4.5.1 相隣紛争

各種の土地利用に伴って**相隣紛争**が発生することがある．ごみ焼却施設や排水処理施設などの公共基盤施設，カラオケ店などの騒音などであり，これらについては，立地規制や騒音規制などの仕組みがある．それでも紛争が発生する場合は，市町村が協議の場を設けることがあるが，当事者が裁判所で争うこともある．その場合，健康被害の有無や因果関係，受忍限度が争点となる（9.1節参照）．

そのほか，近年では，葬祭施設，福祉施設，幼稚園・保育園，公園などについても迷惑施設とされて近隣住民から反対されることがあるが，これらについては，地域社会に必要な施設であり，都市計画からの判断は一般的に困難である．

4.5.2 土地利用のスポンジ化

都市中心部の衰退や人口減少社会の到来に伴って，空き家や空き地および駐車場が増加している．こうした低未利用地が混在することにより，コミュニティが衰退し土地利用の効率性が失われ景観的にもよくない．こうした現象を都市のスポンジ化とよぶ．

都市計画的対応として，空き家の流通促進による活用，公共交通の利便性を高め車利用の減少，快適な歩行環境の創生，まちなかの都市デザインによる魅力向上などを総合的に進めている（3.6.4項参照）．

■ 演習問題

4.1 下記の用語について説明しなさい．なお，複数の用語があげられている場合は，それらの相互関係についても説明しなさい．

 （1）都市計画区域
 （2）線引き
 （3）用途地域，地域地区
 （4）用途規制，形態規制
 （5）斜線制限
 （6）単体規定，集団規定
 （7）既存不適格建築物
 （8）接道義務，旗竿敷地

4.2 わが国における都市計画のゾーニングの種類とその内容，相互関係などについて説明しなさい．

4.3 準工業地域の特徴と都市計画上の運用に際しての留意点を説明しなさい．

第5章

都市交通計画

本章では，まず都市全域を対象とする都市交通計画の考え方や事例を示し，その背景となっている交通需要管理政策（TDM）などの考え方や事例を紹介する．また，幹線道路で囲まれた区域などを対象とする地区交通計画についても考え方や事例などを説明する．

5.1 都市交通の問題と課題

都市交通計画は，土地利用計画とともに都市基本計画を構成する最も主要な分野である．都市活動にとって交通行動は不可欠であり，一定の交通サービス水準を維持し，それを向上させることが必要である．具体的には，街路などの交通施設の整備と交通システムのコントロールを通じて，諸活動に伴う交通需要を土地利用と連動して適切に処理する．また，幹線街路網のパターン形成により，都市の構造や骨格を形成する．

わが国では1960年代以降急速に自動車が普及してきた．図5-1に一人あたり自動車保有台数の推移の比較を示すが，欧米の先進国と比較して比較的短期間のうちに普及し，同水準になってきている．新車登録台数をみても1960年代以降に急速に増加し，1995年には777万台を記録しその後漸減し，2000年以降は約400～500万台の新車が登録されている．

自動車の保有台数も急速に増加し，2019年3月末には総数8 178万台，うち軽自動車を含む乗用車7 221万台（88.3%）に達している．一世帯あたり乗用車台数でみても，図5-2に示すように急速に増加し，2020年3月末で1.04台/世帯となっている．また，運転免許取得者は2020年末日時点で8 199万人（人口比65.2%）になった．

このような自動車の急速な普及は，社会経済を活性化させ利便性を向上させているが，一方さまざまな弊害ももたらしてきている．その一つは，交通事故の多発である．1969年に交通事故件数は72万件以上となり，交通戦争という言葉が生まれた．その後，さまざまな交通安全対策がとられ50万件程度に減少したが，1980年頃より再び増加し，2000年には90万件以上に達した．2005

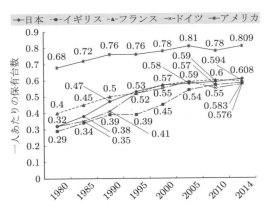

図5-1　先進国の一人あたり自動車保有台数の推移

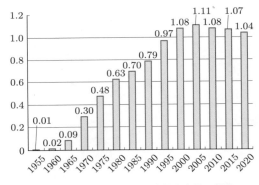

図5-2　一世帯あたり乗用車保有台数の推移
（（一社）自動車検査登録別情報協会資料より作成，各年3月末）

年頃より再び減少しているが，2020年において
も31万件とかなり多い．また，交通事故の悲惨
さを象徴している死者数は，依然多いものの，シ
ートベルトなどによる安全対策の普及により
2000年以降は漸減傾向を示している．わが国の
場合，高齢者の被害者が多いことが特徴である．

　そのほかの都市交通問題としては，交通渋滞や
幹線道路沿道の騒音，振動，排気ガスなどによる
自動車公害があげられる．さらに，車の排気ガス
による大気汚染などの環境問題が依然として重要
であり，窒素酸化物（NO_x）を減少させることが大
きな課題となっている（9.2.3項参照）．

自動車公害

　幹線道路における交通公害が深刻である．
測定局には一般的な大気を測定する一般環境
大気測定局（一般局）と，幹線道路端などの大
気を測定する自動車排出ガス測定局（自排局）
がある．排気ガスなどによる大気汚染の指標
のNO_2については，近年改善傾向にあり，
2004年度において一般局で初めて**100%**の環
境基準の達成率となった．しかし，自排局で
はまだ**89.2%**に留まっている．また，浮遊粒
子状物質の環境基準では，一般局**98.5%**，自
排局**96.1%**といずれも未達成となっている．

5.2 街路空間の機能と役割

　都市における街路空間は，トラフィック（交通），
アクセス（接近），スペース（空間）など，多様な役
割を果たしている．トラフィックとは，自動車，
自転車，徒歩などの交通手段に対応した交通処理
のための機能である．アクセスとは，沿道の建物
などへ行き来するための機能である．スペースと
は，子供の遊び場や散策などの生活空間としての
機能，通風，換気，日あたり，採光などの環境衛
生的条件を整えるための空間的機能，および，プ
ライバシーを守ったり，植栽をしたり，延焼を防

ぐ防災的機能などである．また，ライフラインシ
ステム，各種のサインシステム，バス停や電話ボ
ックス，街路灯などの照明器具，消火栓などのス
トリートファニチュア（11.8節参照）を収容する
ための空間としての役割ももっている．さらに，
都市中心部の広幅員街路は，しばしば都市のシン
ボル空間となったり，祭事空間となったりする．
雪国では，積雪時に一時的に雪を堆積する堆雪空
間となったり，大地震時には歩行による避難路と
なったりする．

　以上のような多様な機能を考慮しながら，都市
の街路や街路空間の計画，設計，デザインを行う
必要がある．交通機能は，都市における街路がも
つ機能の一部であり，交通機能だけを特化して検
討することは不十分であり，避けるべきである．

　国は2020年に「道路ビジョン2040」を発表し
た．それは，「SDGs」（9.3節参照）や「Society
5.0」は「人間中心の社会」の実現を目標として
いるため，道路政策の原点は「人々の幸せの実現」
にあるとする．それを，移動の効率性，安全性，
環境負荷などの社会的課題をディジタル技術の活
用により解決するとし，道路が古くからもつ，子
供の遊び場，人々の交流の場として再生しようと
するものである．自動車交通に偏重してきた政策
から大きく転換しようとしている．

Society 5.0

　Society 5.0とは，サイバー空間（仮想空間）
とフィジカル空間（現実空間）を高度に融合さ
せ，経済発展と社会的課題の解決を両立する，
人間中心の社会（Society）であり，狩猟社会
（Society 1.0），農耕社会（Society 2.0），工業
社会（Society 3.0），情報社会（Society 4.0）に
続く社会であるとされる．

5.3 都市交通計画の内容と手法

　都市交通計画の内容と方法は，対象都市により

それぞれ異なるが，おおむね調査によるデータの収集と整理，それらの解析と予測，計画案の評価と決定のプロセスで行われる．調査は，交通量や交通施設などの交通に直接かかわる項目だけでなく，人口，社会経済活動，土地利用などについても収集する必要がある．つぎに，調査で得られたデータなどの解析を行い，都市交通状況に関する実態の把握，問題点の明確化，計画課題の抽出などを行う．そして，それらをふまえて社会経済的データなども用いて計画，設計に必要な将来の土地利用，交通量などの必要な指標のデータを得る．それに基づいて後述する四段階推計法などにより交通計画を立案する．

5.3.1 交通施設調査

表5-1に示すように，鉄道などの軌道系施設，道路，バスなどの交通手段別に，業務資料などを活用しながら，それらの実態などに関する調査を行う．

表5-1 交通関連施設等調査の内容

施設の種類	調査項目および調査内容
軌道系施設	タイプ，駅の施設・位置，延長，車線数，駅位置，輸送能力，運行ダイヤなど
道 路	タイプ，延長，断面構成，附属施設，沿道土地利用など
バ ス	事業者，路線，起終点，延長，バス停，運行ダイヤ，バスターミナルなど
駐車場	位置，面積，タイプ，駐車可能台数，接道状況など
そのほか	駅前広場，物流施設，バリアフリー状況など

（［出典］日本都市計画学会編著：都市計画マニュアル4道路編，ぎょうせい，1985）

5.3.2 交通量調査

交通量に関する調査としては，主要街路に特定地点を設定し，通過する**断面交通量調査**を行う．国土交通省では，全国の幹線道路における24時間交通量に関する「道路交通センサス」を1928年度より3〜5年ごとに春と秋に実施している．

必要に応じて，自動車の**起終点調査（OD調査）**を行う．調査票を用いて，路側における運転手の聞き取り調査または事業所などへの訪問調査により，自動車の車種，自動車の出発点（origin）と終点（destination），運行目的，乗車人員，積載品目などの調査を行い，交通需要の内容を把握する．また，都市圏など一定地域内におけるすべての人々の交通行動を把握するために，調査票を用いて人の一日の交通行動を訪問調査，または郵送調査を行う**パーソントリップ（PT，Person Trip）調査**がある．総合的な交通計画の基本資料になるものであり，わが国では，1970年代より主要な都市圏で調査が開始され，おおむね10年ごとに行われている．公共交通機関などの整備状況により都市圏別に交通手段（モード，mode）の分担状況は異なり，わが国ではマイカー依存率が大都市で低く，地方都市で高い．また，人の流れだけでなく，物資の流れの調査（物流調査）も行われる．調査方法は，調査票を用いて，流通センター，市場，事業所などへの訪問調査などにより行われる．

> **パーソントリップ調査（PT調査）**
> トリップとは人の交通移動をとらえる単位である．たとえば，自宅から勤務先への交通移動は，通勤目的の1トリップであり，代表交通手段別に集計する．代表交通手段は，利用された交通手段のうち，鉄道，バス，自動車，二輪車，徒歩の中でより上位のものとする．パーソントリップ調査は，平均的な調査日一日のすべての動きを調べるもので，人の交通移動の出発地と到着地，目的，交通手段，所要時間，時間帯について調査する．この調査により都市圏内の交通実態を把握し，それらをデータとして用いて将来の交通計画を策定する．

5.3.3 交通需要の予測と配分

交通計画の主要部分は，計画時点における将来交通量などの予測とそれを計画道路網に配分することが中心となる．図5-3に，代表的な都市交通計画の手法である**四段階推計法**による流れを示す．対象都市を，交通計画上まとまりのある地区（ゾ

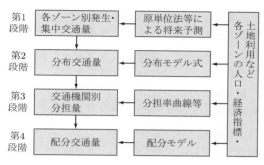

図5-3 四段階推計法による交通計画

ーン)に区分し，第1段階としてゾーン別の将来
交通量を出発する発生と到着する集中別に求める．
これらは，人口や経済指標の予測に基づいて原単
位法などにより求める．第2段階として，分布モ
デル式を用いてゾーン間の起終点交通量(**分布
交通量**，出発ゾーンと到着ゾーン間の交通量のこ
と)を求める．第3段階として，分布交通量を，
交通手段別に交通量(**交通機関別分担量**)を求める．
このときに用いるのが，分担率曲線などである．
第4段階として，配分モデルを用いて道路網や鉄
道網などの路線別の交通量(**配分交通量**)を求める．

　原単位は，建物の主要用途別や交通目的別の発
生・集中トリップ数などを，近い将来において大
きな変化がないと仮定して予測のために用いる．
また，発生・集中別や交通目的別にパーソントリ
ップ調査による現況分析から回帰モデルを求め，
同様に近い将来変わらないと仮定して予測値を求
める．ただし，現実には，トリップの需要構造な
ども変化しているため，近似値となる．

原単位

　計画などにおいて基準として用いられる単
位である．一人あたりの数値が多く用いられ，
交通計画の自動車交通発生量，住宅計画の住
宅床面積，公園・緑地計画の公園面積などで
ある．それらは，将来予測に基づいて，各種
施設の需要量などを推定するときなどに用い
られる．原単位は時間の推移により変化し，
社会の特性の違いにより異なるものであるが，
比較的短い計画期間の場合には，計画時点と
同一値を用いたり，過去からのトレンド予測
値を用いたりする．

5.4 街路網の計画

5.4.1 街路の種別と段階的構成

　都市における街路網は，表5-2に示すように，
交通処理量の多いものから**自動車専用道路**，**主要
幹線道路**，**幹線道路**，**補助幹線道路**，**区画道路**，
特殊道路となる．自動車専用道路，主要幹線道路，
幹線道路は広域的交通を処理するものである．区
画道路は沿道建築物などに直接アクセスするもの，
補助幹線道路は幹線道路と区画道路をつなぐもの
である．都市における街路は，それらの道路を段
階的に構成することを基本としている．なお，補
助幹線道路は**集散道路**(**collective road**)ともよぶ．

　このような段階的な構成を生かすために，連結さ
れる道路は原則として同格または隣接する種別間

表5-2 都市における街路の種類

種　類	定　義
自動車専用道路	比較的長距離のトリップの交通を処理するために大都市などで設けられる道路．設計速度を大きく設定し，自動車専用とする．
主要幹線道路	都市間交通や通過交通などの比較的長いトリップの交通を大量に処理するため，高水準の規格を備え，大きい交通量を有する道路
幹線道路	主要幹線道路および主要交通発生源などを有機的に結び都市全体に網状に配置され，都市の骨格および近隣住区を形成し比較的高水準の規格を備えた道路
補助幹線道路	近隣住区と幹線道路を結ぶ集散道路であり，近隣住区内での幹線としての機能を有する道路
区画道路	沿道宅地へのサービスを目的とし，密に配置される道路
特殊道路	もっぱら歩行者・自転車，モノレールなど自動車以外の交通の用に供するための道路

([出典] 日本都市計画学会編著：都市計画マニュアル4道路編，ぎょうせい，1985)

道路とする．これを**アクセスコントロール**とよぶ．また，区画道路から幹線道路以上への取り付けを避け，幹線道路以上の交通流の撹乱を少なくしたり，交差点部への沿道区画などから車が出入りすることを抑制したり，歩行ルートと車道との交差を最小限としたりすることなども必要である（図**5-11**参照）．

5.4.2　幹線道路による都市の骨格の形成

都市における幹線道路は，都市の骨格を形成する役割ももっている．自然発生的に都市が形成される初期には，中心部からの放射状の街路パターンを形成するが，一定規模以上になってくると，

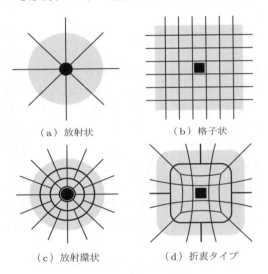

（a）放射状　　（b）格子状

（c）放射環状　　（d）折衷タイプ

図5-4　都市における幹線道路のパターン

交通処理などのために異なる計画的なパターンが必要となる．このパターンを大きく分けると，図**5-4**に示すように，**放射状，格子状，放射環状**，それらの折衷タイプの道路網形態がある．

格子状にはニューヨーク，フィラデルフィア，札幌，ミルトン・ケインズなど，放射環状にはパリ，ロンドン，ベルリン，モスクワ，東京など，折衷タイプにはシカゴ，大阪，名古屋などがある．

5.4.3　土地利用種別と街路計画基準

土地利用に応じて一定の交通需要が発生する．それを適切に処理するため，土地利用の種別ごとに，表**5-3**に示すような道路密度などを考慮して街路を計画する．商業系の土地利用では交通需要が多いため街路密度が高く，住居系の土地利用では逆に小さくなる．ただし，市街地を構成する街路は，歩行距離や街並み景観とのかかわりも考慮して計画，設計する必要がある（**11.5**節参照）．また，表**5-4**に示すように，道路の設計にあたっては，道路区分に応じて定められている，**設計速度，車線幅員，設計基準交通量，曲線半径，縦断勾配**などに準拠する必要がある．

5.5　都市交通計画の基本的方法

5.5.1　交通手段とその役割

街路は，さまざまな交通手段の機能に対応する必要がある．都市における交通手段は，図**5-5**に

表5-3　土地利用と街路密度

土地利用	道路密度 (km/km²)	道路網構成の内容	備　考
住居系	4.0	地区幹線以上のランクの道路2 km/km²，補助幹線2 km/km²，全体で500 m間隔の格子状とする．	想定人口密度 70～80人/ha
商業系	6.0	地区幹線以上のランクの道路4 km/km²，補助幹線2 km/km²，全体で330 m間隔の格子状とする．	
準工業・工業系	2.0	実例などを参考にして決定する．準工業系1 km間隔，工業系2 km間隔の格子状とする．	
工業専用系	1.0		
平　均	3.5		全国の用途地域面積比による加算平均

（[出典] 日本都市計画学会編著：都市計画マニュアル4道路編，ぎょうせい，1985）

表5-4　道路の設計基準

道路の種類	高速道路		一般道路				備　考
道路の区分	都市高速道路		主要幹線道路				
			幹線道路				
				補助幹線道路			
						区画道路	
設計要素	2種1級	2種2級	4種1級	4種2級	4種3級	4種4級	
設計速度	80 km	60 km	60 km	50 km (60〜40)	40 km (50〜30)	30 km (40〜30)	
車線幅員	3.5 m	3.25 m	3.25 m	3.0 m	3.0 m		
設計基準交通量	18 000 台/日/車線	17 000 台/日/車線	7 200 台/日/車線 9 600 台/日/車線	6 000 台/日 8 000 台/日	6 000 台/日 7 200 台/日		上段　多車線 下段　2車線
中央帯	2.25 m 以上	1.75 m 以上	1 m 以上	1 m 以上	1 m 以上		
停車帯	–	–	2.5 m	2.5 m	2.5 m		
歩道	–	–	4.5 m 以上	4.5 m 以上	3.0 m 以上	3.0 m 以上必要な場合のみ	
路肩	1.25 m(左) 0.75 m(右)	1.25 m(左) 0.75 m(右)	0.5 m(左) 0.5 m(右)	0.5 m(左) 0.5 m(右)	0.5 m(左) 0.5 m(右)	0.5 m(左) 0.5 m(右)	中央帯または停車帯を設ける場合は省略可
曲線半径	280 m 以上	150 m 以上	150 m 以上	100 m 以上	60 m	30 m	
縦断勾配	4%以下	5%以下	5%以下	6%以下	7%以下	8%以下	

［出典］日本都市計画学会編著：都市計画マニュアル4道路編，ぎょうせい，1985)

示すように，それぞれの性格に応じた役割がある．鉄道のように利用者数も輸送距離も大きいものから，端末交通手段となる徒歩まで多様である．これらを，対象都市の規模や性格，目標とする整備水準などを考慮して適切に選択していく必要がある．

近年，都市の規模や特性に応じて，鉄道やバスなどの基幹路線型の公共交通とリンクし最終目的地までをカバーする組み合わせが検討されている．また，公共的交通として，交通不便地域におけるデマンド型の交通サービスをはじめ，電動ゴルフカートのようなグリーンスローモビリティ（時速19 km以下の低速交通）やUberに代表されるデマンドタクシーシステム，シェアサイクルや電動キックスクーターなどの多様なパーソナルモビリティが開発，利用されつつあり，これらの交通手段の活用が検討されている．

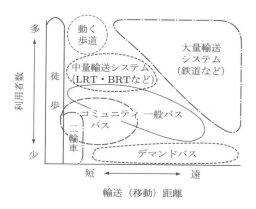

図5-5　交通手段別の輸送距離と利用者数

デマンドバス

バスルートに近接した地点にバス停を設け，バス乗降希望者がある場合のみ，そのバス停に迂回するようにするサービスである．病院などバス利用者数の変動の大きい施設や，バス利用者数の少ない地域におけるバスサービスの水準を高める手法として用いられることがある．

5.5.2　交通需要管理政策とモビリティマネジメント

図5-6は，近年におけるわが国のバス利用者数の減少傾向を示している．とくに，地方都市では公共交通整備が不十分であり，自動車利用が増加し，公共交通の衰退が著しい．その結果，バスサービスなどのさらなる低下や廃止をまねいている．

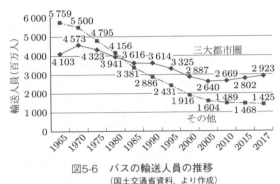

図5-6　バスの輸送人員の推移
（国土交通省資料，より作成）

これまでは自動車交通の需要増加に対応して道路整備などを行ってきたが，都市における交通環境の整備には，自動車交通の需要量などを抑制していくことも必要であると認識されるようになってきた．都市交通計画に基づいて，必要に応じて自動車交通などを抑制するなどの施策体系を**交通需要管理政策**（TDM，Transportation Demand Management）とよび，わが国においても都市交通政策の基本となってきている．また，都市交通政策は，自動車交通の抑制施策だけでなく，公共交通の充実，自動車交通から公共交通への転換，歩行交通環境の整備などを適切に組み合わせて行うことが必要である．

同様の交通施策として**モビリティマネジメント**（MM，Mobility Management）がある．これは，人々の交通行動意識や交通手段選択行動について，コミュニケーションや啓発を通じて，自発的な交通行動変容を促進させようとするものである．TDMと異なり，人々の心理や選択行動を対象として進めようとしているものである．

このような交通施策の実現には，交通計画への市民の参加（パブリックインボルブメント，PI，public involvement）が必要である．交通現象は一般的に複雑であり，交通施策結果の予測や影響の推定が難しく，社会的受容の度合の推定も困難である．そのため，実際に一定期間交通施策を試行的に実施し，その結果を評価して事業化を行う社会実験が行われている．また，社会実験は，市民に交通施策を理解してもらったり，市民参加型の行政を進展させたりする副次的効果ももっている．

以下では，TDMにおいて用いられている主な交通施策を取り上げる．

（1）交通セル方式

中心部における自動車交通の総量を抑制し，歩行環境などを改善するために，図5-7に示すような交通セル（交通ゾーン）方式が用いられる．交通セル方式は，環状道路などで囲まれた都市の中心部をいくつかの地区（セル）に分割し，地区間の直接的な移動はバスなどの公共交通以外はできないようにする方式である．セル間の自動車による移動は環状道路を経て行う．また，地区間を分離する空間は，歩行者専用道路やトランジットモールとして整備することが多い．このような方式は，ドイツのミュンヘン，ブレーメンなどで行われており，わが国でも長野市，浜松市などで採用が検討されている．

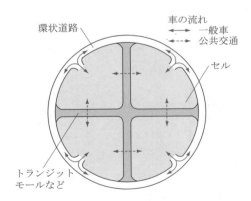

図5-7　交通セル方式の概念

（2）公共交通システムの整備

公共交通システムの整備は，都市の基幹的交通システムとして公共交通を整備し，自動車交通か

ら公共交通への転換を図ることにより，全体的な交通サービスの水準を向上させ，歩行環境の改善，中心市街地の再生，環境問題などの改善を行おうとするものである．公共交通としては，バス，地下鉄，モノレールなどがあるが，近年，新しい交通システムとしてLRT（Light Rail Transit）やBRT（Bus Rapid Transit）を導入する事例が増加してきた．LRTは従来のバスよりは多く，地下鉄よりは少ない中規模の輸送力があり，比較的短い停留所間隔での運行が可能なことなどから，とくに中規模都市における基幹的交通システムに適している．また，専用軌道をもち，電気を動力とするため，定時性や静穏性に優れ，揺れが少なく，環境にやさしいなど公共交通システムとして優れた特性をもっている．さらに，フランスのストラスブール（写真5-1）などで導入されている低床式の車両を用いたLRTは，バリアフリー性に優れた公共交通手段である．

BRTは，バスが専用の道路や車線などを運行するもので，定時性が高く，運行間隔を短くすれば従来のバスに比較して輸送量を大きくすることができる．専用道路などでは連接バスを用いて複数の車輌をつないで電車のように運行することも可能である．また，専用道路を離れてそのまま従来のバスとして運行することができるため，路線設定の自由度が高く，乗換えの必要性を少なくすることができる．さらに，PTPS（公共車輌優先システム）による，バスの接近を感知して交通信号を早めに青に変えるシステムと組み合わせれば，

より定時性を高めることが可能である．なお，LRTのほうが，軌道を走行するためBRTより安定性が高く輸送量も大きいが，車輌や軌道の整備・維持コストが高い．

BRTに自動運転技術を取り入れることにより安全で利便性の高い次世代都市交通システム（ART，Advanced Rapid Transit）とする研究開発が進められている．

なお，欧米の諸都市における公共交通システムの運営は政策として行われており，運賃は経費の3〜8割程度に設定されていることが多い．ポートランド（写真5-2）の場合，中心市街地の活性化を目的として，中心部の運賃は無料にしている．

自動運転車

　自動車にレーダーやカメラなど周囲の状況を感知するシステムを整備し，三次元のディジタル地図と組み合わせることで自動運転を可能にする開発が行われている．運転者の運転支援や高速道路の自動走行などは実用段階にあるが，運転操作が不要の完全自動運転までには至っていない．また，交通事故が発生した場合の法的責任の所在や自動運転車の国際的なルールづくりなど課題は多い．

　なお，自動運転車が普及しても，都市交通計画の方向性とする公共交通優先の必要性やそのためのTDMなどについては基本的に変わらない．

写真5-1　ストラスブールのLRT（フランス）

写真5-2　ポートランドのLRT（アメリカ合衆国）

写真5-3　富山市のLRT

　富山市は，2006年にわが国で初めてLRTによる富山港線約7.6 kmの運行を開始した（写真5-3）．線路や車両は公共が整備し，運行は，富山市などが出資する会社が運営する（上下分離方式）．また，中心市街地には，従来の市電網の一部に線路を新設して環状線とし，2009年より同様の車両と方式で運航されている．

　LRT・BRTや地下鉄など公共交通システムの整備に伴い，従来のバスは路線の再編成を行うなどして，交通手段としての両者の特性を生かす工夫が必要である．その一つとして，図5-8に示すフィーダーシステムがある．このシステムは，公共交通システムの主要駅から起発着するバスを運行し，乗換えをスムーズに行うことにより，交通サービスの水準を向上させる．

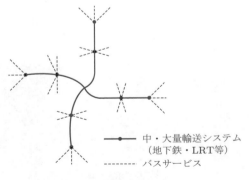

中・大量輸送システム
（地下鉄・LRT等）
-------- バスサービス

図5-8　フィーダーシステム

（3）トランジットモール
　都市中心部の街路などにおいて公共交通のみを許容し，一般の自動車交通を排除したものをトランジットモールという．中心部において自動車交通を抑制することにより，公共交通のサービス水準を向上させ，中心商店街などの歩行環境を向上させようとするものである．許容される公共交通は，バス，LRT・BRTなどであり，タクシーなどが許容される場合もある．なお，緊急車両の走行は可能である．アメリカ合衆国では，1967年にミネアポリス市で設置されたニコレットモールが最初の事例であり，その後，ほかの都市に広がった．写真5-4にドイツのフライブルクのトランジットモールを示す．

写真5-4　フライブルグのトランジットモール（ドイツ）

（4）パークアンドライドシステム
　パークアンドライド（P&R）システムは，都市の中心部への自動車の乗入れを抑制するため，環状道路などにおける公共交通の結節点に駐車場を設け，車から公共交通へ乗換えて中心部へ向かうシステムである．公共交通の種類に応じて，パークアンドレイルライド，パークアンドバスライドなどがある．わが国では，神戸市や鎌倉市のパークアンドレイルライド，金沢市の郊外ショッピングセンターの駐車場などを活用したパークアンドバスライドシステムなどがある．

（5）自動車交通の抑制策
　表5-5に自動車交通の抑制策を示すが，それらは物理的抑制，法規制的抑制，経済的抑制に分けられる．物理的抑制手法としては，駐車場を設けることを中心部などにおいて抑制することで自動車の保有や利便性を減少させるもの，交通信号や

表5-5 自動車交通の抑制手法のタイプ

規制タイプ	物理的抑制手法	法的抑制手法	経済的抑制手法
保有規制		運転免許の取得制限 保有台数の規制 車庫の規制	保有への課税 購入・登録への課税
走行抑制	速度の規制 交通静穏化 交通セル方式 ハンプ・シケイン・狭窄	流入規制ゾーンの設定 乗車人数による規制・優遇 走行車線の指定	ロードプライシング 燃料への課税
駐車抑制	駐車容量の抑制 駐車場の立地規制	駐車場所の規制 違法駐車の取締り・罰則強化	駐車料の課金 時間帯・場所による駐車料金の設定 駐車スペースへの課金

［出典］山中英生他：まちづくりのための交通戦略，学芸出版社，2000）

交通規制などにより，走行空間や速度を抑制するもの，ハンプ，シケイン，狭窄（5.7.3項参照）などがある．

　法規制的抑制手法としては，自動車の保有台数などを直接規制するもの，都市の中心部などの地域を限定して自動車の流入を禁止するものなどがある．このうち後者の事例として，シンガポールではナンバープレート番号の末尾が奇数か偶数かで中心部への流入規制を行ったことがある（写真5-5）．

　経済的な抑制手法としては，自動車保有や燃料への課金，都市中心部などへの自動車の流入に対しての課金（**ロードプライシング**）などがある．このうち，ロードプライシングは，ノルウェーのオスロやイギリスのロンドンなどで実施されている．

　ロンドンでは，**2003年**に世界の大都市で初めてロードプライシングが導入された．指定された

中心部の区域内への流入車のナンバーを自動的に読み取り，混雑課金（**Congestion Charge**）として1台**8ポンド**（約**1000円**）を徴収するものである（写真5-6）．ただし，バスやタクシーなどの公共交通，障害をもつ人の車，電気自動車などの環境配慮車は免除される．導入後，3割程度渋滞が減少する効果があったとの報告がある．

写真5-6　ロンドンのロードプライシング
（課金区域を示すCの標示が見える）

（6）公共交通の優先策

　自動車からバス，**LRT**，地下鉄などの公共交通への転換を図るため，さまざまな優先策が用いられている．公共交通の料金を低廉にするなど経済的インセンティブを用いるもの，公共交通の走行時間を短くするなどして利便性を高めるもの，交通需要の特性に合わせてきめ細かいサービスを行うものなどである．このうち，走行時間については，バス専用レーンやバス優先レーンを設けるもの，快速バスを走らすもの，それらに**PTPS**（5.5.2項（2））を組み合わせるなどがある．

写真5-5　自動車流入規制の事例
（シンガポール，RESTRICTED ZONE
（規制地区）の標示が見える）

きめ細かいサービスとしては，小型バスを用いたコミュニティバスのサービスがある．**コミュニティバス**は，需要がそれほど大きくない比較的小さい区域を対象にして，一方向のみの循環路線などにより，短いバス停間隔で百円など低廉な価格でサービスをするものである．通常のバスとは，交通サービスの対象，内容が異なり，高齢者や小さい子供連れの大人などにとって身近で利用しやすい交通手段として機能している．公共団体が運営または支援し，採算性より福祉的なサービスや中心市街地の活性化を目的とすることが多い．わが国では，**1995**年に開始された武蔵野市のコミュニティバス（愛称ムーバス，写真5-7）が最初である．その後，各地で導入され，金沢市では，**1999**年よりドイツから輸入した全国初のノンステップ型のコミュニティバス（愛称ふらっとバス）を走らせている．

写真5-7　武蔵野市のムーバス

写真5-8　ライジング・ボラード（提供：新潟市）

（7）ライジング・ボラード

都市の中心部や住宅地に通過交通が発生しないように，許可車の無線機で昇降するボラード（ライジング・ボラード）を設置している．わが国では**2014**年に新潟市の中心商店街で公道では初めて設置され（写真5-8），その後，岐阜市などでも設置されている．採用されているのはゴム製のソフトタイプで，車を傷つけない，緊急車両が通行可能などの利点があるが，許可車以外が強引に通行する可能性もある．警察から許可を受けるのは，バスなどの公共交通車両，地区内住民，地区内に用務のある業務車両などである．

（8）MaaS（マース）

MaaS（Mobility as a Service）とは，さまざまな公共交通手段をICTの活用によりシームレスに利用できるようにするものである．公共交通には電車，地下鉄，バスだけでなく，シェアサイクルやレンタカーも含まれる．その中には定額制で一定期間公共交通乗り放題のサービスもある．車利用が少なくなり交通渋滞の減少，駐車スペースの緑地などへの転用，高齢者の外出増加と健康増進などの効果が期待されている．フィンランド，イギリス，ドイツ，台湾などで先行的に整備され，わが国でも導入されつつある．

（9）自転車の交通環境整備

自転者は最も身近な交通手段であり，環境負荷も少ないことから，健康志向の高まりを背景に，その交通環境整備が進められている．なお，ほかの先進国ではほとんどみられないが，わが国では**1970**年より緊急避難措置として歩道への自転車走行を認めており，自転車による歩行者事故も多い．そのため，自転車と歩行者が安全に安心して通行できる環境を整備していく必要がある．

主な整備手法としては，駅や中心部での駐輪施設の整備，自転車走行空間の整備，中心部でのシェアサイクルシステムなどがある．

そのうち，自転車走行空間の整備については，**2012**年に国がガイドラインを作成し，自転車の走行空間やネットワークを整備しながら，歩道の自転車走行を減らすため，車道において自転車の

写真5-9　シェアサイクルシステム（台湾台北市）

安全で快適な走行環境の整備を進めている．それには，①自転車道，②自転車専用通行帯，③車道混在の3種類の方法がある．③車道混在は，車道の左端部に自転車走行帯を表示するもので，自転車事故を減らす効果のあることが確認されている．

また，中心部などにおける**シェアサイクル**については，自転車の駐輪施設を主要箇所に整備することにより，借りる場所と返す場所を自由とし，課金についても自動引落しなどによる利便性の高いシステムが普及している．写真5-9は台湾台北市の事例である．

自転車の走行環境を整備して利用を促進するため，**自転車活用推進法**が2016年に成立した．同法では，自転車の活用推進における基本理念を示し，自転車専用道路や通行帯の整備，シェアサイクルの整備，自転車競技施設の整備，交通安全教育および啓発などの施策を定めている．

5.6　地区交通計画の必要性

日本の都市交通計画が実際に計画の対象としてきたのは，主として幹線道路である．より生活に密着した細街路は必ずしも計画の対象とされてこなかった．細街路には歩道が設けられていない場合が多く，同じ路面を車と人が利用している．そうした自動車に優先権を与えた混合交通は，運転者の過失などにより，常に弱い立場の者（歩行者・自転車など）が被害者となる可能性がある．このような状況に対して，安全で快適な生活環境を形

成するためには，生活道路から**通過交通**（当該地区に用務がなく通り抜けるだけのもの）を排除することを原則とする必要がある．そのためには，生活圏を単位とした地区交通計画が必要となる．

地区の交通環境を改善するには，いくつかの方法がある．まず，歩道を設けて人と車を空間的に分離することが考えられる．それを面的に拡大したものが，**5.7.1**項で述べるラドバーンシステムである．ラドバーンシステムでは，**クルドサック**（袋路）などを用いて通過交通を排除し，幹線道路と歩行者路は立体交差を用いるなどしてできるだけ分離する．

分離と異なる発想が共存である．新しく街を建設する場合とは異なり，既成市街地で分離を行うことはスペース的にも一般的に困難である．そのため，道路上の同一空間では人に優先権を与え，車と共存させるものである．その考え方に基づくものが5.7.3項で述べるボンエルフである．

5.7　地区交通計画の方法

都市における地区を対象とする交通計画にかかわる重要な計画手法として，近隣住区（2.3.6項参照），ラドバーンシステム，居住環境地区，ボンエルフ，コミュニティ道路があげられる．近隣住区については説明済みなので，ここではそれ以外のものについて述べる．

5.7.1　ラドバーンシステム
アメリカ合衆国ニュージャージー州ラドバーンにおいて計画，実現されたシステムである（図**5-9**）．図**5-10**に概念を示す．徹底して歩行者と自動車の動線を分離し，歩行者路を中心として各種施設を配置する．歩行者専用道である緑道（植栽が豊かな歩行者専用道）をつくり，そこに小学校などの教育施設，商店などの各種コミュニティ施設を配置し，住宅の主玄関も緑道側とする．ただし，車道や駐車場から住宅へのアクセスも可能であるが，車道はクルドサックやU字型にして通過交通が発生しないようにする．基本的には，

図5-9　ラドバーンの計画図
（[出典] C.A. Perry: The Neighborhood
Unit, Routledge/thoemmes Press, 1988）

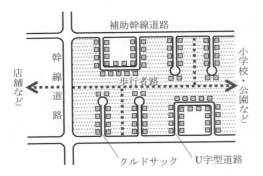

図5-10　ラドバーンシステムの概念

写真5-10　ラドバーンのクルドサック

歩行ネットワークを利用するだけで，通常の生活に必要な施設にアクセスが可能となるようにする．

写真**5-10**は，クルドサックとなっている車道側を示している．なお，イギリスの第一世代のニュータウンは，その基本的な計画手法として近隣住区とラドバーンシステムの考え方を取り入れている（**2.3.7**項参照）．

5.7.2　居住環境地区

イギリスの環境省大臣から「これからの自動車時代に対応した都市交通計画のあり方」の諮問を受け，**C.**ブキャナンを委員長とする委員会は，**1966**年に通称ブキャナンレポートとよばれる優れた内容の報告書を答申した．内容は多岐にわたるが，その中で，都市は居住環境を保全すべき細胞（**居住環境地区**．図**5-11**）からなること，街路は血液が循環する脈絡とみなされること，それぞれの計画対象地区に応じた自動車交通量などの**居住環境容量**が考えられること，それを前提として計画対象地区に応じた居住環境水準と改造費用の考察を行い，現実的で妥当な計画案を選定するのが適切であること，などが提言された．

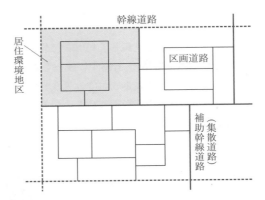

図5-11　道路の段階的構成と居住環境地区

5.7.3　ボンエルフ

ボンエルフとは，オランダ語の**woon**（居住の）と**erf**（中庭）の合成語（「生活の庭」）であり，歩車共存道路を意味する．交通規制や街路改造により交通事故を防止し，街路環境を歩行や生活するためにふさわしい空間とすることを目的とし，地区指定のうえ，特別の法律の適用を行う．対象地区は，地区内に幹線道路がなく交通量の抑制が可能

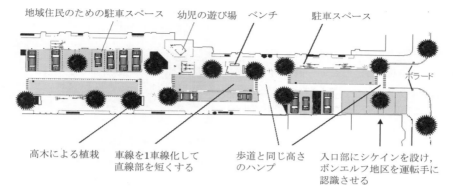

図5-12 ボンエルフの考え方
（オランダ王立ツーリングクラブ：オランダにおけるWOONERF計画，より作成）

な地区とし，交通量はピーク時で100〜300台/h を限度とする．

　ボンエルフ地区の入口部には，指定された地区であることを示す標識を設け，ドライバーに歩行者優先であることを意識させるとともに，速度規制を行う．地区内では歩行や子供の遊びなどの生活行動が優先され，駐車場所を限定し，車の進行方向規制，右左折規制，道路を途中で遮断するなど，交通環境改善のためのさまざまな手法が用いられる．図5-12に示すように，歩道の拡幅や車道へ食い込むような植栽による**フォルト**などで，車道の直線部が長くならないようにして，車の速度を抑制する．そのほか，車の速度を抑制するために，車道の一部を狭くする**シケイン**（狭窄），車道の一部を盛り上げる**ハンプ**がある．さらに，歩行者の安全性を確保するため，フォルトやシケインを設けたり，必要に応じて**ボラード**（車止め）を設置したりする．

　これらのことにより，既成市街地においても通過交通を排除したり，自動車の速度を抑制したりすることが可能になる．なお，運転者の視界を確保するために植栽などは75 cm以下とし，自動車の速度規制は15〜20 km/hとする．これらによって，できるだけ通過交通を少なくすることも目的としている．

　ボンエルフは，オランダのデルフト市（人口約8.5万人）が発祥である．1960年代後半に12 haの地区で試行実験が行われ，1973年に最初は幅員

写真5-11 ボンエルフの整備例
（ハンプ，シケイン，路上駐車など，オランダ）

約8 mの街路で，1973〜1978年には12箇所で行われた．その後，国の補助事業となり，オランダやドイツにおける居住系市街地の標準的な道路となってきている．写真5-11にその例を示す．

5.7.4　コミュニティ道路

　コミュニティ道路とは，ボンエルフの考え方を実現するために，わが国で国の補助事業として設けられた歩車共存道路の制度である．オランダとは異なり特別の法律などは制定せず，現行の道路交通法の規定内で実施されている．そのため，オランダで行われているような徹底した歩行者優先とはなっていない．

　わが国の最初のコミュニティ道路は，大阪市阿倍野区長池町の住宅地で1980年に実現された．以前の幅員は10 mで，対面通行が可能な幹線道

路の裏通り的な街路であり，長時間の違法駐車が常態化していた．また，走行自動車の多くが法定最高速度をオーバー（30 km/h制限）していた．そのため，車道幅員を3 mにして一方通行化し，自動車速度抑制のためのハンプを設けた．また，歩道の車道側に適宜ボラードを設置し，歩行者保護と歩道上への車両の進入を防止した．

コミュニティ道路は，建設省(現 国土交通省)の補助事業として1981年に創設され，補助採択基準は幅員7.5 m以上である（実際は，幅員8〜10 m以上の地区で実施されてきている）．写真5-12に神戸市の事例を示す．また，1984年にはコミュニティ道路を含み，面的な整備事業として住区総合交通安全モデル事業（**ロードピア構想**）が創設された．その一環として大阪市関目地区において，**6 m**の幅員における路面共有型道路が1980年度に実現されている．

新しい住宅団地の開発整備にあたり，コミュニティ道路，**U字型道路**，ラドバーンシステムの考

写真5-12　コミュニティ道路の整備例
（シケイン，ボラードなど，神戸市中央区北野）

え方を導入した事例として，汐見台ニュータウン（宮城県七ケ浜町）があげられる．仙台市の中心から約15 kmに位置する郊外住宅地であり，民間会社が町と共同で開発した約100 haの住宅団地で，1980年より住宅分譲を開始した．新市街地では最初のコミュニティ道路整備の事例である．幅員6 mの区画道路には，入口にハンプと30 mごとにフォルトを設けている（図5-13，写真5-13）．

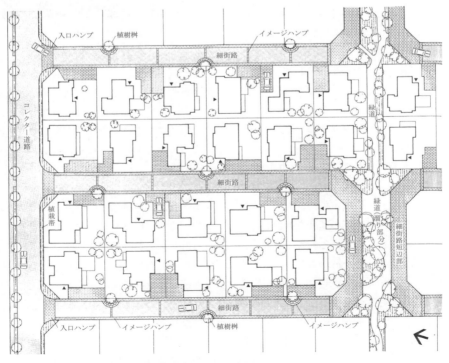

図5-13　汐見台ニュータウン
[[出典] 都市住宅，No.177，鹿島出版，1982)

写真5-13　U字型道路の入口部（手前に入口ハンプ，
奥に植樹ますによるフォルト）

また，区画道路をU字型にして通過交通を排除
している．住宅地全体を連絡する緑道と一体とな
ったU字の奥の部分は全幅で16 mある．

5.7.5　コミュニティゾーン形成事業

　コミュニティゾーン形成事業とは，幹線道路に
囲まれた一定の大きさの地区を対象にして，交通
規制やコミュニティ道路の整備などを行い，面的
に歩行者などが優先されるようなゾーンを形成し
ようとする国の事業であり，1996年より始めら
れた．

　また，同事業を進める方法として，2011年よ
りゾーン30の事業が始められ，2016年3月末日
までに全国で2 490箇所が整備された．これは，
車の速度が30 km以上になると重大事故につなが
ることから，幹線道路に囲まれた区域の中に最高
速度30 km/hのゾーンを設け，ゾーンの出入口に
それを路面表示するものである．そのほかにシケ
インやハンプなど（5.7.3項参照）を設けるとより
効果的となる．

■ 演習問題 ▮

5.1　下記の用語について説明しなさい．なお，複数の用語があげられている場合は，それらの相互関係
についても説明しなさい．

　(1)　PT調査
　(2)　四段階推計法
　(3)　TDM，MM
　(4)　交通セル方式
　(5)　LRT，BRT
　(6)　トランジットモール

　(7)　パークアンドライドシステム
　(8)　ラドバーンシステム
　(9)　ボンエルフ，コミュニティ道路
　(10)　ハンプ，フォルト，シケイン，ボラード
　(11)　ゾーン30

5.2　都市における街路の果たしている役割について説明し，それを考慮した交通計画のあり方について
説明しなさい．

5.3　都市における総合的な交通戦略として用いられている交通施策をいくつかあげ，それらについて説
明しなさい．

5.4　住宅地などにおいて安全な交通環境を整備する手法としてどのようなものがあげられるか．「分離」
「共存」などについて考え方，具体的な内容を説明しなさい．

5.5　道路空間における歩車共存の手法として用いられるソフトやハードの手法を上げ，それぞれ説明し
なさい．なお，ソフトとは交通規制，ハードとは道路の物理的改造を，それぞれ主として意味している．

第**6**章

公園・緑地・オープンスペースの計画

公園は都市生活のために積極的に整備されるものであり，緑地は公園を含み植生のみられる空間，オープンスペースは公園や緑地を含み，道路，河川の空間などを含む概念である．本章では，公園・緑地・オープンスペースの機能，制度，計画の考え方などについて説明する．

6.1 公園・緑地・オープンスペースと都市環境

人類と緑とのかかわりは深く，緑は私たちの周りにさまざまな形で存在し，季節のリズムをもって変化し，時や季節のうつろいを感じさせる．また，緑は平野，河川，山地などの地形とともに景色を構成し，風土を創り出している．さらに，森などの緑の空間は，生物の生息環境として機能している．人々はその中で暮らし，成長することで精神的にも影響を受け，感性も形成されていく．人々が緑に安らぎを感じ，あこがれの気もちを抱くのは，このようなかかわりからである．

20世紀は都市化が急速に進んだ時代である．その結果，都市内の緑地が消失し，市街地が緑地を侵食するように拡大してきた．今後の経済の低成長や高齢化などの社会構造の変化や地球環境問題などを考えると，持続的に発展する社会システムを構築し，その中で緑や緑空間の役割を位置づけていく必要がある．

公園（park）は都市内に配置され，都市住民のレクリエーション，休息などに用いられる．**緑地（green space）**は公園を含む概念で，土壌と植生からなる空間を意味し，緑被地とよぶこともある．**オープンスペース（open space）**は非建ぺい地を意味し，公園，緑地，河川などの水面，敷地内空地などを含む最も広い概念である．ただし，大規模な交通空間や水面などを除くことがある．

地球温暖化とともに，都市部の気温が高くなる

ヒートアイランド（heat island）現象がみられるようになっているが，緑はそれらを緩和する役割をもっている．都市の緑の量を計測する指標の一つとして，緑で覆われた面積の割合を示す緑被率が用いられている．実態調査から，**緑被率10%**あたり－**0.32**～－**0.17**℃の気温低減の効果があるとされている．

また，気温低減には，都市周辺の山間部や海，湖などの冷気などを利用する**風の道**が有効である．ドイツのシュツットガルトでは実際に，市街地の周辺の丘陵地へ植林することにより，冷気が溜まる空気のダムをつくり，建築物の高さや方位と形態に関する建築活動のコントロールを行うことにより風の道をつくり出している．

また，緑は各種の公害を軽減するような環境保全的機能ももっている．たとえば，騒音の減衰効果は**1 000 Hz**以下の周波数の音に対して幅30 mの樹林地の場合7 dB程度減少するといわれてい

ヒートアイランド現象

市街地の拡大，都市内の使用エネルギーの増大，緑地などの自然環境の喪失などにより，市街地部の温度分布が周辺より高くなることをいう．この現象により，夏期間に，より温度が高くなり，空調などの使用がより多くなることや，空気の対流が起こりにくくなり，大気汚染が深刻化することなどの問題点が指摘されている．

る．また，市街地内における樹木は，調査結果から硫黄の含有量が高く，二酸化硫黄（SO_2）などの吸着能があり，煤塵付着能があるということなども明らかにされている．

こうした多義的な役割に注目し，**グリーンインフラ**と称して積極的に整備を進める取り組みが進められている．なお，グリーンインフラは，コンクリートによる人工構造物をグレーインフラとし，それに対して用いる用語で，防災などには両者が補完的に連携して役割を果たすとされる．

6.2　日本での公園の導入

イギリスでは，貴族など特権階級のために古くから**コモン（common）**という共用の屋外レクリエーションスペースがあったが，都市内に設けられる公園としては，19世紀前半における王室庭園の開放が始まりである．ロンドンのハイドパーク，リージェントパークなど（写真6-1）がそれに該当する．

また，近世時代の城壁の跡地を公園として整備している事例もみられる．そのような事例の起源は，ルイ14世がパリ市域約242 haを取り囲んでいた城壁を取り払い，跡地を植樹して整備したことにある．それを**ブールバール（2.3.1項参照）**とよび，並木や植樹帯を伴った比較的大規模な街路や遊歩道を指す用語となった．

わが国では，江戸時代まで，都市内や近郊に名所旧跡が存在し，市民がそれらを訪れて楽しむという慣習が広くみられたが，市街地に公園を設けるということはなかった．しかし，明治維新の前後から，欧米諸国の都市見聞の中で公園も調査され，近代的都市づくりの一環として導入された．早くから"**public garden**"の訳語として公園が用いられ，1877（明治10）年頃より定着していった．実際には，居留地外国人の要求などに対応して，公園や遊歩道が整備されていたが，制度としては，1873年の太政官布告が最初である．その後，全国的に公園の整備がなされたが，都市全体の計画のもとに公園が本格的に整備されたのは，東京の

写真6-1　ロンドンの公園（夏の昼）

市区改正案のもとで，1903（明治36）年に開設された日比谷公園であり，その後のわが国の公園整備に大きな影響を与えた．なお，1919年の都市計画法では，都市施設（8.1節参照）として公園が位置づけられている．

6.3　公園・緑地・オープンスペースの機能

公園・緑地・オープンスペースは，都市において，以下に示す多様な機能をもっている．

（1）市街地の拡大防止

市街地の周囲に配置され，市街地を物理的に境界づけて，その拡大を防止する役割を果たす．ロンドンのグリーンベルト（2.3.7項参照）などが該当する．

（2）防災機能

大地震時などにおける市街地の延焼を遮断したり，避難地として活用する機能がある．そのためには，一定の規模や形態をもつ植栽が必要である．

（3）都市住民に対するレクリエーション機能

市民がレクリエーションのために利用することにより，心身の健康を保持し，近隣住民や世代の異なる住民が交流することができる．

（4）都市のシンボル空間

都市のシンボル的な空間となる場合がある．アメリカ合衆国のニューヨークのセントラルパーク，ワシントンD.C.のザ・モール（2.3.2項参照）などがあり，わが国では，札幌市の大通公園，名古屋市の久屋大通りなどがある．

(5) 都市近郊農地としての生産機能

市街地周辺のオープンスペースは農地であることが多い．こうした都市近郊の農地は，都市へ新鮮な食物を供給する役割を果たしている．

(6) 都市環境の保全機能

図6-1に示すように，公園や緑地の植物は，ある程度大気を浄化する機能，気温を低下させる効果，都市内における微気候（限られた範囲における気温，湿度，風，日照などの気象）を緩和する機能をもっている．また，アスファルトなどに覆われていない土壌が存在することにより，雨水の保水機能をもち，地下水などを涵養する．

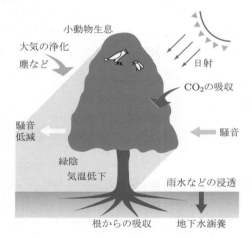

図6-1　緑の果たす機能

(7) 自然生態系の保全機能

植栽だけでなく，樹木や池などの水面があり，都市内であっても鳥や虫などの小動物や生態学的な植生がみられ，そのことにより，都市住民にとって自然や季節感を身近に感じることができる．

(8) 原植生

人間が定住し自然に人為的な影響を与える以前の植生を原植生（original vegetation）とよぶが，そのような植生を維持する空間が残されている場合がある．原植生の存在は，自然保護や歴史的価値の保存からみても大切である．また，原植生を復元するような場合，その土地本来の植生のために適正な樹種を選定する必要がある．なお，約1万年以上前のものを原始植生とよび，森林の形態の

ものを原生林とよぶこともある．わが国の場合，原植生はカシ，シイ，サカキ，ツバキ類などからなり，照葉樹林とよぶ地域が多い．今日では社叢林（りん）（神社にみられる緑や林）などにその痕跡を見ることができるが，全国の森林面積の0.1％未満しか残されていない．

なお，土地の植生能力は，土壌や気候環境などの長期間の変動により，原植生から変化した状態であるため，近年は潜在自然植生（potential natural vegetation）という概念が提唱され，用いられている．それは，地域のもつ能力に応じて植生の復元や緑化を図ることにより，維持管理費用の少ない，本物の植生を行うことができるとするものである．

以上のような各種の機能は，利用効果と存在効果に分けられる．（3）の都市住民に対するレクリエーション機能などは利用機能であり，（1）の市街地の拡大防止，（4）の都市のシンボル空間，（6）の都市環境の保全機能などは存在機能である．

6.4　都市公園・緑地

6.4.1　制度の概要

都市公園は，都市公園法（1956年）に基づき，国や自治体が都市計画区域内に計画・整備する公園で，都市施設の一つである．その中では，公園と緑地という名称で取り扱われている．自然公園は，自然公園法（1957年）に基づき，都市計画区域外に計画・整備される．都市緑地は，都市緑地法（1973年）に基づき，保全と緑化が推進されている．

都市公園に対する社会的需要の変化などに対応して，以下のような点について都市公園法と都市緑地法の施行令の改正が行われている．

① 都市公園について住民一人あたりの敷地面積の標準を $6\,m^2$ から $10\,m^2$ 以上に，市街地住民一人あたりの敷地面積の標準を $3\,m^2$ 以上から $5\,m^2$ 以上にそれぞれ引き上げる．

② 地方公共団体が設置する都市公園として，新たに主として動植物の生息地または生育地である樹林地などの保護を目的とする都市林，および主として市街地の中心部における休息

自然公園

　自然保全の度合いに応じて国立公園，国定公園の区別がある．また，都道府県が定める条例に基づいて都道府県立自然公園がある．自然公園内では，自然の状況，自然利用の必要性，第一次産業的利用の状況などを考慮して，ゾーニングにより自然の保全と利用の調整が図られている．まず，特別地域と普通地域に区分され，特別地域は保全の必要性の高いものから特別保護地区と第1種・第2種・第3種地域に分けられる．そのほかに，海中公園地区，指定湖沼，湿原などがある．

または鑑賞の用に供することを目的とする広場公園を追加する．

③　公園施設としてグランドゴルフ場，温水利用型健康運動施設，乗馬場，自然生態園，野鳥観察所，体験学習施設などを追加する．

④　都市公園に保育所やデイサービスセンターなどの通所型の福祉施設の立地を可能とする．

⑤　都市公園における建築物などによる建ぺい率は2%以下に制限されているが，休養施設，運動施設，教養施設などの場合は10%以下にまで緩和する．

⑥　児童公園を，主として街区内に居住する者の利用に供することを目的とする**街区公園**に改め，ぶらんこ，すべり台，砂場などの設置の義務づけを廃止する．

⑦　緑地に農地が含まれることとし，都市緑地法の諸制度の対象とする．

6.4.2　種　類

　都市公園の種類を表6-1に示す．まず，都市部において整備するものとして**住区基幹公園**と**都市基幹公園**があげられる．住区基幹公園は，市民が日常的に利用する最も身近なものであり，都市基幹公園は，人口10万人以上の都市部において整備される．

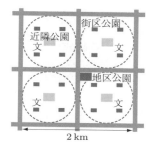

標準面積：100 ha
　　　　（1 km×1 km）
標準人口：10 000人
街区公園 4箇所
近隣公園 1箇所

（a）住区レベル（1近隣住区）

標準面積：400 ha
標準人口：40 000人
街区公園 16箇所
近隣公園 4箇所
地区公園 1箇所

（b）地区レベル（4近隣住区）

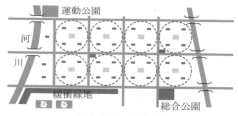

総合公園：標準面積 10～50 ha
運動公園：標準面積 15～75 ha
　　　　　都市の規模に応じて配置

（c）都市レベル

図6-2　**都市公園の計画概念**
　　　　（国土交通省資料，より作成）

（1）住区基幹公園

　住区基幹公園は，**C.A.** ペリーが提唱した近隣住区理論（**2.3.6**項参照）に基づいて考えられており，いずれも利用者は徒歩でアクセスすることを前提としている．図6-2に示すように，近隣住区にサービスするものとして**近隣公園**が位置づけられる．近隣公園は，利用者の範囲を半径**500 m**程度とし，面積**2 ha**を標準としている．また，近隣住区を分割した**街区公園**を計画する．さらに，い

表6-1　都市公園などの種類

種　類	種　別	内　　容	箇所数	整備面積 (ha)
住区基幹公園	街区公園	主として街区内に居住する者の利用に供することを目的とする公園で，1箇所あたり面積0.25 haを標準として配置する．	89 192	14 328
	近隣公園	主として近隣に居住する者の利用に供することを目的とする公園で，1箇所あたり面積2 haを標準として配置する．	5 813	10 477
	地区公園	主として徒歩圏内に居住する者の利用に供することを目的とする公園で，1箇所あたり面積4 haを標準として配置する．都市計画区域外の一定の町村における農山漁村の生活環境の改善を目的とする特定地区公園(カントリーパーク，右欄(　)内数値)は，面積4 ha以上を標準とする．	1 626 (178)	8 589 (1 392)
都市基幹公園	総合公園	都市住民全般の休息，観賞，散歩，遊戯，運動など総合的な利用に供することを目的とする公園で，都市規模に応じて1箇所あたり面積10 〜 50 haを標準として配置する．	1 376	26 174
	運動公園	都市住民全般の主として運動の用に供することを目的とする公園で，都市規模に応じて1箇所あたり面積15 〜 75 haを標準として配置する．	832	12 931
大規模公園	広域公園	主として一の市町村の区域を超える広域のレクリエーション需要を充足することを目的とする公園で，地方生活圏など広域的なブロック単位ごとに1箇所あたり面積50 ha以上を標準として配置する．	220	15 155
	レクリエーション都市	大都市そのほかの都市圏域から発生する多様かつ選択性に富んだ広域レクリエーション需要を充足することを目的とし，総合的な都市計画に基づき，自然環境の良好な地域を主体に，大規模な公園を核として各種のレクリエーション施設が配置される一団の地域であり，大都市圏そのほかの都市圏域から容易に到達可能な場所に，全体規模1 000 haを標準として配置する．	6	569
国営公園		一の都府県の区域を超えるような広域的な利用に供することを目的として，国が設置する大規模な公園にあっては，1箇所あたり面積おおむね 300 ha以上として配置する．国家的な記念事業などとして設置するものにあっては，その設置目的にふさわしい内容を有するように配置する．	17	4 305
緩衝緑地等	特殊公園	風致公園，動植物公園，歴史公園，墓園など特殊な公園で，その目的に則して配置する．	1 368	13 812
	緩衝緑地	大気汚染，騒音，振動，悪臭などの公害防止，緩和もしくはコンビナート地帯などの災害の防止を図ることを目的とする緑地で，公害，災害発生源地域と住居地域，商業地域などとを分離遮断することが必要な位置について公害，災害の状況に応じて配置する．	241	1 869
	都市緑地	主として都市の自然的環境の保全ならびに改善，都市の景観の向上を図るために設けられている緑地で，1箇所あたり面積 0.1 ha以上を標準として配置する．ただし，既成市街地などにおいて良好な樹林地などがある場合あるいは植樹により都市に緑を増加または回復させ都市環境の改善を図るために緑地を設ける場合にあってはその規模を0.05 ha以上とする(都市計画決定を行わずに借地により整備して都市公園として配置するものを含む).	8 987	16 484
	都市林	主として動植物の生息地または生育地である樹林地などの保護を目的とする都市公園であり，都市の良好な自然的環境を形成することを目的として配置する．	160	943
	広場公園	主として市街地の中心部における休息または鑑賞の用に供することを目的として配置する．	350	163
	緑道	災害時における避難路の確保，都市生活の安全性および快適性の確保などを図ることを目的として，近隣住区または近隣住区相互を連絡するように設けられる植樹帯および歩行者路または自転車路を主体とする緑地で，幅員10 〜 20 mを標準として，公園，学校，ショッピングセンター，駅前広場などを相互に結ぶよう配置する．	963	934

注）1. 近隣住区＝幹線街路等に囲まれたおおむね1 km四方(面積100 ha)の居住地．
　　2. 整備の箇所と面積は2020年3月末日時点のもの． 　　　　　　　　　　　　　　　（国土交通省資料，より作成）

くつかの近隣住区からなる地区にサービスする**地区公園**がある．地区公園は利用者の範囲を約**1 km**とし，面積約**4 ha**を標準としている．

ただし，各地域の実情に対応するため，これらの標準の数値を国が示すことを，2013年3月18日に廃止し，自治体条例により技術的基準として定めるようになった．

（2）都市基幹公園

都市基幹公園は，対象都市の住民全体にサービスするもので，総合公園と運動公園がある．**総合公園**は，都市住民全般の休息，観賞，散歩，遊戯，運動など総合的な利用に供することを目的とする公園で，都市規模に応じ**1箇所あたり面積10～50 ha**を標準とする．また，**運動公園**は，都市住民全般の主として運動用に提供することを目的とする公園で，都市規模に応じて**1箇所あたり面積15～75 ha**を標準とする．

（3）そのほかの都市公園など

広域的な利用圏を想定する大規模公園として，広域公園とレクリエーション都市がある．**広域公園**とは，一市町村を超える広域のレクリエーション需要を充足することを目的とする公園で，**1箇所あたり面積50 ha以上**を標準とする．**レクリエーション都市**は，大都市などの都市圏域から要望される多様かつ選択性に富んだ広域レクリエーション需要を充足させることを目的とし，自然環境の良好な地域を主体に，大規模な公園を核として各種のレクリエーション施設を配置する．大都市圏などの都市圏域から容易に到達でき，面積**1 000 ha**を標準とする．

国営公園は国が設置および管理する都市公園である．主として一都府県域を超える広域的な利用を目的とし，1箇所あたりの面積はおおむね**300 ha以上**を標準とする．2016年3月末日時点で，滝野すずらん丘陵公園，木曽三川公園，吉野ヶ里歴史公園など全国で17箇所が整備されている．

そのほかの公園としては，特殊公園，緩衝緑地，都市緑地，緑道などがある．特殊公園には，風致公園（自然環境や景観を守ったり，史跡や名勝に親しんだりするための公園），動植物公園，歴史公園，墓園などがある．

緩衝緑地は，大気汚染，騒音，振動，悪臭などの公害防止や緩和，コンビナート地帯などの災害の防止を目的とする緑地で，公害，災害発生源地域と住居地域，商業地域などを分離遮断するように配置する．

都市緑地は，主として都市の自然環境の保全と改善，都市の景観の向上を図るために設けられている緑地であり，1箇所あたりの面積は**0.1 ha以上**を標準とする．

緑道は，災害時における避難路の確保，都市生活の安全性や快適性の確保などを目的として，近隣住区または近隣住区相互を連絡するように設けられる．植樹帯や歩行者路または自転車路を主体とし，幅員**10～20 m**を標準として，公園，学校，ショッピングセンター，駅前広場などを相互に結ぶよう配置する．

そのほかに，都市公園法に位置づけられているものではないが，市民農園も都市公園に近い役割のものとしてあげられる．市民農園は，都市住民のレクリエーション，土とのふれあい，都市と農村の住民間の交流を図るものとして位置づけられる．また，市街地の良好な環境の形成にも寄与する．実現には，生産緑地（市街化区域内農地の呼称）の有効活用を検討し，国が補助をして地方公共団体が借地または買収することなどが行われている．原則として面積**2 500 m²以上**とし，都市計画施設とすることが可能である．

6.4.3 整備状況

規模的整備水準の指標は，都市（計画区域）における常住人口一人あたりの面積（m²）で表され，徐々に目標値が大きくなってきている．

1993年改正による都市公園法施行令では，一市町村（特別区を含む）内の都市公園について**10 m²/人**が目標となり，長期的目標値として**20 m²/人**となっている．なお，整備水準は図6-3に示すように欧米諸国に比較するとかなり低く，面積的にもまだ不十分である．そのため，1972年度より，

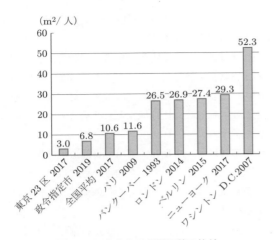

図6-3　一人あたり公園面積の比較
(国土交通省資料，より作成)

都市公園の計画的整備のために「都市公園等整備5箇年計画」が開始され，計画的に整備されてきた。

2019年3月末日時点におけるわが国の都市公園などの整備は，全国で**110 279箇所**，面積**127 321 ha**，約**10.6 m²/人**の水準である。しかし，諸外国の都市と比較してまだ低い水準にあり，防災や地域の活性化などに対応するため，整備を推進するとしている。

風致地区は，都市計画法第**58**条に基づく地域地区の一つである。都市の風致を守るため，都市計画区域内の市街地周辺の斜面，社寺などの緑地，河川空間などが指定される。政令で内容の基準が示され，それに基づいて自治体で条例が定められる。内容としては，地区指定，指定地区における建築物の建築，宅地の造成，木竹の伐採，そのほかに関する規制についてである。建築物には，通常の用途地域による規制より厳しい建ぺい率，高さなどの規制がかけられ，建物外観の色彩についても規制がある。

6.4.4　整備計画

緑に関する総合的な計画は，国，都道府県，市町村が策定することになっている。国は，社会資本整備重点計画において，都市防災，地球環境問題，少子高齢化社会などをふまえ，都市公園などの整備や緑地保全地区の指定などによる民有緑地の保全などを重点的に進めるとし，表**6-2**などの整備目標を示している。都道府県においては「広域緑地計画」を策定，市町村においては，住民の意見を反映しながら都市緑地法に基づいて「**緑の基本計画**」を策定することになっている。

また，国土交通省では，「緑の政策大綱」などの計画に基づいて幹線道路の街路樹による緑化，急傾斜地の緑化，河川や海辺の整備，多自然型川づくりによる緑化についても同様に計画している。

6.5　公園の計画・設計

都市における公園の計画・設計に際しては，まず対象とする公園の果たすべき機能を明確にし，その機能を効果的に発揮し，利用者が最も利用しやすい内容とする必要がある。それには，公園利用者の属性，量，分布などを的確に分析，予測し，また，公園利用の形態や頻度なども考慮する。なお，ある程度の期間にわたって利用されることになるため，将来的な公園のあり方や利用志向についても検討する必要がある。

表6-2　都市公園などの主な整備目標

重点施策		実績(2018年度)	目　標
都市緑化などによる温室効果ガス(CO_2)吸収量		約124万t	約124万t（2030年度）
都市域における水と緑の公的空間確保量		13.6 m²/人	15.2 m²/人（2025年度）
おおむね2ha以上の都市公園のバリアフリー化	園路および広場	63%	約70%（2025年度）
	駐車場	53%	約60%（2025年度）
	便所	61%	約70%（2025年度）

(国土交通省「社会資本整備重点計画」，より作成)

6.5.1 誘致距離・段階構成

利用者が目的施設にアクセスして利用する場合，その需要圏域の設定が一つの計画指標となる．公園の場合はそれを誘致圏とよび，公園から**誘致距離**を半径とする誘致圏域を想定する．誘致距離は，街区公園で**250 m**，近隣公園で**500 m**を標語としている．街区公園，近隣公園，地区公園などの住区基幹公園は，主として徒歩によるアクセスを前提としている．たとえば，街区公園の場合，小学校低学年程度の利用者も想定しているため，彼らの歩行能力を考慮した誘致圏とする必要がある．なお，誘致圏域の大きさは人口密度により変化し，施設利用者数も増減するため，誘致圏や誘致距離の大きさは，利用者の規模や公園計画の内容とも密接にかかわる．ただし，誘致距離や段階構成は主として公園を新設するための指標であり，わが国では公園が一定程度整備されてきているため，あまり用いられなくなっている．

なお，幼児や子供を中心とする小地域の住民を利用者とする公園から，大人や一般の人々など広域的な利用者を考慮する公園まで多段階的に構成し，それぞれ多様な公園利用需要に対応できるようにする必要がある．

6.5.2 ネットワーク化・系統化

公園は，単に点的な施設として独立に整備するだけでなく，歩道や緑道などによってリンクし，ネットワーク化することが必要である．そうすることにより，さまざまなタイプの公園を選択して利用でき，また，風の道の形成，鳥や小動物の移動なども可能になる．また，非常時における公園への避難路として機能させることも可能となる．

また，都市と公園緑地との関係を系統的に考えることも必要である．都市における公園緑地により構成されるオープンスペースのパターンは，図6-4に示すように分類される．環状緑地系統は，田園都市のダイヤグラムに示される大街路や周囲を取り巻く農地（**2.3.5**項参照），城壁跡のブールバールなどが該当する．大ロンドン計画のグリーンベルト（幅十数**km**）もそれに該当する．緑地が

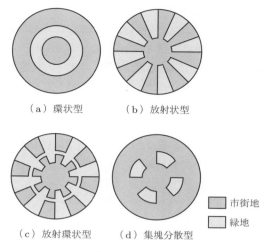

（a）環状型　　（b）放射状型

（c）放射環状型　（d）集塊分散型

■ 市街地
■ 緑地

図6-4　公園緑地系統のパターン

完全につながっていない不完全なものを，鎖状緑地（グリーンネックレス）とよぶことがある．放射状（くさび状）緑地系統としてはコペンハーゲンのフィンガープラン（**2.3.8**項参照）が該当する．そのほか，環状と放射状が組み合わされた放射環状緑地系統もパターンとしては存在する．

6.5.3 緩衝緑地

公園緑地は，騒音，振動，粉塵などを緩和する緩衝帯（バッファゾーン，**buffer zone**）として機能することがある．工業地帯と住宅地などとの間に設けられ，また，高速道路，幹線道路，鉄道，飛行場などによる交通騒音からの緩和，防止などにも用いられる．ただし，音の伝播（減衰）は距離の対数に比例するので，実質的な軽減を期待する場合にはかなりの幅を確保する必要がある．実際には土地の制約などから狭いものが多く，心理的な緩和効果を期待している場合が多い．

6.6 新しい動向

これまでに取り上げたもののほかにも，公園・緑地・オープンスペースの計画を検討するうえで必要な項目がある．いくつか取り上げて説明する．

6.6.1　緑地協定

　都市における緑化を進めるためには民有地の緑化を推進する必要がある．そのための方法として都市緑地法による緑地協定が用いられる．**緑地協定**は，一定区域における地権者が植栽などについて樹種，植栽場所，垣・柵の構造などについて協定を結ぶものである．緑地協定を結ぶことにより市町村などから植樹などへの技術的，財政的支援を受けられる場合がある．

6.6.2　コモンスペース・ポケットパーク

　都市公園として位置づけられない場合でも，住宅団地や一定規模の独立住宅について共有の庭が設けられることがある．これを，イギリスなどの事例からコモンスペースとよぶことがある．コーポラティブハウジング（居住者が自分たちで集合住宅の企画，計画，設計などを行うもの）などで用いられる．

　同様に，都市の中心部などでは小緑地や広場が貴重な都会のオアシスとなることがある．このような緑地や広場をベストポケットパーク，または単に**ポケットパーク**とよぶ．

6.6.3　アドベンチャープレイグラウンド

　アドベンチャープレイグラウンド（adventure playground）とは，デンマークの造園家ソレンセンが1930年代に問題提起し，1943〜1947年にコペンハーゲンで最初に実現したものである．イギリス（写真6-2）など欧米諸国で盛んに行われて

写真6-2　アドベンチャープレイグラウンドの例
（ロンドン，テームズミード）

いる子供の遊び場づくりで，子供たちがプレイリーダーの指導のもとに廃材などを使って自主的に遊具などを考案，製作しながら遊び場づくりを行う．家づくり，庭づくり，たき火，穴掘り，戸外料理など，子どもの冒険心を満たしたり，子どもたちの自主性を尊重したり，子供の世界を創り出そうとするものである．従来の公園でありがちな，大人のお仕着せを排除し，画一的なものから創造性豊かなものを生み出すことを目的とする．わが国においても東京都大田区の「がらくた公園（萩中公園）」，世田谷区の「冒険遊び場」などがある．

6.6.4　ビオトープ

　ドイツで行われている緑地整備の考え方であり（写真6-3），できるだけ人工的な関与を避け，その土地本来の自然環境にいる昆虫や小動物などを，生態学的環境を含めて維持・創出しようとするものである．そのことにより，都市内であっても自然環境を保持することができ，人々が身近に接することが可能になる．自然環境の保全に関心が高まり，わが国でも取り組まれるようになってきている．

写真6-3　ビオトープによる水路整備の例
（ドイツ，ベルリン）

6.6.5　民間活力による公園整備

　民間活力による都市公園の整備手法として「公募設置管理制度（**Park-PFI**）」が設けられた．同制度は，民間事業者を公募，選定し，同事業者がカフェやレストラン，売店などの収益施設を設置，運営するとともに，公園施設も併せて整備，管理するものである．また，同制度では，設置管理許

可期間を10年から20年に延長可能で，建ぺい率は2%から12%まで緩和，必要に応じて，自転車駐輪場や広告・看板の設置が可能である．

そのほか，公園，緑地，オープンスペースを活用して各種のイベント用地に活用するなどして市街地の活性化を図る取り組みが多く行われている．

6.6.6 災害と都市緑地（第10章参照）

震災時における大規模な市街地の延焼の拡大を防止することが，災害防止計画の一つの大きな課題である．関東大震災や阪神・淡路大震災などのときにも延焼阻止要因は，空地や公園などの緑地によるものが多かった．公園は一定のまとまりのある空地，燃え難い樹木などもあり，また，大地震時などの非常時においては，避難地としての機能も果たす．

わが国は，そうした機能を果たす公園を**防災公園**として整備を進めてきている（**10.4.2**項参照）．

6.6.7 建築物の緑化

建物の屋上や壁面の緑化は，土地が限られている都市部などにおける土地の有効利用の一つであるが，同時にその断熱効果などにより，建物への太陽の日射を和らげ，冷暖房の負荷の削減につながるなどの省エネルギーの効果があり，ヒートア

イランド現象の緩和にもつながる．

屋上を利用したものを**屋上庭園**（**roof garden**）という．なお，東京都では，屋上緑化を積極的に進めるため，2000年4月より，一定規模以上の新設建物について屋上緑化を義務づけている．

建物の壁面を緑化することも行われている．写真6-4に示すのは台湾台南市にみられる商業ビルにおける大規模な**壁面緑化**の例である．

写真6-4　壁面緑化の例（台湾台南市）

■ 演習問題

6.1 下記の用語について説明しなさい．なお，複数の用語があげられている場合は，それらの相互関係についても説明しなさい．

(1) 街区公園，児童公園
(2) 近隣公園，地区公園
(3) ビオトープ
(4) 風の道
(5) 緩衝緑地

6.2 平常時における公園の果たす機能について説明しなさい．

6.3 公園を計画，設計するための基本的な考え方について説明しなさい．

第7章

住宅・住環境の計画

住宅は，土地利用において都市内で最も多い建築構成要素である．そのため，住宅や都市居住の計画は，都市計画の重要な分野である．本章では，都市における住宅と住環境の計画にかかわるテーマである住宅問題，住宅需給計画，住宅地計画，住環境計画などを説明する．

7.1 都市化と住宅問題

わが国の場合，近代化の過程とともに，比較的短期間で都市化が進んできた．とくに，第二次大戦後の高度経済成長期において急激に都市化した．このような産業や人口の都市への集中に伴い，各種の住宅問題が発生することが多いが，都市住民の自力のみでは解決困難な部分が大きい．そのため，都市計画と連動した住宅政策が必要となる．また，住宅および住宅地の計画やデザインは，都市計画の重要な計画対象の一つである．

都市化の進行に伴う住宅問題としては，住宅供給不足から適正な価格での住宅確保ができなくなり，住宅不足が発生し，過密居住，老朽住宅居住などの諸問題が発生する．また，住宅とほかの土地利用の相互関係が適切でない場合，さまざまな相隣問題が発生する．

わが国は第二次大戦において，**120余都市が空襲による戦災を受け，627 km²**もの面積が罹災した．戦後の住宅問題は，世帯数に対して必要な住宅数が不足する絶対的住宅難であり，**1946**年における住宅不足数は約**420万戸**と推定された．そのため，できるだけ多くの住宅を供給すること(戸数主義)が重要な住宅政策の課題となった．**住宅難指標**として用いられたのは，同居，老朽住宅居住，非住宅居住，過密居住であり，それらの解消を図ることが住宅政策の目標とされた．

その後の住宅建設による大量の新規供給の結果，**1965**年には，全国で住戸数が世帯数を上回り，

住宅政策も新しい時代へと変化した．**1976**年に定められた第三期住宅建設五箇年計画では，住宅政策の目標として居住水準が定められた．また近年では，より一層住宅の質を高めることを目標として，エネルギー効率が高い高気密・高断熱の快適な住宅，高齢社会に応じたバリアフリー住宅など，多様な住宅政策へと展開してきている．

住宅問題の意識指標として，図**7-1**に示す**住宅困窮意識**が用いられることがある．住宅困窮意識の不満(非常に不満，多少不満)は徐々に減少しているが，住宅規模などの改善に比較して必ずしも向上していない．住宅に関する評価は，社会的状況を背景として居住世帯の住居観によって異なる．**住居観**とは人が住宅に対してもつイメージ，考え方を意味し，各人の居住歴，職業，経済的能力，価値観などによって異なる．

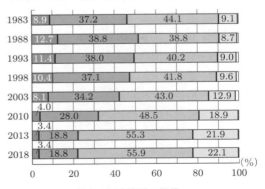

図7-1 住宅の困窮意識の推移
(住生活総合調査の調査結果，より作成)

都市にはさまざまな居住立地限定階層が存在している。そのため住宅の立地について考慮することも必要である。

都市化の中で、新たな住宅・住環境問題が発生してきている。その一つが**ミニ開発**問題である。これは、道路や公園などの都市基盤施設が十分整備されないまま、非常に小規模な住宅地の開発が、スプロール的に行われることを意味する。市街化区域内では、開発許可の適用下限値として**1 000 m²**が設定されているため、許可のいらない**1 000 m²未満**の開発の場合が多い。これらは、敷地が**100 m²未満**で住宅も狭小であるため、隣棟間隔が狭く、日あたり、通風などの環境衛生的条件でも問題が多い、潜在的な**不良住宅地**である。

また、**ワンルームマンション**も問題をもっている。**1DK**など主要室1室のみの分譲または賃貸の集合住宅で、**1970年代**の都市開発ブームの時期に、個人の投資対象として着目されたことから大都市を中心として大量に建設、供給された。居住者に単身者が多いことから定住性が低く、地域社会の生活上のルールを守らなかったり、迷惑行為が頻発したりしたため、周辺住民が建設に反対する事例も多くみられる。また、小規模で低質なものが多く、住宅ストックとして問題のあるものも多い。また、わが国の住宅問題の特徴は、図7-2に示すように、持家と借家間の規模格差が大きいことである。

そのほか、世帯数の減少などにより、十分に管理されず荒廃した空家が増加しているという問題

居住立地限定階層

　都市住民にとって、住宅立地の選択はさまざまな要因によって規定されている。そのうち、住宅と職場が同一または近接していることが必要な人々がいる。たとえば、肉体労働を伴う工場労働者、労働時間が不規則な就業者、小売や床屋などの各種の地域サービス業など長時間労働が多い業種などである。また、高齢者などのように、慣れ親しんだ地域に家族や知人とともに居住することを好む層もいる。このように、さまざまな理由から、居住する住宅の立地が限定されざるを得ない人々を意味している。

もある。中古住宅が円滑に流通すれば、住宅ストックが有効に利用され、空家も減少し、住宅の耐用年数の増加や持続可能な都市づくりにつながるが、わが国の場合、中古住宅が流通し難い傾向があるため（**7.6.4項参照**）、このような問題が起こっている。

7.2 住宅・住環境の計画体系

わが国における住宅・住環境の計画体系は、図7-3のようになっている。**2005年度**までは**住宅建設五箇年計画**を基本としていたが、住宅の量的充足などをふまえて、**2006年度**からは**住生活基本計画**に変更された。国レベルにおいては、国土交通省大臣の諮問を受け、社会資本整備審議会がわが国における住宅・住環境の基本方針を答申し、それに基づいて具体的な事業計画のもとになる住生活基本計画が策定される。都道府県では、住生活基本計画（全国計画）の内容に即すとともに、それぞれの地域特性に合わせた住生活基本計画（都道府県計画）を策定する。この計画は、都道府県全体の住宅政策のマスタープランとしての性格を有する。市町村も同様に、住生活基本計画（住宅マスタープラン）を策定するが、策定は任意のため主要都市などでしか策定されていない。さらに、

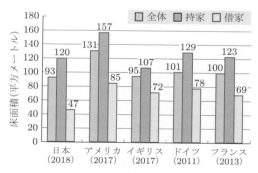

図7-2　住宅の所有関係別の規模
（国土交通省資料、より作成）

国　　　　　　　　　都道府県　　　　　　　　　　市町村

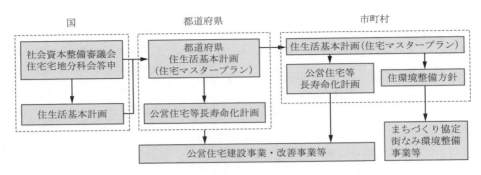

図7-3　わが国における住宅・住環境の計画体系

近年では，公営住宅については既存ストックの有効活用が基本となっているため，都道府県と市町村では，公営住宅長寿命化計画を策定し，それに基づいて，老朽住宅の建替え，住宅の居室面積の拡大や設備の更新などによる公営住宅ストックの有効活用を進めている．住環境についても，一部の市町村を主体として取り組まれており，そのための国の補助事業として，街なみ環境整備事業などがある．

7.3　居住水準

住生活基本計画では，住宅や住環境の水準として，①住宅性能水準（個々の住宅の性能に関する水準），②居住環境水準（住宅の群としての居住環境に関する水準），③面積水準（個々の住宅の面積に関する水準）を示している．

そのうち，面積水準は，平均的世帯の住まい方を想定して設定しているものである．住まい方の

設定に際しては，一定年齢以上の子供については男女別の寝室（性別就寝）や独立室の確保，世帯員の共同室（居間）の確保，家事などのスペースの確保などに関して定められている．**最低居住面積水準**は全世帯が達成すべき水準とし，**誘導居住面積水準**は**都市型誘導居住面積水準**と**一般型誘導居住面積水準**とする．前者は都市の中心部およびその周辺における共同住宅居住を想定し，後者は郊外および地方における戸建住宅居住を想定している．たとえば，親子4人世帯の場合，住戸専用面積は最低居住面積水準で**50 m²**，都市型誘導居住面積水準で**95 m²**，一般型誘導居住面積水準で**125 m²**である．

図7-4に示すように，面積水準は徐々に向上しているが，それでも2018年において最低居住面積水準未満世帯は6.8％であり，また41％が誘導居住面積水準に達していない．とくに，全世帯が早急に達成すべき最低居住面積水準は，表7-1に示すように持家は比較的少ないが，借家において

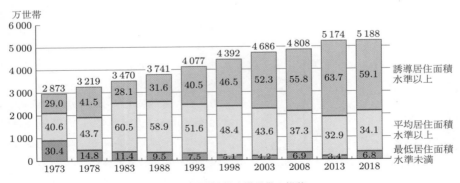

図7-4　面積水準未満世帯の推移
（住生活総合調査，より作成）

表7-1 所有関係別の居住面積水準未満・達成状況(2018年)

住宅の種類		最低居住水準未満(%)	誘導居住水準達成(%)
全 国		6.8(7.1)	59.1(56.6)
所有関係	持 家	1.0(0.9)	74.1(74.2)
	借 家	16.7(18.4)	33.3(30.4)
	公営の借家	8.6(8.5)	44.4(41.7)
	UR公社借家	7.1(7.1)	46.5(44.7)
	民営借家(木造)	16.8(19.0)	30.9(27.4)
	民営借家(非木造)	19.1(21.3)	30.9(27.7)
	給与住宅	13.6(15.9)	38.2(35.8)

注)( )内は2013年調査の結果. 　　　　　　　　(住宅・土地統計調査結果，より作成)

多く，大都市圏でより比率が大きくなっている．とくに，設備共用の集合住宅に多い．

「第八期住宅建設五箇年計画」(2001～2005年度)は，誘導居住面積水準は2015年度を目途に全国で2/3の世帯が，また，すべての都市圏で2010年度を目途に半数の世帯がその水準を確保できるようにすることを目標とした．また，「健康で文化的な住生活の基礎として必要不可欠な水準である」最低居住面積水準については，とくに「大都市地域の借家居住世帯に重点をおいて，その水準未満の世帯の解消に努める」ものとした．

また，1981年の第四期住宅建設五箇年計画からは居住環境水準が定められた．2006年の住生活基本計画においても，居住環境水準として安全・安心，美しさ・豊かさ，持続性，日常生活を支えるサービスへのアクセスのしやすさをあげている．すなわち，災害の危険性が少ないこと，道路や各種の生活関連施設への近接性，静かさや景観などの快適性などにかかわるものである．しかし，その内容はいずれも抽象的な記述にとどまっており，居住環境整備のために必ずしも有効な指標となっていない．

7.4 住宅・住環境の計画

7.4.1 住宅建設計画

住宅の供給を計画的に行うために1966年より住宅建設五箇年計画がスタートし，2005年までの八期にわたり住宅供給が進められてきた．表7-2に，各期における公的資金による計画戸数と実績の推移を示す．計画の基本となっているのは，1976年の第三期計画より居住水準の計画年次までの達成などであった．これらの住宅建設計画は新規建設を計画対象の中心としていたが，2006年度からの住生活基本計画では住生活の質の向上へと大きく政策を転換した．なお，住生活基本計画においても良質なストックを形成するという視点から住宅性能水準を設定している．住宅性能水準には，耐震性，防火性，防犯性，耐久性，維持管理への配慮，断熱性，室内空気環境，採光，遮音性，高齢者などへの配慮などが規定されている．

住宅政策の目標は，世帯数に対する住宅戸数の充足から，内容(質)の向上にシフトしてきている．住宅の質としては，住宅の広さ(規模)の拡大，住宅設備の改善や向上，高齢者対応などの居住世帯員の特性に対応した多様化と配慮などがあげられる．さらに，立地条件を含む住宅の居住環境水準の向上がある．

戸数主義

住宅建設戸数を重視する住宅政策である．戦後の絶対的住宅難を解消するために，住宅政策はこうした戸数主義の立場をとってきたが，戸数主義から徐々に住宅設備などの質や住環境，防災，バリアフリーなどの居住環境水準を重視する考え方に移行してきている．

表7-2　住宅建設計画の計画戸数と実績

上段：計画戸数(千戸)，中段：実績戸数(千戸)，下段：進捗率(%，第四期までは達成率)

公的資金による住宅の種類	第一期 1966 ～1970	第二期 1971 ～1975	第三期 1976 ～1980	第四期 1981 ～1985	第五期 1986 ～1990	第六期 1991 ～1995	第七期 1996 ～2000	第八期 2001 ～2005
公営住宅等	440 445.5 101.3	597.2 453 75.9	450 332 73.8	320 231 72.0	255 202 79.3	290 323 111.4	409 301 73.6	486 209 43.0
改良住宅	80 33.4 41.8	80.8 41 50.7	45 28.5 63.3	40 20 50.6	25 14 54.4	25 10 40.3	16 12 75.0	27 27 100.0
公庫住宅	1 080 1 087.3 100.7	1 370 1 664 121.5	1 900 2 547 134.1	2 200 2 457 111.7	2 250 2 496 110.9	2 440 3 139 128.6	2 325 2 718 116.9	2 185 751 34.4
公団住宅 (機構住宅)	350 335 95.7	460 284 61.7	310 163 52.6	200 105 52.6	130 107 81.9	140 108 77.4	105 83 78.7	125 97 77.6
公的助成住宅[*1]	－ － －	－ － －	－ － －	－ － －	－ － －	150 87 58.1	120 83 69.2	90 62 68.9
そのほか[*2]	480 664.1 138.3	945 666 70.5	620 578 93.2	600 418 69.7	490 319 65.1	455 350 76.9	350 292 83.4	212 131 61.8
合　計[*3]	2 700 2 565.3 95.0	3 838 3 108 81.0	3 500 3 648.5 104.2	3 500 3 231 92.3	3 300 3 138 95.1	3 700 4 017 108.6	3 525 3 487 98.9	3 250 1 299 40.0

注）1. 特定賃貸住宅，農地所有者等賃貸住宅，住宅市街地総合整備支援事業による住宅等.
　　2. 厚生年金住宅，雇用促進住宅，地方公共団体単独住宅等，第五期までは「公的助成住宅」を含む.
　　3. 調整戸数を含む.

7.4.2　住生活基本計画

全国計画は2006年に策定され，これまで2011年，2016年，2021年と4回策定されている．それらの概要と変遷を表7-3に示す．各時期ごとの住宅・住環境の課題に対応した目標と，それらを実現するための施策がまとめられている．目標は，良質な住宅ストックの形成，既存住宅のリフォームや流通促進，要配慮者の居住安定，住宅市場の形成などはおおむね共通している．2021年計画では，新しい住まい方の提案，空き家の管理・再生，住生活産業の発展などもあげられている．

それらを達成するための施策として，災害対応の住宅立地支援，住宅のテレワーク空間の確保，子育てや高齢者の支援制度の充実，要配慮者への入居・生活支援，柔軟な住み替え支援，空き家の流通支援などがあげられている．

なお，2011年計画や2016年計画では達成指標があげられているが，それらの実績評価は公表されておらず，2021年計画では「原則として目標値は設定しない」とする．目標や施策が多彩であり定量的指標で表すことが困難であることによる．

7.4.3　住宅の種類

住宅の種類には，住宅政策上の位置づけや社会的役割などから以下のようなものがある．

（1）公営住宅

都道府県と市町村が，国の補助を受けて建設し，需要世帯に直接供給するもので，一般的に経済力などから自力で住宅の取得が困難な世帯に対して供給される．そのため，入居世帯は，収入の上限が決められ，世帯タイプなどについても規定されている．

表7-3　住生活基本計画(全国計画)の概要と変遷

	2006年計画	2011年計画	2016年計画	2021年計画
計画期間(年度)	2006～2015	2011～2020	2016～2025	2021～2030
主な課題	・ライフスタイルの変化と居住ニーズの多様化 ・ストック重視，市場重視 ・関連施策との連携	・ストック重視の施策展開 ・市場重視の施策展開 ・効果的・効率的な施策展開 ・他分野との連携による施策展開 ・地域の実情をふまえた施策展開	・少子高齢化の急速な進展 ・地方圏の人口減少と大都市圏への人口流出 ・要配慮世帯の増加 ・空き家の増加 ・コミュニティの弱体化	・少子高齢化，要配慮世帯増 ・脱炭素社会の実現 ・空き家の増加 ・新技術の進展 ・防災・減災の取り組み
主な目標	・良質なストック形成 ・良好な居住環境の形成 ・住宅市場の環境整備 ・居住の安定の確保	・安全・安心で豊かな住生活を支える生活環境の構築 ・住宅の適正な管理および再生 ・多様な居住ニーズに対応する住宅市場の環境整備 ・要配慮者の居住の安定の確保	・若手・子育て世帯の支援 ・高齢者の自立した暮らし ・要配慮者の居住の安定確保 ・既存住宅の維持，流通 ・空き家の活用・除却の推進 ・住生活産業の発展 ・住宅地の魅力向上	・新しい住まい方の実現 ・安全な住宅・住宅地の形成 ・子育てしやすい住まい ・高齢者等の安心な暮らし ・要配慮者のセーフティネット ・良質な住宅ストック形成 ・空き家の管理・利活用 ・住生活産業の発展
主な施策	・建築技術の的確運用 ・住宅のユニバーサルデザイン化 ・マンション履歴システムの普及 ・災害に強い住宅・市街地の形成 ・要配慮者への支援	・耐震性を有するストック率向上 ・高齢者の住まい確保 ・省エネ住宅の普及 ・住宅リフォームの推進 ・既存住宅の流通促進 ・認定長期優良住宅の増加 ・子育て世帯の面積居住水準向上 ・高齢者住宅のバリアフリー化	・世帯収入に対応した居住支援 ・住宅のバリアフリー化 ・要配慮のためのセーフティネットの整備 ・新たな住宅循環システムの構築 ・建替え・リフォームによる良質なストックの形成 ・空き家の流通促進 ・既存住宅ビジネスの活性化	・住宅のテレワーク等の空間確保 ・DX活用の住宅整備 ・災害対応の住宅立地 ・子育てや高齢者の支援制度 ・要配慮者の入居・生活支援 ・柔軟な住み替えの支援 ・空き家の流通促進 ・建設労働者の確保，新技術の活用促進
備考	2009年計画変更	ほかに，大都市圏の住宅・住宅地の供給の促進 各目標ごとに複数の成果指標の提示あり	ほかに，大都市圏の住宅・住宅地の供給の促進 各目標ごとに複数の成果指標の提示あり	ほかに，大都市圏の住宅・住宅地の供給の促進 原則として目標値は設定しない

(国土交通省資料，より作成)

(2) 改良住宅

住宅地区改良法(1960年)に基づいて，国の補助を受けながら，市町村などによって供給される．一定の定義に基づく不良住宅が集積している地区に対して，それらを更新して建設，供給される．わが国における，いわゆるスラム的な地区の対策事業であり，国の補助率も比較的高くなっている．

(3) 公庫住宅

旧住宅金融公庫による低利融資を用いた住宅である．一般的に，延床面積や融資金額の上限値が設定されていた．旧住宅金融公庫は2007年に住宅金融支援機構に改組され，直接融資ではなく，民間金融機関による住宅建設資金の融通を支援する業務を行っている．

(4) 公団住宅(UR賃貸住宅)

大都市圏における勤労者世帯に対して住宅を供給する事業主体として1955年に設立され，旧日本住宅公団により供給されてきた住宅である．中所得のサラリーマン住宅として新しい集合住宅の住様式を作り出した．なお，同公団は，1975年に発足した宅地開発公団と統合され，住宅・都市整備公団，都市開発整備公団，都市基盤整備公団，

都市公団，都市再生機構へと変遷し，公団住宅は**UR賃貸住宅**と名称が変更された.

（5）給与住宅

事業者が建設管理し，雇用者へ賃貸している住宅で，社宅や官舎とよばれている. わが国において特徴的な終身雇用制などを反映している. 欧米諸国では少なく，給与の一部を補完するための労務対策としての意味をもっている. なお，近年では民間による住宅の供給が比較的豊富になり，企業の経費削減の一環や終身雇用制の変化などにより，徐々に少なくなってきている.

設備共用・専用

集合住宅（アパート）において，台所，便所，玄関などの住宅の設備が他世帯と共用になっている住宅を共同住宅（設備共用），世帯ごとに専用となっているものを専用住宅（設備専用）とよぶ. 設備共用の集合住宅は，戦後の高度成長期に大都市周辺地域に多く建設され，住戸規模の小さい木造二階建てのものが多かった. それらは徐々に建替えられつつあるが，老朽不良住宅として密集して残存している地区はまだあり，大都市の主要な住宅問題の一つとなっている.

7.5 住宅地の計画

7.5.1　住宅の立地

近世都市においては商家や職人住宅なども併用住宅であり，住まいと働く場が一つの建物内で行われる（職住一体型）ことが多かった. その後，近代化の中で工場労働者やホワイトカラーとよばれるサラリーマンが出現し，住まいと働く場の分離（職住分離型）が多くなり，専用住宅を中心とする住宅地や住宅団地が多く建設されるようになってきた.

7.5.2　住宅地の構成

住宅地の広がりや人口規模と，それぞれのレベルで必要な都市施設は，時代や社会によって決まってくる. わが国では，住宅地計画の基本的考え方として近隣住区理論（**2.3.6**項参照）を用いる場合が多い. たとえば，わが国のニュータウンの先駆けとなった千里ニュータウンの場合，近隣住区理論に基づいて，**近隣住区**とそれを分割した近隣分区や統合した地区などと都市施設の整備とを対応させて施設の体系化を図った.

また，図**7-5**に示すように，一つの近隣住区には小学校と近隣公園を中心部に配置し，それらを分割した近隣分区には一つずつ街区公園などを配置する. 近隣住区全体を歩行幹線が貫き，隣接する近隣住区やタウンセンターと連絡し，それを補完する歩行者路などにより街区公園や近隣住区のセンターの間をつなぐようにする.

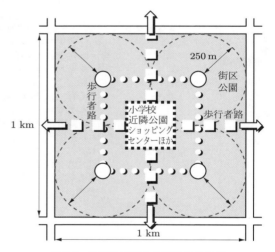

図7-5　近隣住区による計画の考え方

7.5.3　住宅のタイプ

都市住宅のタイプとしては各分類別につぎのようなものがある（図7-6）.

① **建て方**：図7-6(a)に示すように，独立（戸建）住宅，**2戸建住宅**，連続建住宅（**テラスハウス**または**長屋**ともよぶ），共同住宅（集合住宅またはアパートともよぶ）.

② **集合住宅の住戸の占有階数**：図7-6(b)に

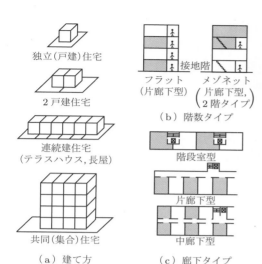

独立（戸建）住宅

2戸建住宅

連続建住宅
（テラスハウス，長屋）

共同（集合）住宅

（a）建て方

フラット
（片廊下型）

メゾネット
（片廊下型，
2階タイプ）

接地階

（b）階数タイプ

階段室型

片廊下型

中廊下型

（c）廊下タイプ

図7-6　住宅の建て方と階数や廊下によるタイプ

示すように，一階分のみ利用の**フラット**，二階分以上利用の**メゾネット**．

③　**集合住宅の廊下形式**：図7-6（c）に示すように，階段やエレベーターのホールから各住戸へアクセスする階段室型，各階の廊下の一方だけに住戸がある片廊下型，両方に住戸がある中廊下型，メゾネットを用いて複数階ごとに廊下がある**スキップフロア型**，エレベーターホールなどから各住戸へ直接アクセスする集中型．

④　**構造**：木造，非木造（**RC造，鉄骨造，**ほか）．

⑤　**構法**：在来工法，プレファブ（工業化），ツーバイフォー．

⑥　**階数**：低層（**1 ～ 3階**），中層（**4，5階**），高層（**6階以上**）．

⑦　**所有関係**：持家，借家，社宅や官舎などの給与住宅．

⑧　**専用・併用**：住宅のみに利用されている専用住宅，住宅と合わせて他用途に利用されている併用住宅（用途により，商住併用，工住併用，農住併用）

写真7-1に住宅タイプを巧妙に組み合わせた住宅団地の例を示す．メゾネットを中心に構成し，1階（地面に接することから接地階とよぶ）は庭付きとし小さい子供の世帯が入居するメゾネット，

写真7-1　共同住宅の事例（ロンドン，公営住宅）

3階に空中歩廊があり住棟間を連絡している．また，3階からアクセスする住戸は高齢世帯を中心とし，住宅地全体として多世代居住を実現している．

7.5.4　土地利用比率

土地利用比率は，住宅地を構成する主要用途別にその比率を表すものである．主な種別としては，住宅，住宅以外の建築用途，道路，公園・緑地・オープンスペースなどがあげられる．ニュータウンの場合，公園・緑地の占める割合が2割に達するものもあり，集合住宅を中心に比較的ゆったりとした住宅地が実現されている．

写真7-2は，東京における多摩ニュータウンの南大沢地区の眺望景観を示している．わが国におけるニュータウン計画の一つの到達点を示している（写真**11.8**参照）．

写真7-2　多摩ニュータウン（南大沢地区）

7.5.5　日照条件．

わが国の住生活には日あたりが重要視される．また，日あたりの確保は明るさ，プライバシー，眺望などを確保するのにつながる．日照を確保するために，集合住宅の住棟配置に際して冬至の一日の可照時間数を基準としている．当初，公団住宅の配置において「4時間」が採用されたことから，**隣棟間隔**が建物高さの約2倍となるように規則的に配置された住宅団地が多く建設されてきた．なお近年では，地価の高騰などによる土地の高度利用の必要性，画一的な配置による単調さを避けるため，景観的演出を考慮した配置を行うようになってきている．

また，1970年代より低層市街地に高層住宅などが建設されることが多くなり，日影問題のほか，のぞき見などのプライバシー侵害などの相隣紛争が頻発するようになった．それらに対応するため，日影規制が定められている（9.4.1項参照）．

7.5.6　住宅団地の更新問題

住宅団地の多くは，都市への人口増加時期において新住宅市街地開発事業（13.3.3項参照）などにより開発され，若い夫婦世帯を主な対象としていた．その後，30年以上経過し，住宅自体が老朽化して，建替えや大規模な改修が必要になり，また，世帯も高齢世帯が多くを占めるようになってきている．団地によっては，空家化が進行しているものもある．

そのため，老朽住宅団地の更新が大きな課題であり，団地の施設の再整備，住棟の大規模改修や建替えなどが進められている．事例によっては，**減築**が行われることもある．減築とは，一部を取り壊して住環境整備に充てたり，戸数を減らして住戸面積を増やしたりすることをいう．ただし，高齢世帯が多数居住する団地の更新は容易ではない．

7.5.7　防火条件

市街地において火災の延焼を防ぐため，屋根や外壁を燃えにくくすることや，建物間の距離（隣棟間隔）を一定距離以上にすることが定められている．建築物に対する規制としては，都市計画法に基づいて都市計画区域内の必要地域に**防火地域**，**準防火地域**などが指定され，建築基準法に基づいて，一定規模以上の建築物は，耐火または準耐火建築物にすることが義務づけられている．

7.5.8　住宅地の計画単位

前述のように，住宅地の計画単位は近隣住区を基本としていることが多いが，それはさらにまとまりのある単位に分割して計画される．そのように分割されたものを近隣分区とよぶ．

7.5.9　住宅地の設計

建築する区画の最小単位は**画地**（lot）である．画地の一定のまとまりは，街路で囲まれた**街区**（block）となる（図7-7）．街区を画地に分割する際に，**裏界線**（背割線）と**側界線**により，計画する敷地規模などに応じて区画割を行う．交差点部などに位置する区画は，二辺が道路に面する**角地**となる．また，街区の長手方向を東西軸とするか，南北軸とするかにより，日照条件との関係で敷地の

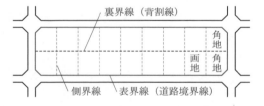

図7-7　街区と画地の標準的な設計例

使い勝手が異なる．わが国では，通常，東西軸の街区を基本としている．その場合，画地への道路からのアクセスは，北入りまたは南入りとなる．

街区における建築物の配置により，**開放型街区**（建物が道路より後退したり，建物間が開いたりしているもの）と**閉鎖型街区**（建物が道路に接するようにし，建物間の空きもほとんどないもの）がある．戸建住宅は，通常，開放型街区となる．西欧の中心市街地では，歴史的に閉鎖型街区が一般的である（11.3.2項参照）．

7.6 関連トピックス

前節までに取り上げたもののほかに，住宅・住環境の計画を検討するために必要な項目がある．いくつか取り上げて説明する．

7.6.1 住宅の地方性

住宅は，地域によって異なる生活様式，歴史・風土，経済力などによりさまざまな様相をみせている．このような現象を住宅の地方性とよぶ．こうした現象を解明することにより，今後の住宅政策の参考にしたり，住宅の計画・デザインに生かしたりすることができる．たとえば，住宅規模について各地で大きな格差がある．おおむね，暖かい地方は小規模で，寒い地方は規模が大きい．住宅規模の地域による規模格差の要因として，以下のようなものが考えられている．

① **地理的要因**：寒さや積雪などの気候条件により屋内作業の空間が大きくなり，それが住宅規模の大きさとして反映されている．
② **歴史的要因**：北陸における真宗の普及など宗教的儀式のために仏壇や仏間が大きくとられ，それらが今日まで影響してきている．
③ **社会的要因**：冠婚葬祭のスペース，多世代居住の慣習による住宅規模拡大などがある．

これらの各種要因が，地域的住居観ともいうべきものを形成し，それが住宅技術や慣習と結びついて継承されていく．

7.6.2 所有から利用の重視へ

憲法で保障されている財産権の一つとして土地の所有権がある．わが国では，土地の所有権に土地の利用などを含む広範で絶対的な権限が認められてきた．そのため，公共の福祉などの観点から規制がなされるとしても必要最小限にとどまり，良好な都市づくりを進めるには不十分な面が多い．イギリスでは，土地の所有権は民間に認められるが，土地の利用権は国に帰属することが国民的コンセンサスとして定着し，制度化されている．それを背景として，かなり強い計画的な規制，誘導が進められている（**12.1.3**項参照）．わが国においても，美しい風格のある都市づくりなどには，土地所有より利用をより重視した仕組みへの移行が必要である．

7.6.3 空家対策

人口や世帯が減少傾向を示す中で空家が増加している．国の推計によると，2018年において空家は全国で846万戸あり，総住宅の13.6%を占める．こうした空家のうち，適切な管理がされないものは，防災，防犯，景観などで問題となることが多い．そのため，「空家等対策の推進に関する特別措置法（2014年）」が定められた．同法に基づいて，国は基本方針を定め，市町村は実態に即して空家対策計画を策定する．同計画では，空家のうち，倒壊の恐れのあるもの，著しく不衛生なものや景観を損っているものについて市町村長が**特定空家**として指定することが可能である．特定空家については，所有者に適切な管理や取壊しを行うように指導，勧告，命令することができ，従わない場合は自治体が代わりに取壊しを行い（行政代執行），経費を所有者に支払わせることが可能である．

指導・勧告・命令

法や条例に基づいて行うことができる法的措置で，指導，勧告，命令になるに従って強い法的拘束力をもつ．命令に従わない場合，特定空家のように，行政代執行を行うことが可能になる．また，罰金や懲役の刑を課すことも可能になる．ただし，都市計画分野においては課しても罰金までであり，懲役を課すことはほとんどない．なお，自主条例においては，こうした法的措置まで行わず，「首長によるお願い」や「協議・調整」までとする場合が多く，強い措置を設けても，違反事実などについて当事者を公表する程度までのことが多い（**13.7**節参照）．

7.6.4　中古住宅の流通促進

わが国の住宅市場の特徴は，新築住宅の需要が多く，中古住宅の流通が少ないことである（7.1節参照）．それは空家が増加する原因にもなっている．国は中古住宅の流通を促進するためにさまざまな施策を進めている．たとえば，中古住宅の購入についても新築住宅と同様の融資を受けられるようにしたり，安心して購入できるように住宅の品質を保証する仕組みを設けたりなどである．住宅の品質を保証するには，専門家による診断が必要であり，それを既存住宅のインスペクション制度と称している．

国は「インスペクション・ガイドライン」を策定するなどして普及に努めているが，まだ専門的業務として確立していない．

7.6.5　シェアハウジング

単身世帯が増え，世帯規模が小さくなるなどの住生活の変化もあり，複数世帯が共同で住む**シェアハウジング**が増えている．若者の単身者，若者と高齢者，子育て世帯と高齢者など，地域の状況や目的に応じてさまざまな住まい方がみられる．自治体によっては，公営住宅の活用の一環として，若者に賃料を安くして居住してもらい，高齢者と交流するなどにより住宅団地として活性化をねらっていることもある．

7.6.6　土地信託制度

わが国においては土地の所有意識が強く，地価も高く，都市部での合理的な利用が進み難い．そういう状況に対して，**土地信託制度**は，土地の所有権の移転を伴わないで土地利用を促進する方法として設けられたものである．この制度は土地の利用権を設定し，その有効期限内に事務所，集合住宅などの都市開発を行うものである．地主が土地を土地信託会社に預託し，ディベロッパーが投資して建築物などの開発を行う．建築物などのテナントや居住者などが賃料を支払うことで投資を一定期間で回収する．

7.6.7　開発利益の社会還元

道路や鉄道の開発整備は，周辺の土地利用の開発可能性（開発ポテンシャル）を高め，それらが地価となって現れる．こうした都市基盤施設の開発に伴うプラスの効果を**開発利益**という．こうした開発利益は公共事業によるものが多く，当然公共的な利益として社会的に還元されるべきである．主要な先進諸国では，開発利益の社会還元（公共還元とも称す）の制度をもっているが，わが国では幾度も論議されながら，土地所有者などによる反対論が根強く，制度化されるに至っていない．その結果，各種の開発利益は土地所有者に帰属してしまうことが多い．固定資産税などとして一定程度公共的に回収される部分があるとはいえ不十分である．このことは，土地をもつ者ともたない者の間に不公平感を生む原因の一つになっている．

7.6.8　定期借地権・借家権制度

定期借地権制度は，土地の活用を推進するため，1992年に開始された．地主から一定期間土地を借用し，建築物を建てたりして利用する．契約更新はなく，期間終了時に借地関係が終了し，土地を更地にして返却する．

また，同様の趣旨で，定期借家の制度が2000年から開始された．一般的に，借家契約は，借家世帯の居住権を守るため，その更新を前提とし，貸主が更新をしない場合は，正当な理由が必要であったり，一定の立ち退き料が必要であったりする．そうした借家の権利保護のため，良好な借家の供給が進みにくいという認識からこの制度が導入された．

定期借家による契約では，正当な理由がなくても借家契約を更新しないことができ，立ち退き料が不要である．しかし，わが国におけるファミリー向けの良好な借家供給はまだ不十分であり，本制度だけでは進みにくい状況である．

7.6.9　住宅の長寿命化

わが国の建物の寿命（建設されてから取り壊わされるまでの期間）は一般的に短いことが知られ

ている．たとえば，住宅の場合，国の推計によると，米国66.6年，英国80.6年に対して日本は32.1年である．この主な原因としては，第2次大戦後，核家族化や生活様式の洋風化，家庭用電化製品の普及など家族のあり方や生活様式が大きく変化してきたことを背景として，短期間に大量の新築住宅の供給や建替えがなされたことが考えられる．そのため，省資源の観点から国が中心となり，住宅の長寿命化が進められてきた．具体的には，建物の躯体を強くするとともに，設備製品の高品質化などを進め，良質なものを供給することで，長期間の使用に耐えるとともに，修繕などの費用を少なくなるようにして，建物の使用期間を通じて見込まれる費用（ライフサイクルコスト）を低減しようというものである．また，その一環として，**スケルトン・インフィル住宅**の供給も行われている．

スケルトン・インフィル住宅

　住宅の長寿命化のために，変化のしやすい内部（インフィル）や設備機器については，必要に応じて変えられるようにし，一方，建物の躯体（スケルトン）については長期間の使用に耐えられるようにした住宅を供給するものである．そうすることにより，世帯のライフサイクルや構成人員の変化，および，居住世帯の入れ替えに対応して間取りなどを比較的容易に変えられるようにしたり，躯体より一般的に耐用期間の短い設備機器を比較的容易に修繕や更新をできるようにしたりする．

7.6.10　ゼロ・エネルギー・ハウス

　家庭部門は民生部門のエネルギー消費量のおおむね4割程度を利用しており，CO_2抑制に住宅は重要な分野である．そのため，国はZEH（ネット・ゼロ・エネルギー・ハウス）とするエネルギー消費の収支を実質的にゼロにする住宅の開発と普及を奨励して進めている．

　ZEHは，住宅の外壁などの断熱性を高めるとともに，高性能の設備機器の利用によりエネルギー消費を抑え，消費する分を自然エネルギーの採用により石油など由来のエネルギー消費をゼロにするというものである．

7.6.11　住宅政策と福祉政策の連携

　高齢社会になり，高齢夫婦世帯や高齢単身世帯が増加するため，住宅政策だけの対応では不十分であり，福祉政策との連携が必要となっている．たとえば，病気などの緊急時における支援，孤独死を防ぐための見守りなどを工夫した政策が実施されている．

　その一環として，「高齢者の居住の安定確保に関する法律（2011年）」により「サービス付き高齢者向け住宅（サ高住）」が供給されている．これは，一定の基準を満たすものについて，国からの補助や融資などの支援を受けられるものである．基準は，住戸については，床面積が25 m^{2}以上，便所・洗面設備などの設置，バリアフリーであること，サービスについては，少なくとも安否確認と生活相談サービスを提供することなどである．サ高住を登録して公表することにより，国民の選択の機会が増え，行政による指導・監督も行いやすくなる．2021年6月末日時点において全国で7916棟，268262戸が登録されている．

■ **演習問題** ■

7.1　下記の用語について説明しなさい．なお，複数の用語があげられている場合は，それらの相互関係についても説明しなさい．

　　(1) 住宅困窮意識
　　(2) 居住立地限定階層
　　(3) 誘導居住面積水準，最低居住面積水準
　　(4) 画地，街区
　　(5) 近隣住区，近隣分区

　　(6) 特定空家
　　(7) インスペクション制度
　　(8) スケルトン・インフィル住宅
　　(9) 開発利益の社会還元

7.2　わが国における住宅問題の様相と住宅政策としての取り組みについて説明しなさい．

7.3　わが国における住生活基本計画の考え方を説明しなさい．説明に際して，住宅性能水準，居住環境水準，面積水準などについても説明すること．

第8章

都市基盤施設の計画

都市は，道路・交通施設，公園のほかにもさまざまな基盤施設（インフラストラクチュア，infrastructure）で成り立っている．たとえば，上下水道，電気・情報通信施設，廃棄物処理施設などである．本章では，それらについての考え方と整備のための制度や実績について説明する．

8.1 都市基盤施設と都市施設

都市は各種の基盤施設によって支えられている．道路や公園のほかに，上水道，下水道，電気，ガスなどの**ライフライン施設**（lifeline facility），市場，物流センターのような流通施設，学校，図書館，病院などの公共的施設，ごみ処理施設，下水処理施設などの廃棄物処理施設，火葬場などがあげられる．これらの施設整備水準が都市生活の豊かさを支えている．

わが国の都市計画制度では，都市計画区域内において，**都市施設**として表8-1に示すものが定められ，必要なものを都市計画で定めるとしている．都市計画で決定された都市施設は，**都市計画施設**とよばれる．都市計画施設の計画区域における建築活動は**都市計画制限**を受け，建築物を建築する

には都道府県知事または市長の許可を受けなければならない．許可は，都市計画施設が事業化されて建設される場合に支障が少ない建築物に対して，許可基準に従って条件付きでおりる．条件としては，階数2階以下，地階なし，主要構造部を木造，鉄骨造，コンクリートブロック造とするものなどである．建築禁止にする場合は，申請者に買取請求権が発生する．なお，都市計画決定とその事業化は連動していないため，都市計画制限が長期にわたることがある場合は問題である．

都市施設の計画は，道路，とくに幹線道路が最も多い．ほとんどの都市計画区域で定められ，延長で約7万2千kmである．そのうち，改良済または概成済のものは2020年3月末日時点で63%である．一方，生活に身近な区画道路はきわめて少なく，延長で幹線道路の約2%しかない．公園

表8-1　都市計画法で定める都市施設（都市計画法第11条）

---

1. 道路，都市高速鉄道，駐車場，自動車ターミナルその他の交通施設
2. 公園，緑地，広場，墓園その他の公共空地
3. 水道，電気供給施設，ガス供給施設，下水道，汚物処理場，ごみ焼却場その他の供給施設または処理施設
4. 河川，運河その他の水路
5. 学校，図書館，研究施設その他の教育文化施設
6. 病院，保育所その他の医療施設または社会福祉施設
7. 市場，と畜場または火葬場
8. 一団地の住宅施設（一団地における50戸以上の集団住宅およびこれらに附帯する通路その他の施設をいう）
9. 一団地の官公庁施設（一団地の国家機関または地方公共団体の建築物およびこれらに附帯する通路その他の施設をいう）
10. 流通業務団地
11. 一団地の津波防災拠点市街地形成施設，復興再生拠点市街地形成施設，復興拠点市街地形成施設
12. その他政令で定める施設*

---

* 電気通信事業の用に供する施設または防風，防火，防水，防雪，防砂もしくは防潮の施設である（都市計画法施行令第5条）．

は比較的多く，全国で約4万箇所が計画されている．しかし，建築的都市施設である学校203，図書館4，病院18，保育所26などはいずれもきわめて少ない．大型施設で立地周辺の住民が迷惑と感じるもの（大型迷惑施設と称す）は，汚物処理場576，ごみ焼却施設742，火葬場712などが多く，かなりのものが都市計画施設として定められている（文中数字は各計画施設数）．

都市計画道路については，見直す規定がなかったため，実質的には変更がきわめて困難であった．しかし，2000年の都市計画運用指針の中で初めて都市計画道路見直しの指針が示された．これは，都市計画制限の長期化に対する批判，および，人口減少などによる交通需要の変化，公共事業予算の減少，TDM（5.5.2項参照）などによる都市交通計画についての考え方の変更によるものである．その後2001年より，各都道府県において見直しガイドラインを策定し，それに基づいて各地の自治体において都市計画道路の廃止，幅員縮小などを中心に見直されてきている（表8-2）．

8.2 都市水系

8.2.1 都市河川

都市内の河川は，雨水排水を行うが，地下水涵養の役割もある．そのほかに，都市住民の親水空間でもあり，小動物や植物の生息空間でもあり，比較的大きなオープンスペースとして貴重である．さらに，都市のヒートアイランド現象（6.1節参照）を緩和する役割を果たし，風の道となり得る．そのような多機能の役割を考慮して河川および隣接地を含めた河川空間を計画，整備する必要がある．

8.2.2 上水道

上水道（water supply）は，ライフライン施設の中でも最も重要である．飲料水には厳格な水質基準がある．上水の水源確保には河川表流水，地下水，伏流水，湖沼水，貯水池水などが用いられる．

上水道のほかに，中水道，工業用水道がある．中水道は，水資源の有効利用を図るため，下水道の還元水を浄化して用いるもので，飲用以外の雑用水に利用する．工業用水道は，廉価な水の大量供給を行うことによって，工業活動の振興や地下水汲み上げの制限対策を目的として整備される．

上水道の基本計画は，計画年次として10〜15年後を基準とし，将来の計画人口に基づいてその時点における給水普及率により対象人口（計画給水人口）を求める．計画給水人口に一人あたりの1日最大給水量を掛けて計画1日最大給水量を求め，その70〜85％を計画1日平均給水量とし，水道維持費・水道料金の算定基礎とする．また，計画1日最大給水量の1時間あたり換算量の30〜100％を時間最大給水量とし，配水施設の規模決定の基礎とする．まとめると次式となる．

計画給水人口＝将来人口×給水普及率
計画1日最大給水量＝計画1人1日最大給水量
　（300〜500 L/人）×計画給水人口

8.2.3 下水道

（1）下水道の機能

公衆衛生の向上や，生活環境における快適性の向上のために下水道（sewage）の整備は必要である．約二千年前に栄えたポンペイの遺跡などにも都市下水道がみられるように，ローマ時代の諸都市にも整備されていた．また，古典的都市問題とされる産業革命期などにおける生活環境が悪化したときにも，下水道の整備が課題とされてきた．

（2）整備の状況

わが国の場合，比較的近年まで，し尿を農業の肥料とした還元システムが存在していたため，下水道整備の必要性が低かった．その後，農業における化学肥料の使用，市民の衛生観念の変化などに伴い，下水道の整備が必要となり，重点的な公共事業として整備されつつある．図8-1に示すように，大都市を中心としてかなり整備が進捗してきている．ほかの先進国との比較ではイギリス96％，ドイツ92％，カナダ91％，フランス79％，アメリカ合衆国71％，イタリア61％であり，日本は2020年3月末日時点で全国平均79％と中程度の整備水準である．

表8-2 都市施設の計画・整備状況

(2020年3月末時点)

施設区分	都市数	単位	箇　　所		面積・延長など	
			計画	供用または完成（概成含）	計画	供用または完成（概成含）
道路		km				
自動車専用道路		km			72 050.25	71 315.08
幹線街路		km			5 681.91	3 435.436
区画街路		km			63 620.93	59 813.48
特殊街路		km			1 498.87	1 346.38
駅前広場		m²	2 978		1 248.54	1 164.44
都市高速鉄道	177	km	379		12 712 848	10 814 979
自動車駐車場	212	ha	486		8 902.3	2 064.92
自転車駐輪場	215	ha	597		273.76	250.49
自動車ターミナル	36	ha	58		74.53	73.26
空　港	3	ha			173.1	160
軌　道	2	km			120.1	120.1
港　湾	2	ha			6.54	5.36
通　路	34	m			72.7	72.7
交通広場	93	m²	150		5 660	4 078
緑　地	617	ha	2 472	2 253	513 377	368 852
広　場	34	ha	43	38	57 107	18 163.4
墓　園	237	ha	317	283	44.86	39.63
その他の公共空地	23	ha	30	27	6 253.2	4 311.8
水　道	5	ha			142.5	129.9
公共下水道		m			20 214	20 214
都市下水路		m			92 270 828	86 861 274
流域下水道		m			1 289 137	1 119 152
汚物処理場	514	ha	576	553	14 037 975	12 710 024
ごみ焼却場	575	ha	742	663	1 073.1	1 011.9
地域冷暖房施設	20	m²	89		2 524	2 188.9
ごみ処理場等	386	ha	502	462	474 171	336 526
ごみ運搬用管路	5	m	5	5	1 794.9	1 612.3
市　場	268	ha	364	359	24 470	22 670
と畜場	85	ha	86	84	1 718.5	1 673.7
河　川	158	km			287.2	273.7
運　河	6	km			1 255.1	743.55
水　路	2	km			79.8	43.0
学　校	37	ha	203	192	3.0	3.0
図書館	4	ha	4	4	628.1	577.3
体育館・文化会館等	20	ha	35	34	1.8	1.1
病　院	14	ha	18	16	264.1	262.2
保育所	12	ha	26	24	70	65.3
診療所等	1	ha	2	2	3.6	3.4
老人福祉センター等	16	ha	18	19	2.7	2.7
火葬場	650	ha	712	681	45.7	45.7
一団地の住宅施設	70	ha	183		1 140.03	1 070.91
一団地の官公庁施設	12	ha	12		2 642.6	
流通業務団地	21	ha	26		195.7	
一団地津波防災拠点市街地形成施設	17	ha			2 068.8	1 754.7
一団地の復興拠点市街地形成施設	0	ha			313.7	
防潮堤	13	km	48	41	0.0	
防火水槽	80	m²	944	944	55.4	48.7
河岸堤防	1	km	10	10	19 436.5	19 436.5
公衆電気通信施設	1	ha	2	2	37.1	37.1
防水施設	9	m²	18	12	1.4	1.4
地すべり防止施設	1	ha	1		776 300	293 500
砂防施設	11	m²	45	26	50.7	
					16 373 615	2 291 445

（都市計画現況調査，より作成）

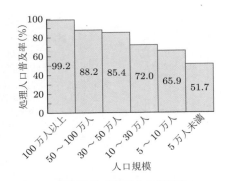

図8-1　人口規模別下水処理人口普及率
(2015年3月末日時点)（国土交通省資料，より作成）

（3）下水道の種類

（a）流域下水道

河川流域内で二つ以上の市町村から公共下水道の下水を集めて安全に処理し，公共用水域に放流するための下水道である．幹線管渠，ポンプ場，終末処理場の施設からなり，都道府県によって設置される．

（b）公共下水道

主として市街地の下水を排除し，または処理するための下水道である．家庭下水や工場排水などの汚水を処理するため，終末処理場を有するか，または流域下水道に接続する構造となっており，かつ，汚水を流す排水施設の相当部分が暗渠構造になっている．原則として市町村が整備を行う．なお，公共下水道の中には，主として工場排水を排除し処理するための特定公共下水道，および，自然保護や農山漁村の環境整備を目標とする特定環境保全公共下水道が含まれる．

（c）都市下水道

主として降雨による浸水が著しい市街地の下水を排除するために，地方公共団体が管理している下水道である．規模は，原則として集水面積10 ha以上200 ha未満であり，管渠の内径または内法幅が50 cm以上のものである．

（4）計画の考え方

下水道は，下水処理により水質環境基準を遵守するようにするためのものであり，計画年次は20年とする．計画区域の特性を考慮し，既成市街地，市街化予想区域，特定区域（集落，畜舎，学校，病院など）などについて調査する．排除方式としては雨水との関係から分流式と合流式があるが，公共用水域の環境基準を達成する観点からは分流式が望ましい．河川などへ処理水を放流する吐き口の計画にあたっては，放流河川の水位・流量・水質基準，および，環境と水利用について配慮が必要である．

計画汚水量は，家庭汚水量，上水道の1人1日最大給水量を考慮する．工場排水は，大規模なものについては別排水とするが，中小規模のものは受け入れる．下水管渠に浸水する地下水量は1人1日最大汚水量の10〜20％を見込む．計画1日最大汚水量は，1人1日最大汚水量に計画人口を乗じ，工場排水量，地下水量，そのほかを加算したものとする．計画1日平均汚水量については，計画1日最大汚水量の70％（中都市）〜80％（大都市）とする．

一定期間に予測される確率的な最大降雨量を降雨強度というが，通常1時間あたり単位面積に降った雨の深さで表す．計画雨水量は，5〜10年の降雨強度を基準として次式のように算出される．

$$Q = 1/360 \cdot C \cdot I \cdot A$$

Q：最大計画雨水流出量（m³/s）

C：流出係数

I：流出する時間内の平均降雨強度（mm/h）

A：排水面積（ha）

（5）整備計画

国の社会資本整備重点計画では，2015年度から2020年度までを計画期間とし，表8-3に示すように整備を予定している．

表8-3　下水道の整備状況

2019年3月末時点

項　目	整備状況	備　考
汚水処理人口普及率	91.4%	下水道によるもの86.8%
下水道処理人口普及率	77.8%	下水道整備人口9 926万人
下水道による都市浸水対策達成率	約59%	整備面積75万ha2020年目標 約62%
高度処理実施率	56.13%	

（国土交通省資料，より作成）

8.3 都市エネルギー

8.3.1　都市ガス

　都市ガス事業は，天然ガス，LNGなどの原料から都市ガスを製造し，ガス導管を通じて各需要先に供給する．2020年度の都市ガス製造量は約404億m^3/年，2020年3月末の需要家数は2742万戸，ガス事業者数は193である．

　都市ガスの主原料である天然ガスは，表8-4に示すように，ほかの化石燃料と比較して燃焼時におけるCO_2，NO_x，SO_xの発生量が少ない．石炭と比較すると，CO_2は60%，NO_xは20〜40%，SO_xは0%である．現段階では，化石燃料のうち，最も環境にやさしいエネルギーである．また，天然ガスの安定供給性や，環境への負荷が小さいことなどが評価され，供給エネルギーのうち天然ガスの比率を増やす政策が進められてきている．それにより，天然ガスなどを原料とする高カロリーガスの割合が9割以上となっている．

表8-4　石炭と比較した燃焼時の環境負荷物質発生

環境負荷物質	石炭	石油	天然ガス
NO_x	100	68	20〜37
SO_x	100	68	0
CO_2	100	80	57

（日本ガス協会Webサイトより）

8.3.2　地域冷暖房

　通常は，各建物において個別にボイラーや冷凍機による冷熱などを発生させて冷暖房機器を運転している．図8-2に示すように，地域冷暖房は，それらを集中して行うことにより効率を高め，環境対策にもつなげるものである．北ヨーロッパや北米では，地域的な熱源の供給システムが普及している（写真8-1）．わが国では，1970年開催の日本万国博覧会で地域冷房が初めて導入され，その後，千里ニュータウン，泉北ニュータウン，新宿副都心，札幌都心部などの大規模な計画的開発事業に際して導入され，2020年3月末日時点で89箇所で導入されている．

　図8-2のように，地域冷暖房システムは，熱供

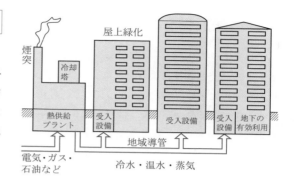

図8-2　地域冷暖房システムの概念

写真8-1　地域温水供給プラントの煙突
（スウェーデン，ストックホルム）

給プラントで製造した冷水，温水，蒸気などのうち，いずれかの熱媒を2棟以上の建物に導管によって供給するものである．それを導入することにより，高性能の脱硫による都市環境の改善や，コジェネレーションシステム（熱電同時供給）による効果的なエネルギー利用などが可能になる．また，個々の建物の地階などに設けられる機械室が小さくでき，排気用の煙突や屋上の設備機械などを少なくできるため，コスト面や都市景観上もよいとされている．ただし，地域導管の敷設や個々でまかなう場合とのコスト比較などから，必ずしも経済的優位性がみられるとは限らない．

8.4 情報通信システム

情報通信システムは，コンピュータやインターネットの発達と普及により，都市における産業，社会活動に欠かせないものになっており，今後もますます重要になっていく．情報通信システムの種類には，図8-3に示すように，無線系と有線系，固定系と移動系に分けられるが，近年は無線系で移動系のものが発達し，とくにパーソナル利用が大きく増加している．

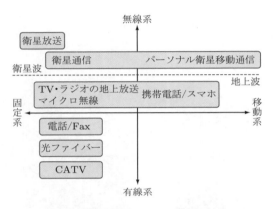

図8-3　情報通信システムの種類と性格

こうした情報通信システムは，新しいインフラストラクチュアとして，各事業所などで構築されているLAN，地域的単位で整備されているCATV網などをネットワーク化している．また，全国的に光ファイバー網による整備が進み，公共施設や商業施設，各住戸にもWiFiなど無線通信環境が整備され，大量，高速のデータ送受信が可能になっている．さらに，携帯電話やスマホなどの個人用通信媒体も急速に普及し，新しいコミュニケーションの仕組みや活用方法が生み出されている．

駐車場案内システムとは，情報通信システムにより，利用者に駐車場の位置や満空状況を提供するものである．事前に目的地の駐車場の満空情報や営業時間，料金をインターネットや携帯電話などへ提供することにより，駐車場の有効利用を図り，駐車場を探す迷走交通を減少させることがで

情報通信システムによるネットワーク

LAN（Local Area Network）は有線と無線により事業者単位で整備され，CATV（Common Antenna TeleVision）はテレビ放送を地域的単位で共同受信するための設備である．これらをインターネットに接続し，さらにWiFiにより無線でパソコン，情報端末，スマホなどに接続，さらに，各種の機器や家電，自動車などともつなぐことにより，あらゆるものが情報発信システムで結ばれる時代になっている．

きる．

情報通信システムを活用した就業形態として，テレワーク（1.6節参照）がある．これにより，就業時間の自由性が増大し，通勤負担が軽減される．そうした就業の割合が増加すると，通勤混雑が緩和される可能性がある．また，企業の立地の自由度が高まり，国土の均衡発展が行える可能性がある．

近年はスーパーシティ構想により，最新技術を活用して総合的な都市利便性の向上を図る取り組みが進められている．なお，スーパーシティとは，地域と企業が協力して開発するもので，ICTやAIなどの先端技術を活用して企業活動だけでなく，行政，医療，教育，移動などさまざまな分野を総合的に結びつける，未来都市のことである．（1.6節参照）

8.5 廃棄物処理施設ほか

8.5.1　背　景

私たちの暮らしは，大量生産，大量消費を前提とした工業化された生活様式である．加えて，都市人口の増大に伴い，都市における廃棄物が増大している．また，生活水準の向上に従って消費量が増え，それによっても廃棄物は増大している．一般廃棄物処理事業実態調査結果によると，図8-4に示すように，ごみの排出量は2019年度で総

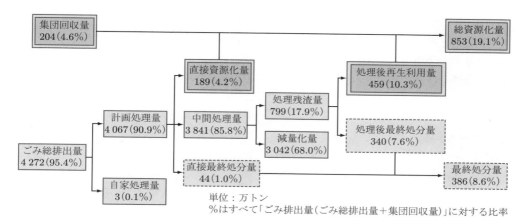

図8-4　全国の一般廃棄物の排出と処理の流れ（2019年度）
（環境省資料，より作成）

排出量4 272万tであり，1人1日あたりの排出量は918 gである．

8.5.2　廃棄物の種類と処理

廃棄物は，一般廃棄物と産業廃棄物がある．一般廃棄物は産業廃棄物以外とされ，市町村が定める「一般廃棄物処理計画」に基づき市町村の責務により処理される．産業廃棄物は，事業活動に伴って生じた廃棄物のうち，廃棄物処理法で定められたものである．排出者である事業者に処理の責任があり，産業廃棄物処理業の許可を受けた事業者によって処理される．

ごみは，環境問題，資源の有効利用，持続的発展などの観点から，減量化やリサイクルが重要課題となっている．図8-4に，一般廃棄物の排出と処理の流れを示す．ごみ全体の**68%**は減量化処理（焼却・破砕など）され，資源化されるものは19%，最終的に処分されるものは9%である．資源化される割合を，今後も高めていくことが必要である．

8.5.3　ごみ処理施設

処理対象のごみには収集ごみともち込みごみがある．また，その種類は可燃ごみ，不燃ごみ，粗大ごみなどに分けられる．その中から資源回収や再生をできるだけ行う．ごみの収集は専用車によるものが一般的であるが，長岡ニュータウンのよう

にごみの管路輸送システムを整備する場合もある．

2020年3月末日時点でごみ焼却施設は1 067施設あり，最終処分場の残余容量は9 951万m³，残余年数は21.4年分である．とくに，大都市圏でより厳しい状況となっている．

ごみ処理施設の立地は原則として都市計画区域内とし，風致地区内，景勝地，優良な住宅地（住居専用地域内など）には設けない．また，ごみの搬入などの利便性も考慮する．さらに，卸売市場，火葬場，と畜場との隣接・併設は避ける．一般的には，人の近接しない場所，恒風（当該の地域に

ごみの管路輸送システム

真空状態に保ったパイプラインなどを地下に整備し，そのパイプラインを通して，空気圧力によりごみを収集するシステムである．ごみの真空輸送システムまたは空気輸送システムとよばれる．ごみ置場が不要で，車による収集，運搬を行わないため，衛生的で交通環境にも左右されない．ただし，パイプラインの整備や維持にコストを要するため，整備事例は少なく，整備しても維持管理コストの高さから廃止される場合も多い．長岡ニュータウンや横浜**MM21**地区などに整備されている．

最も多い風)の方向に対し風上を避け，地形的に見えにくい場所，市街地および将来の市街地から500 m以上離れた場所とし，300 m以内に学校，病院，住宅街または公園がないことなどを考慮して選定する．

8.5.4　汚物処理施設

汚物処理施設は，汲み取りし尿，および，し尿浄化槽汚泥の処理を行う施設である．下水道の端末施設である汚物処理場は，市町村により一般廃棄物処理計画の中の生活廃水処理基本計画に基づき整備される．なお，2019年3月末日時点における水洗化人口は総人口の91％である．前述(8.2.3項)の下水道処理人口率79%との差は，個別の浄化槽などにより処理されている場合を含むためである．浄化槽には単独浄化槽と合併処理浄化槽があり，合併処理浄化槽の処理性能は下水道と同等であり，生活排水を比較的安価で効率的に処理できる．なお，建設費と維持費を考慮した場合，人口密度が低くなればなるほど高価になり，その分岐点は約40人/haといわれている．

8.5.5　卸売市場

卸売市場の機能から，その特性は，夜間，早朝などに大量の交通や騒音が発生し，かつ，廃棄物も発生する．このため，都市施設として都市計画を決定する必要がある．計画位置は原則として都市計画区域内とし，風致地区や住居専用地区内には設けない．流通業務地区への立地が望ましい．また，ごみ焼却場，汚物処理施設，火葬場，と畜場との隣接・併設は避ける．さらに，交通の利便性や，100 m以内に学校，病院，住宅街がないことが条件となる．なお，主な消費地への出荷の利便性も考慮する．また，卸売市場法の改正により2020年より民間事業者でも開設が可能となった．

8.5.6　と畜場

と畜場以外でのと殺は法律上禁止されている．食肉消費量の増大に伴って計画的にと畜場を配置する必要性があり，道路などの交通の利便性を考慮して設置する．と畜場は，その性格上，悪臭，音，汚物などが発生するため，その配置は住居系地区などを避けなければならない．なお，設置には都道府県知事の許可が必要である．

8.5.7　火葬場

火葬は法律上，火葬場以外で行うことが禁止されており，設置には都道府県知事の許可が必要である．計画にあたっては，将来人口や死亡率を考慮する．立地は原則として都市計画区域内とし，風致地区内，景勝地，優良な住宅地(住居専用地区域など)には設けない．また，ごみ焼却場，汚物処理施設，と畜場との隣接・併設は避ける，恒風の方向に対し風上を避ける，地形的に人目にふれにくい場所とする，市街地および将来の市街地から500 m以上離れた場所とする，300 m以内に学校，病院，住宅街または公園がないことなどを考慮する．なお，近年の施設は，燃焼などを工夫することによって，煙などもなく，煙突も不要となっている．

8.5.8　消火施設

消火栓の水は上水または中水を用いる．防火水槽として整備する場合は，公園・緑地と合わせ整備することが多い．そのような趣旨に基づくグリーンオアシス整備事業などにより全国で整備されており，それぞれ40 t規模程度の水槽が設置されている．

8.6　そのほかの都市基盤施設

8.6.1　共同溝

共同溝は，図8-5に示すように，道路の地下に，ガス，上水，下水，電話，電線などを集合して収納し，維持管理空間をもつ構造物である．共同溝により道路工事を少なくし，交通渋滞を緩和でき，電線などを地下化することにより街並み景観の向上，エネルギーの安定供給，地下スペースの有効利用などが可能になる．また，大地震時などにおいて，電柱の倒壊，電線の切断などによる危険性

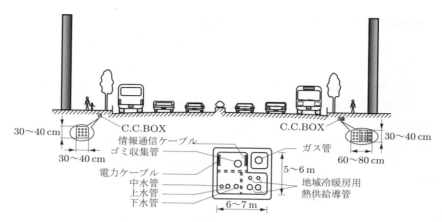

図8-5　共同溝と電線共同溝(C.C.BOX)の概念

を少なくすることもできる.

　共同溝より簡易なものであるが，歩道の地下空間を利用して二つ以上の電線管理者の電線類(光ファイバーや電力，通信線)を収納するものを**電線共同溝(C.C.BOX)**とよぶ．1番目のCは，**community**(地域・共同)や**communication**(通信・伝達)，**compact**の意味で，2番目のCは**cable**(ケーブル線)の頭文字である.

8.6.2　大深度地下

　土地の所有権は，法理論上，地上，地下に無限に及ぶ．しかし，わが国は可住地が少なく人口密度が高いため，地下空間の開発や利用が検討されてきている．また，シールド工法など地下を開発する技術が進み，その公共性が認識されつつある.

　このような大深度地下を有効に活用し，公共の利益となる事業が実施できるように，2000年に「大深度地下の公共的使用に関する特別措置法」が成立し，翌年より施行された．同法では，通常建築物の地下として利用されない**40 m以深**，または建築物の基礎の設置が通常行われない支持地盤面上面**10m以深**の地下を大深度地下としている.

　対象地域は三大都市圏であり，事業認可を受けて整備される．これまで，幹線道路，送水管などが整備されている．このほか，鉄道，放水路，送電線と変圧所，ガスタンクなども考えられる．これらの整備により，土地の有効利用だけでなく，地上を公園化するなどができれば，景観的にも優れたものとできる．ただし，整備や維持管理費用が大きいこと，および，密室空間のため危険性が高いことから安全性に十分に留意する必要がある.

シールド工法

　先端の掘削機につけた鋼鉄製の茶筒状のもので土砂を崩壊しないように押さえつつ，コンクリート製の弧状のブロックをリング状に組み立てていくトンネルなどの掘削方法である．工事による周辺環境への影響が少ないため，地下鉄，道路，下水道，送電施設など，都市施設の整備に多用されている．近年，技術開発により，掘削断面の大型化が進み，また，二連や三連などの複数断面を連結した工法が開発されている.

■ 演習問題 ■

8.1　下記の用語について説明しなさい．なお，複数の用語があげられている場合は，それらの相互関係についても説明しなさい．

(1)　都市施設，都市計画施設，都市計画制限
(2)　上水道，中水道，下水道
(3)　地域冷暖房
(4)　インテリジェントビル
(5)　大深度地下

8.2　都市施設の種類，都市計画上の考え方，都市計画決定と都市計画制限などについて説明しなさい．

8.3　都市施設のうち，ごみ処理施設，汚物処理施設，卸売市場の計画にあたって，考慮すべき点について説明しなさい．説明に際して，ほかの土地利用や用途地域などとの関連性，地形や気候条件，および，景観的配慮などについても説明すること．

8.4　情報通信システムの発達は，今後，都市や都市活動にどのような影響を与えていくと思うか．各自で考察して，論述しなさい．

第9章

都市環境の計画

都市は多大な資源やエネルギーを消費し，環境に大きな影響を与えている．地球環境問題に対応し，**持続的発展（sustainable development）**を可能にするためには，都市における資源・エネルギーの消費と環境問題について，より積極的な対応が必要である．本章では，都市における環境問題や環境的基準などについて概説するとともに，都市計画的な対応のあり方について説明する．

9.1 都市の環境問題

都市における環境問題は多様であり，広く問題が存在するが，その実態は，被害が深刻な場合などに被害を受けた側がそれを行政機関に提訴する公害紛争から把握できる．公害の多発に対応して，1970年に公害紛争処理法に基づく公害紛争処理制度がスタートした．その中で，国レベルでは公害等調整委員会，都道府県レベルでは都道府県公害審査会が，公害紛争の処理に対応している．公害等調整委員会は発足当初，水俣病，大阪国際空港騒音被害などの大規模な公害事件に，1980年代以降はスパイクタイヤ粉じん被害，ゴルフ場農薬被害，廃棄物関連事件，土壌汚染などに対応してきた．2015年3月末日までに985件を受け付け，953件について終結させた．そのうち76%が調停案件であった．

都道府県審査会も産業公害，近隣公害などさまざまな公害紛争に対応してきた．たとえば，2014年度に全国の地方公共団体で受け付けた公害苦情件数は74785件であった．そのうち，都道府県審査会が2015年3月末日までに対応した案件は1474件であり，終結したものは1430件である．近年の特徴としては，以下のようにまとめられる．

① 加害行為とされる事業活動の種類は，廃棄物・下水などへの処理関係，交通・運輸関係，製造・加工業関係，建築・土木関係などとなっており，発生源が多様化する傾向にある．また，廃棄物・下水など処理関係が多くなっている．

② 環境基本法に定める公害（大気汚染，水質汚濁，土壌汚染，騒音，振動，地盤沈下，悪臭の**典型七公害**）のみでなく，日照阻害，通風阻害，眺望阻害，土砂崩壊，交通環境悪化など，生活環境を悪化させる要因を併せて主張するものが増加しており，それらを含めた紛争の総合的な解決を求める事件が目立っている．

③ 国，地方公共団体，公団などが発生源側の当事者に含まれる事件が増加している．

公害苦情件数を，典型七公害と典型七公害以外に分けてみると，たとえば，2015年度の典型七公害の苦情は50 677件，典型七公害以外は21 784件となっている．図9-1に示すように，近年は典型七公害以外の苦情件数が増加傾向にある．

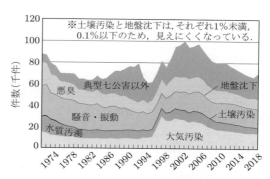

図9-1　典型七公害と典型七公害以外の苦情件数の推移
（総務省：公害苦情調査結果，より作成）

典型七公害の苦情件数は，多いものから大気汚染，騒音・振動，悪臭，水質汚濁となっており，土壌汚染や地盤沈下は件数が比較的少なく，図では見えない．典型七公害以外では，比較的多いものから廃棄物の不法投棄，害虫などの発生，動物の死骸放置，火災の危険，ふん・尿の害，電波障害，土砂の散乱などとなっている．

苦情の処理結果に対する提訴者の満足度は「一応満足」が31％と最も多く，ついで「満足」が16％，「あきらめ」が5％，「不満」が3％などとなっており，「満足」の割合が必ずしも高くはない．また，提訴までに至らずにあきらめている人が，これらの数値の何倍もあることに留意する必要がある．

9.2 産業・都市の活動と環境

9.2.1 大気汚染

大気汚染については，環境基本法により表9.1に示す環境基準が定められている．また，大気汚染防止法（1968年）により，ばい煙，粉じん，自動車排出ガスの三種が規制されている．一定規模以上のばい煙発生施設は届出対象施設となり，排出基準が適用される．たとえば，廃棄物焼却炉の場合，火格子面積が $2\,m^2$ 以上または1時間あたりの焼却能力が $200\,kg$ 以上の施設は，ばい煙発生施設となる．ばい煙の排出基準は物質の種類ごと

に設定され，地域や施設の種類および規模によって基準値が異なる．法律で規定している排出基準はつぎの四種類である．

① **一般排出基準**：全国一律の基準．

② **特別排出基準**：ばい煙発生施設のとくに集合した地域の新設施設に適用される基準．

③ **上乗せ基準**：上記二種類の排出基準では不十分と認められるとき，都道府県の条例によって定められる基準．

④ **総量規制基準**：上記の排出基準によって環境基準の達成が困難である場合，指定ばい煙ごとに，指定地域において一定規模以上の施設（特定工場）に対して適用される基準で，硫黄酸化物，窒素酸化物の規制値がある．

なお，ばい煙発生施設の設置者には，都道府県知事への届出義務がある．都道府県知事は，基準に適合しない場合は，届出時に計画変更命令，廃止命令，運転時に改善命令，使用の一時停止命令を出すことができる．

9.2.2 水質汚濁

水質汚濁防止法（1970年）は，工場および事業場から公共用水域への水の排出および地下に浸透する水を規制するとともに，生活排水対策の実施を推進することなどを目的としている．重金属などの有害物質の**健康被害項目**と，有機汚濁物質などの生活環境項目が規制されている．特定施設と

表9-1　大気汚染の環境基準

大気汚染物質	環境基準	備　　考
二酸化硫黄	1時間値の1日平均値が0.04 ppm以下であり，かつ，1時間値が0.1 ppm以下であること．	1．浮遊粒子状物質とは，大気中に浮遊する粒子状物質であって，その粒経が10 μm以下のものをいう． 2．光化学オキシダントとは，オゾン，パーオキシアセチルナイトレート，そのほか光化学反応により生成される酸化性物質（中性ヨウ化カリウム溶液からヨウ素を遊離するものに限り，二酸化窒素を除く）をいう．
一酸化炭素	1時間値の1日平均が10 ppm以下であり，かつ，1時間値の8時間平均値が20 ppm以下であること．	
浮遊粒子状物質	1時間値の1日平均値が0.10 mg/m³以下であり，かつ，1時間値が0.20 mg/m³以下であること．	
二酸化窒素	1時間値の1日平均値が0.04 ppmから0.06 ppmまでのゾーン内またはそれ以下であること．	
光化学オキシダント	1時間値が0.06 ppm以下であること．	
ベンゼン	1年平均値が0.003 mg/m³以下であること．	
トリクロロエチレン	1年平均値が0.2 mg/m³以下であること．	
テトラクロロエチレン	1年平均値が0.2 mg/m³以下であること．	

はカドミウムなどの健康被害を生じる恐れがある物質，または化学的酸素要求量（COD）などで表示される汚染被害を生じる恐れがある汚水，または廃液を排出する施設である．排水基準は許容基準として定められ，つぎの三種類がある．

① **一般排出基準**：全特定事業場について一律に適用される基準．

② **上乗せ基準**：一般基準では十分でないと認められるとき，都道府県条例で定められるより厳しい基準．

③ **総量規制基準**：上記の基準では環境基準の達成が困難である地域において，指定された項目について内閣総理大臣が定める総量削減基本方針に基づき，都道府県知事が定める基準．COD について東京湾，伊勢湾，瀬戸内海で定められている．

なお，特定施設を設置するときは，都道府県知事への届出義務がある．都道府県知事は，排出口で排出基準に適合しない場合は，届出時には計画変更命令，廃止命令を，運転時には改善命令，使用の一時停止命令を出すことができる．

9.2.3 騒音・振動

騒音規制法（**1968**年）および振動規制法（**1976**年）により，工場・事業場の騒音・振動，特定建設作業の騒音・振動，自動車騒音・振動が規制されている．両法の規制対象は，著しい騒音・振動が発生するとして法令で定められた特定施設である．また，都道府県知事は，住居が集合している地域，病院・学校周辺地域を騒音・振動の規制地域として指定し，規制地域において昼間，夜間，そのほかの時間の区分と区域ごとの規制基準を定めることができる．なお，市町村は条例でさらに厳しい規制基準を定めることができる．指定地域内において工場，事業場に特定施設を設置する場合は，都道府県知事に届け出る必要があり，知事は，規制基準に適合しない場合は，届出時に計画変更勧告，運転時に改善勧告，改善命令を出すことができる．騒音の環境基準は環境基本法に基づいて地域の類型および時間区分により表**9-2**から

表**9-6**のように設定されている．

道路に面する地域以外については，表**9-2**に示す基準値とし，各類型を当てはめる地域は都道府県知事が指定する．また，道路に面する地域は表**9-3**，幹線道路の沿道については，騒音基準の達成がかなり困難であることから，便宜的に緩和した表**9-4**に示す基準値でよいとしている．ただし，こうした緩和についてはよくないとする批判的意見がある．

これらのほか，航空機騒音にかかわる環境基準（表**9-5**）や，新幹線鉄道騒音にかかわる環境基準（表**9-6**）が定められている．航空機の場合は特別の騒音計算法による **WECPNL**（**Weighted Equiva-**

表9-2　騒音の基準（道路に面する地域以外）

地域の類型	昼　間	夜　間
AA	50 dB 以下	40 dB 以下
AおよびB	55 dB 以下	45 dB 以下
C	60 dB 以下	50 dB 以下

注）1. 時間の区分は，昼間を午前6時から午後10時までの間とし，夜間を午後10時から翌日の午前6時までの間とする．
　　2. AAを当てはめる地域は，療養施設，社会福祉施設などが集合して設置される地域などとくに静穏を要する地域とする．
　　3. Aを当てはめる地域は，もっぱら住居の用に供される地域とする．
　　4. Bを当てはめる地域は，主として住居の用に供される地域とする．
　　5. Cを当てはめる地域は，相当数の住居と併せて商業，工業などの用に供される地域とする．

表9-3　騒音の基準（道路に面する地域）

地域の区分	昼　間	夜　間
A地域のうち2車線以上の車線を有する道路に面する地域	60 dB 以下	55 dB 以下
B地域のうち2車線以上の車線を有する道路に面する地域およびC地域のうち車線を有する道路に面する地域	65 dB 以下	60 dB 以下

表9-4　騒音の基準（幹線道路に面する地域）

昼　間	夜　間
70 dB 以下	65 dB 以下

備考　個別の住居などにおいて騒音の影響を受けやすい面の窓を主として閉めた生活が営まれていると認められるときは，屋内へ透過する騒音にかかわる基準（昼間にあっては45 dB以下，夜間にあっては40 dB以下）によることができる．

表9-5　航空機騒音の基準

地域の類型	基準値
Ⅰ類型	57 dB以下
Ⅱ類型	62 dB以下

注）Ⅰ類型：もっぱら住居の用に供される地域
　　Ⅱ類型：Ⅰ以外の地域であって，通常の生活を保全する必要
　　　　　がある地域

表9-6　新幹線騒音の基準

地域の類型	基準値
Ⅰ類型	70 dB以下
Ⅱ類型	75 dB以下

注）1．Ⅰを当てはめる地域はもっぱら住居の用に供される地域
　　　とし，Ⅱを当てはめる地域はⅠ以外の地域であって通常の
　　　生活を保全する必要がある地域とする．
　　2．測定方法は，昭和50年環境庁告示第46号第1の2に掲げ
　　　る方法によるものとする．また，測定機器は，計量法第88
　　　条の条件に合格した騒音計を用いるものとする．
　　3．環境基準の適用時間は，午前6時から午後12時までの間と
　　　する．

lent Continuous Perceived Noise Level，加重等価
平均感覚騒音レベル）が用いられる．これは航空
機の騒音の大きさ，頻度，飛行時間帯などを考慮
して人が感じるうるささを示した指標である．

9.3 低炭素都市づくり

　都市は人口が集積し，産業活動も活発なため，
大量のエネルギーを消費し，地球温暖化の主原因

となっているCO_2排出量の約半分が消費されて
いると推定されている．とくに，自動車交通の拡
大は，大気汚染や道路沿道の騒音・振動のほかに，
交通機関によるエネルギー消費，それに伴う
CO_2の排出，さらに自動車に依存した物流シス
テムやライフスタイルにより市街地が低密度化し，
中心市街地が空洞化するなどの問題があげられる．
それがヒートアイランド現象や局地的豪雨などの
異常気象の原因となっている（**6.1**節参照）．その
ため，石油などの有限な化石燃料の使用を最小限
とした省エネルギー，循環型社会の形成など**持続
可能な社会**の形成をめざす必要がある．

　わが国においても，低炭素都市づくりをめざす
諸施策が展開されつつある．表9-7は，代表的な
対策例を示している．発生源の個別対策としては，
未利用・再生可能エネルギーの利用，省エネルギ
ーの推進，エコカーの普及などがあげられる．都
市レベルの対策としては，**集約型都市構造（コン
パクトシティ）**の実現のために，都市の中心市街
地の活性化とともに，郊外市街地の再編，低密度
化，都市交通政策における**TDM**，**MM**の推進
（**5.5.2**項参照）などが必要である（**3.6.4**項参照）．
CO_2の吸収源対策としては，樹林地や農地の維
持・拡大，屋上緑化の推進などが必要である．

　関連するものとして**SDGs**があげられる．

表9-7　低炭素都市づくりのための諸対策

対策レベル	発生源対策	吸収減対策
個別対策	未利用エネルギーの利用 再生可能エネルギーの利用 木材の利用 省エネルギーの推進 建築物の断熱性の向上 エコカーの普及 新熱源の開発・利用	樹林地の維持・拡大 農地の維持・拡大
都市レベル対策	集約型都市構造（コンパクトシティ）の実現 中心市街地の活性化 集約拠点の形成 郊外市街地の再編と低密度化 TDM，MMの推進 公共交通の充実 マイカーから公共交通などへの転換 駐車場の規制	都市緑地の増加 屋上緑化の推進 壁面緑化の推進 水面の維持 風の道の形成

SDGsとは「Sustainable Development Goals（持続可能な開発目標）」の略称である．2015年に国連サミットで採択され，193か国が2016年から2030年までに達成するために掲げた17の目標を意味する．貧困や差別を無くしながら持続可能な社会を形成しようとするもので，内容は多様である．都市に関連するものとしては，「11.住み続けられるまちづくりを：都市と人間の居住地を，安全，強靭かつ持続可能にする」があげられる．

持続可能な社会（sustainable society）

たとえば，エネルギーは都市の生活や産業活動に必須であるが，石油資源のような有限な化石燃料に依存する社会は持続可能とはいえない．そのため，省エネルギー社会の形成，未利用エネルギーの活用，自然エネルギーの開発と利用，木材などの再生可能エネルギーの利用促進などが推進されている．また，各種資源をリサイクルして活用する循環型社会の形成なども必要である．そのほか，大きな成長はなくても，持続的に活動していけるような社会を次世代に継承していく社会の形成が私達の責務であり必要であるという認識が強くなり，そうした社会を称して用いられている．

集約型都市構造（コンパクトシティ）

マイカーによる自動車利用が普及するに伴い，都市施設や住宅の郊外立地が進み，全体的に低密度で拡散した市街地の形成が進行した．そのため，持続可能な社会づくりのためには，公共交通を充実させ，中心市街地の高密度化，郊外市街地の再編と低密度化が必要である．そうした都市を集約型都市構造（コンパクトシティ）とよぶ．

9.4 生活と環境

都市は，集住して生活することから，さまざまな相隣問題などの環境問題が発生する．

9.4.1 日影問題と日影規制
中高層建築物などによる日影に関する**相隣紛争**を未然に防止することを目的として，日影規制と北側斜線制限が設けられている．**日影規制**は，表9-8，図9-2に示すように，商業地域および工業地域以外の用途地域内および都市計画区域内で用途指定のない区域について，隣地に建設される中高層建築物による冬至における一日（午前8時から午後4時まで）の累積日影時間の最大値を設け，建築物の高さや形態を規制するものである．

最も厳しいのは，1階の生活空間を考慮した，地盤面から1.5mの高さの累積日影時間を隣地境界線から5mを超え10m以内は3時間，10m以上は2時間とする第一種低層住居専用地域および第二種低層住居専用地域のものである．最も緩いのは，3階の生活空間を考慮した，地盤面から6.5mの高さの累積時間を隣地境界線から5mを超え10m以内は5時間，10m以上は3時間とする第一種住居地域および第二種住居地域などのものである．北側斜線制限は，同様に日影による相隣紛争をできるだけ未然に抑制するため，住居専用地域だけに適用されるものである（4.4.6項参照）．

なお，前述のように，商業地域と工業地域には日影規制が適用されないが，用途規制では住居が許容されている（表4-2参照）ため，日影問題が発生している．そのため，これらの用途地域にも日影規制の適用を検討する必要がある．とくに，商業地域は交通利便性の高いところに指定され，集合住宅による都心居住などが推進されていることからも適用が必要である．

9.4.2 電波障害
建物などによりテレビ電波が遮られたり反射したりして受信障害を引き起こす場合がある．その

表9-8　日影による中高層建築物の制限[*1]

（い）	（ろ）	（は）	（に）[*2]		
地　　　　域	制限を受ける建築物	平均地盤面からの高さ		敷地境界線からの水平距離が5 mを超え10 m以内の範囲内における日影時間(a)	敷地境界線からの水平距離が10 mを超える範囲内における日影時間(b)
第一種低層住居専用地域 第二種低層住居専用地域 田園住居地域 都市計画区域内で用途地域の指定のない区域	軒の高さが7 mを超える建築物または地階を除く階数が3以上の建築物	1.5 m	(1)	3時間	2時間
			(2)	4時間	2.5時間
			(3)	5時間	3時間
第一種中高層住居専用地域 第二種中高層住居専用地域 都市計画区域内で用途地域指定のない区域[*3]	高さが10 mを超える建築物	4 mまたは6.5 m	(1)	3時間	2時間
			(2)	4時間	2.5時間
			(3)	5時間	3時間
第一種住居地域 第二種住居地域 準住居地域 近隣商業地域 準工業地域	高さが10 mを超える建築物	4 mまたは6.5 m	(1)	4時間	2.5時間
			(2)	5時間	3時間

*1　高層住居誘導地区(表4-1参照)内ではこの制限は適用されない.
*2　地方公共団体の条例で(1)，(2)，(3)を選択して指定する．北海道の区域内では，午前9時から午後3時までとし，(に)欄左段について1時間，右段について0.5時間それぞれ減じる.
*3　「平均地盤面からの高さ」は4 mのみ.

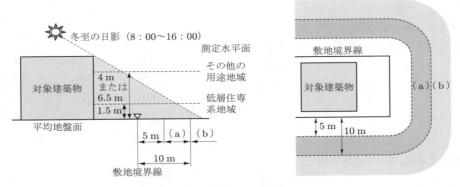

図9-2　日影規制の概念

対応策として，一般には，共聴アンテナを設置し，有線で電波を配信する．反射障害(ゴーストを発生)はその影響範囲が広く，経済的，技術的に取り除くことが困難な場合がある．そのため，電波を反射し難い電波吸収壁などが開発されている.

■ **演習問題** ■

9.1　下記の用語について説明しなさい．なお，複数の用語があげられている場合は，それらの相互関係についても説明しなさい．

（1）公害，公害紛争処理制度

（2）典型七公害

（3）大気汚染防止法，ばい煙発生施設

（4）水質汚濁防止法，健康被害項目，生活環境項目，特定施設

（5）騒音規制法，規制地域

（6）日影規制，北側斜線制限

9.2　騒音規制法に基づく，騒音規制の考え方や仕組み，騒音基準などについて説明しなさい．その中で，規制地域，時間区分などについても説明しなさい．

9.3　わが国における日影規制の考え方や仕組みについて説明しなさい．その中で，北側斜線制限についても説明しなさい．

第10章

都市の防災計画

わが国は，国土条件から風水害，地震，雪害など自然災害が多い．都市地域における災害の防止，軽減および，災害復興などを推進するために都市防災計画を立案し，体系的，総合的な防災対策を行う必要がある．本章では，地震に対する防災計画を中心として説明する．

10.1 防災計画の仕組み

10.1.1 経緯と構成

わが国の防災計画は，災害対策基本法(1961年)に基づいて進められている．国レベルでは，同法により内閣総理大臣が会長となり，国務大臣などを委員とする中央防災会議がおかれ，同会議が防災基本計画の策定，実施の推進を行う．1963年に初めて作成され，その後，阪神・淡路大震災の経験などをふまえ，修正や拡充強化が行われてきた．一方，地方レベルでは，**地域防災計画**が都道府県と市町村において策定されている．国と同様に，都道府県知事のもとに都道府県防災会議，市町村長のもとに市町村防災会議がおかれ，それぞれが都道府県防災計画や市町村防災計画の策定を行っている．

また災害時には，多くの場合自分自身による避難や友人・隣人により救出されていることから，自助，共助的な対応が重要であると認識され，災害対策基本法の改正により**地区防災計画**の制度が2014年度からスタートした．本計画は，地区の住民主体で作成され，市町村の地域防災計画に位置づけるように提案することができる．2018年4月1日時点では全国約3 400地区以上で取り組まれている．

さらに，近年における地球温暖化による水害の多発，大震災に伴う津波被害などをふまえ，**防災都市づくり計画**の策定が国により奨励されている．本計画は地域防災計画と都市計画マスタープラン（3.6節参照）をつなぐ役割をもつものとして，災害に強い都市空間の形成や災害時の避難や応急活動を支える空間づくりの基本方針を定めるものとされている．

10.1.2 計画の考え方

防災計画は，災害予防・事前対策，災害応急対策，災害復旧・復興で構成され，災害対策の時間的な順序に沿っている．また，できるだけ具体的に記述するため，災害対策の内容を，「誰が」「何を」すべきかを明確にするように努めている．さらに，国や地方公共団体だけでなく国民の防災活動も明示している．

10.2 都市の防災計画の課題

都市は生産活動や居住の密度が高く，それらを支えるインフラストラクチュアなど各種の基盤施設によって成り立っている．そのため，それらが大地震などによって機能の破壊や停止，または低下状態に陥ると，その被害は広範囲で多大なものになる．また，わが国の場合，可住地面積が少なく，既存の可住地も沖積平野に立地している場合が多いため，地盤条件などが比較的悪い．さらに，都市化の過程で，埋立地や低丘陵地で宅地造成された地域が多いため，より一層災害に対する脆弱性が増してきている．

災害の原因には地震，台風，大雨，大雪，火災，各種の爆発，大気汚染などの公害などがあげられ

る．これらを素因とすると，それらの発生によって災害となるのは，対策がされていなかったり，されていても不十分だったり，対策の前提となっている予測レベルを超えた発生があったりする場合である．このような要因を拡大要因と考えることができる．災害の素因そのものは日本列島がおかれた自然条件によって規定され，基本的には防ぐことがきわめて困難である．そのため，防災対策としては，拡大要因をなくしたりできるだけ**軽減**（ミチゲーション，**mitigation**）することが課題となる．

また，災害が発生した場合，それによる被害をできるだけ小さくすることが目標になる．とくに，人命の被害を少なくすることが最も重視され，そのための避難が重要となる．つぎに，災害発生前の状態へできるだけ早期に復旧することが目標になる．

インフラストラクチュアのうち，電気，上下水道，ガス，電話などは，線状で網目状のネットワーク構造をもち，ライフラインと総称される．い

ずれも都市生活に不可欠な施設であり，一時的なサービスの停止があっても重大な都市機能の損壊をもたらし，市民の生存にかかわる．以下では，主要な災害要因ごとにその特徴を概観する．

10.2.1　地　震

図**10-1**に示すように，地震の発生は，その規模や地盤条件により，構造物の損壊，地盤液状化，斜面崩壊などの一次的被害をもたらす．一次的被害の発生によって，二次的被害である構造物などからの火災の発生と延焼，上下水道など地中ライフライン構造物の損壊などの災害が発生する．一次的災害については，耐震工学の発達とそれに基づく対策の進展などにより，徐々に対応が進みつつあるといえる．しかし，二次的被害については，前述のような拡大要因が，近年における都市化の進展や，情報通信などの都市活動レベルや生活水準の発達などにより，一層拡大しつつある．

表**10-1**に，都市部における主な大地震とそれによる災害状況を示す．これらの地震の被害状況

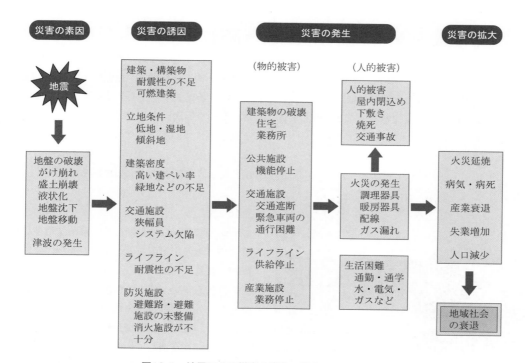

図10-1　地震による災害の発生・拡大のメカニズム

表10-1　国内の都市部における主な地震(震災)と被害の特徴

地　震	被害規模		被害の特徴
大正関東地震 (関東大震災) 1923年 M7.9, 震度7	全半壊 焼失 死者等	21万1千棟余 21万1千棟余 10万5千人余	・被害が甚大 ・火災の延焼による死者が多かった ・わが国における震災対策の契機 ・熱風による避難地での大量死
福井地震 1948年 M7.1, 震度6	全半壊 焼失 死者等	48 000戸 3 851戸 3 769名	・戦災復興期で被害甚大 ・全倒壊率が6割以上と高かった ・都市直下型による典型
新潟地震 1964年 M7.5, 震度6	全半壊 全半焼 死者等	8 600戸 291戸 26名	・地盤の液状化による建物倒壊 ・橋脚の落下などによる長期の交通マヒ ・石油コンビナートの炎上, 民家に延焼
宮城県沖地震 1978年 M7.4, 震度5	全半壊 半焼 死者等	6 757戸 7戸 28名	・市街地周辺住宅地に被害集中 ・ブロック塀や石塀の倒壊による死傷者 ・ライフラインの被害
兵庫県南部地震 (阪神・淡路大震災) 1995年 M7.3, 震度7	全半壊 建物火災 死者等	249 155棟 192戸 7 843名	・大都市の直下型地震 ・老朽住宅に被害が集中 ・建物の倒壊や延焼による死傷者が多かった ・同時多発火災の発生
東北地方太平洋沖地震 (東日本大震災) 2011年 M9.0, 震度7	全半壊 全半焼 死者等	387 594棟 281戸 18 880名	・広域的な大震災 ・大津波による被害が甚大 ・市街地の集団的高台移転が課題 ・原発被災による避難の広域化, 長期化
熊本地震 2016年 M7.3, 震度7	全半壊 死者	41 636戸 205名	・震度6, 7の地震が短期間に何回も発生 ・建物の耐震の考え方に再考を迫る ・熊本城の石垣が崩壊

をふまえて, その後の震災対策が研究され確立されてきている.

写真10-1は, 東日本大震災による大津波により壊滅的な被害を受けた宮城県名取市閖上(ゆりあげ)地区の状況である. 市街地が建物の基礎などを残して流失してしまっている.

写真10-1　東日本大震災による被災状況(名取市閖上地区)

10.2.2　大　火

わが国では木造建築の比率が高く, 台風などの季節風やフェーン現象が比較的多いため, 火災とそれによる延焼が発生しやすい. 火災は失火による人為的な原因によるものが多いため, その発生を最小限にする努力がまず重要である. つぎに, 火災発生後においては, ごく初期の状態のうちに消化を行う初期消火が大切である.

10.2.3　水　害

わが国は急峻な地形が多く, 降雨量も多いため, 降雨による河川氾濫などの水害が多い. また, 水際線も長く, 台風による高波や地震による津波などの被害も多い. 都市部の多くが, 海岸線近くに立地し, 近年の都市化の中で埋め立て地の増加などにより, 低地への市街地拡大が進んでおり, 水害への脆弱性を増している.

近年では, 地球温暖化に伴う気候変動が大きく,

水害の発生が多発し深刻化するようになっている. そのため，短期的には人命を守るための対策を整備し，長期的には住宅や都市施設の立地や構造を災害に強いものにしていく必要がある. そのための施策として，災害ハザードマップの積極的公表がなされ，立地適正化計画（**3.6.4**項参照）の策定などが取り組まれている.

10.3 災害危険性の評価

都市の防災計画は，おおむね都市全体に対する都市レベルのものと，都市を構成するいくつかの地区別に考える地区レベルのものがある. また，都市防災計画は，まず災害危険度の評価，それに基づく防災計画に分けられる.

10.3.1 都市全体

（1）延焼危険度

大震災時においては，火災が同時多発的に発生し，道路閉塞などにより消火が困難となり，火災の拡大が問題となる. 火災は，主に輻射熱などにより木造建築物などの可燃物に次々に燃え移っていくことにより広がっていく. 図**10-2**に示すように，火災の延焼が止まった主要因は道路や空地，公園の役割が大きく，放水などの消火活動は相対的に少ないのが実態である. そのため，市街地における延焼防止の基本は，図**10-3**に示すように，延焼遮断帯を構築することが目標になる.

こうした**延焼遮断帯**を構成する街路の必要幅員は，避難路として機能することを考慮し，国土交通省基準では**15 m**以上としている. また，全体の必要幅は，沿道の幅約**100 m**における可燃物の量，想定風速の大きさ，沿道建築物の高さなどによって規定される. 街路など空地のみでは**60 〜 100 m**，沿道建築物の不燃化と併せて整備する場合，**45 〜 60 m**程度を確保すべきとされている.

用途地域による，都市の中心市街地や幹線道路沿道への指定は，こうした沿道における延焼遮断帯を形成していくことも想定している（**4.4.6**項参照）. 幹線道路の沿道に一定の高さをもつ不燃建

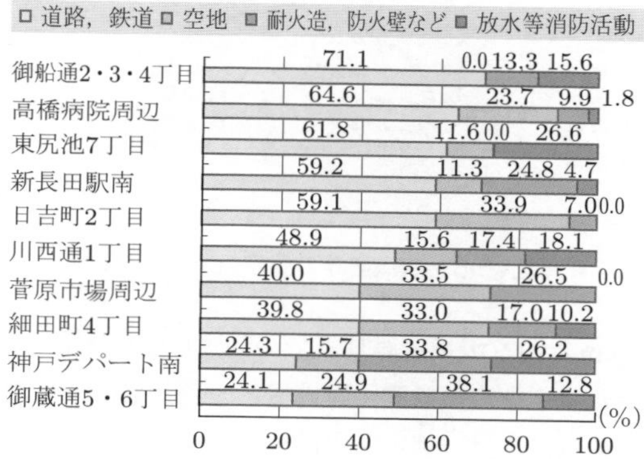

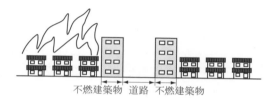

図10-2 火災の主要な延焼阻止要因
（神戸市長田区，消防庁調査）
（関沢愛：阪神・淡路大震災における火災の発生状況と焼け止まり状況について，ぎょうせい，より作成）

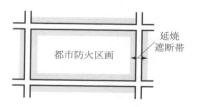

図10-3 延焼遮断帯の概念

築物が建ち並ぶことにより，街区から街区への延焼を防ぎ，非常時に幹線道路が徒歩による避難路となるようにしている.

図**10-4**に示すような延焼遮断帯で囲まれた街区を**都市防火区画**とよぶ. このような都市防火区画がどの程度整備されているかによって，都市の燃えやすさを評価する. おおむね**1 km**四方の大きさで，小学校区から中学校区程度の広がりである.

（2）避難危険度

震災時の避難は，自動車が使えないことを前提とし，歩行によることを原則として考える. そのため，図**10-5**に示すように，広域避難地から

図10-4 都市防火区画の概念

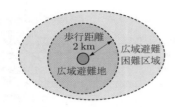

図10-5　広域避難の評価のイメージ

2 km 以内を広域避難地までの到達可能範囲とし，それ以上を**広域避難困難地域**とする．都市全体の避難危険度は，都市防火区画の中で，広域避難困難地域の占める面積の割合によって評価する．なお，広域避難地の国土交通省の設置基準は，面積でおおむね **10 ha 以上**，収容可能人数で原則として一人あたり **2 m² 以上**，周辺建築物の高さ **7 m 以上**などである．

（3）総合評価

このような都市レベルの防災性についての評価を組み合わせて総合評価を行う．総合評価により，最も危険度が高いと判定された地区は，防災対策の優先度が高いことになる．

10.3.2　地区レベル

（1）延焼危険度

市街地の延焼危険度は，木造建築物の内容と多さによって判定される．考慮される要因は，空地など不燃地の大きさの割合（不燃領域率），木造建築物の敷地面積の地区全体に占める割合（木造建ぺい率），消防活動困難区域などである．たとえば，不燃領域率 **70% 未満**で，木造建ぺい率 **40% 以上**は最も危険度が高く，不燃領域率 **70% 以上**は最も危険度が低いなどと評価される．なお，地区内における消防自動車が通行できる道路（幅員 **6.5 m 以上**，地盤液状化の可能性のある場合 **7.5 m 以上**）に面して，震災時有効水利からホースの届く範囲（**280 m**）を消防活動が可能な区域とし，それ以外の区域を消防活動困難区域と称する．

（2）避難危険度

地区レベルの避難は，道路閉塞率と一次避難困難区域比率から評価する．写真 **10-2** に道路閉塞の状況を，図 **10-6** には幅員別の閉塞状況の割合

写真10-2　建物倒壊による道路閉塞状況

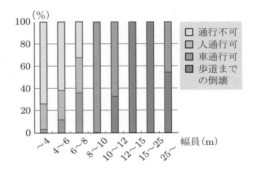

図10-6　道路幅員別閉塞の割合（阪神・淡路大震災）
（[出典] 建設省都市局都市交通調査室：都市内道路の防災機能について，新都市，50（4），1996）

を示す．道路閉塞率は，対象地区における老朽建物割合と地盤状況から建物倒壊により道路が閉塞する可能性を評価する．その中で，**4 m 未満道路**については道路が閉塞するとし，**4 ～ 8 m 道路**については沿道の建物の老朽度率が高い場合，閉塞するとして評価する．

（3）防災資源

それぞれの地区において，防災資源を蓄積していく必要がある．歴史的な資源としては，寺社空間や社叢林，河川空間などがある．また，井戸水は，上水が管路の切断などにより機能停止したときなどに，代替的給水施設として機能する．東京都隅田区では，防災用に雨水を溜め，手動ポンプで活用するようにし，路地尊と愛称をつけ，平常時には緑地の水やりなどに用いている．

(4) 総合評価

都市レベルと同様に，これら地区レベルの危険度の評価を組み合わせて総合評価を行う．

10.4 避難計画

避難は前述のように歩行で行うことを原則としており，避難計画は避難路と避難地を整備することを対象としている．

10.4.1 避難路

避難路は，避難地またはそれに類する安全な場所へ通じる道路，緑地または緑道（表6-1参照）とし，幅員は**15 m**（落下物危険帯**1 m × 2**，駐車・放置車両帯**2 m**，消化活動必要幅員**4 m**，避難に要する幅員**7.5 m**）以上とする．ただし，歩行者専用道路などについては**10 m**以上とすることができる．

10.4.2 避難地

(1) 一次避難地

一次避難地は，広域避難地に避難する前の緊急的避難のためのもので，図10-7に示すように，誘致距離**500 m**程度以内とし，広域避難地やほかの避難施設や避難場所とのネットワークに配慮して配置する．また，複数の避難経路が確保できるように避難路は網目状に構成する．また避難地には，避難誘導路，進入口などを設置する．避難地は近隣公園などの都市公園（6.4節参照）とし，近

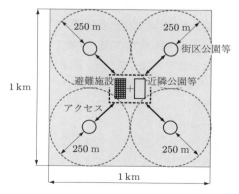

図10-7　一次避難地の配置の概念

隣公園程度（**1 ～ 2 ha**程度）の規模とすることが望ましい．また，隣接して避難所として機能する学校，集会施設などが立地しているとよい．

(2) 広域避難地

広域避難地は，大震災時に周辺地区から避難者を収容し，発生の可能性がある市街地大火から避難者の生命，身体を守るためのものである．約2万人程度を避難人口とし，おおむね**10 ha**以上，一人あたり**2 m²**以上とする．広域避難地は，実際には防災緑地などの都市公園として整備される．図10-8に示すように，平常時は通常の公園として利用され，非常時に防災機能を果たすように計画，設計される．広域避難地における防災上のゾーニングとしては，防火樹林ゾーン，避難広場ゾーン，防災関連施設ゾーン，救援活動対応ゾーン，応急生活対応ゾーンなどから構成される．主な防災関連施設としては，避難広場，耐震性貯水槽，備蓄倉庫，ヘリポートなどがあげられる．耐震性水槽は，飲料用の場合，1人1日**3 L**，3日分が基準である．5000人に対応する場合**45 m³**となり，平面形で**2 m × 15 m**である．開削工法で工事ができるように敷地に余裕がある場所がよい．

避難時の利用形態としては，対策本部がおかれ，被災から3日程度までは避難者を受け入れるほか，救援拠点として消火，物資の配給，医療，情報受発信などの機能を果たす．3日以降は復旧・復興の拠点として機能し，一部仮設住宅などによる応急生活にも対応する．

(3) 津波などからの避難

海岸に近接している地域では，津波からの避難も検討する必要がある．あらかじめ地震による津波浸水地域を想定し，市町村により被災時の高台への避難路の指定が行われる．高台が遠い地域では，津波避難ビルが指定される．津波避難ビルは，国によりガイドラインが示され，耐震基準を満たし，想定浸水深の3倍以上の高さで津波方向に奥行が深い建物とされている．

津波や土砂災害の場合は，人命を守るため一刻も早い避難が必要である．そのため，住民自身が自分達で避難路を地図上で検討し合い避難マップ

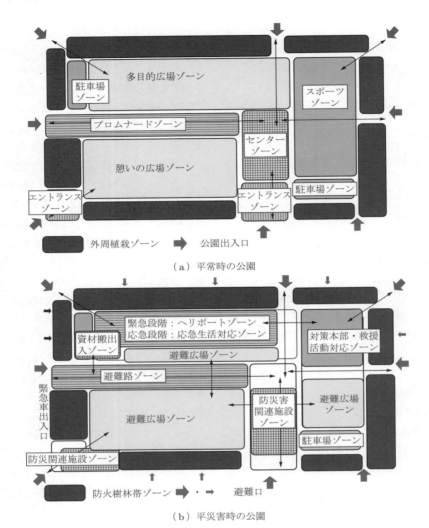

図10-8　広域避難地としての機能を有する都市公園
（[出典] 都市緑化技術開発機構公園緑地防災技術共同研究会：防災公園技術ハンドブック，公害対策技術同友会，2000）

（逃げ地図とも称す）を作成し，ルートの確認や必要な対応を考えておくことが求められる．

10.5　住まいの復旧・復興

　被災時には，まず生命を守ることが第一であるが，そのつぎに，住宅が破損したり焼失したり人のための住まいを確保していくことが重要である．

（1）被災建築物応急危険度判定

　被災建築物応急危険度判定は，地震による被災後，余震や倒壊などによる人命にかかわる二次的

被害を防止するため，早急に行われる．講習を受けた建築士などが応急危険度判定士として二人一組で行い，建物倒壊の危険性，外壁の落下，宅地倒壊などを基準に従って行う．結果は，危険（赤紙），要注意（黄紙），調査済（緑紙）の3段階で行われ，それぞれ建物前面に貼り出す．

（2）応急的な住まい

　被災直後の応急的な居住空間として，小学校などの公共的建物が使われることが多い．ただし，それらは居住用施設として予定されたものではないため，広さやプライバシーの確保に問題がある

ものが多い．そのため，そうした施設について，あらかじめ非常時における緊急的な利用についても配慮しておく必要がある．

（3）応急仮設住宅

応急仮設住宅は，災害時に自ら住宅を確保できない世帯に対して都道府県が国の補助を受けて建設し，被災者に無償で貸与するものである．災害発生から**20日**以内の着工を原則とし，貸与期間は**2年間**とされている．通常は，写真**10-3**のようなプレハブの建物が用いられるが，不足する場合などは，民間賃貸住宅の借上げも認められる．

仮設住宅建設に利用可能な敷地が限られることは多いが，被災前のコミュニティをできるだけ考

写真10-3　応急仮設住宅

慮して被災世帯に仮設住宅を配分することが求められる．また，通勤や通学の利便性や生活に必要な施設の確保にも努める必要がある．さらに，自治会の設立や活動を支援してコミュニティ活動をできるだけ活発にしていくことも大切である．

（4）住宅の復興

恒久的な住まいは，被災者の自力による住宅の確保が中心であるが，必要に応じて災害公営住宅の供給も行われる．まず，市町村による罹災判定が行われ，その判定段階に応じて一定の補助を行う．判定は，全壊，大規模半壊，半壊，準半壊，一部損壊の**5段階**で行われる．なお，この判定は，前述の応急危険度判定とは関係がない．

大規模半壊や半壊または全壊の場合でも，修理可能なものに対しては，災害救助法に基づいて，国の補助が受けられる被災住宅応急修理制度が適用される．ただし，補助を受けた世帯は，仮設住宅に入居できない．

これとは別に，被災者生活再建支援法に基づいて，罹災判定による被災区分に応じて最大**300万円**までの補助が受けられる．これは，住宅自体の再建工事に用いることが可能である．

そのほか，都道府県が復興基金を設けて支援することも多い．そのときに，地域の特性に応じた建築物の外観仕様などの基準を設けることもある．

■ **演習問題** ■

10.1 下記の用語について説明しなさい．なお，複数の用語があげられている場合は，それらの相互関係についても説明しなさい．

（1）防災基本計画，地域防災計画，地区防災計画

（2）延焼危険度，避難危険度

（3）一次避難地，広域避難地

（4）被災建築物応急危険度判定

（5）応急仮設住宅

10.2 わが国における都市災害の具体的事例を取り上げ，それらの災害の性格，対策上の問題や課題について考察しなさい．

10.3 実際に見る都市公園などの防災的機能の整備状況などについて観察，考察しなさい．

第11章

都市の景観設計

都市の景観設計は都市デザインともいわれる．美しい都市を実現するには，多くの民間事業者や市民が参加したりかかわったりする必要がある．また，国，社会，時代により，その内容や方法は異なっている．本章では，都市の景観設計のための基本的考え方，歴史的変遷，具体的な手法などについて説明する．

11.1 景観設計の方法

11.1.1 自然条件の尊重と調和

景観設計は，山河や大地によって形成される地形構造と気候・風土を尊重し，環境保全に配慮する必要がある．そのための方法を既存事例から探るため，自然発生的な集落などを対象にしてデザインサーベイ（**design survey**）を行い，造形や空間的な法則を見出そうとすることがある．また，これに関連して大景観やエコシティという用語が用いられることがある．**大景観**とは，地形や市街地などによって形成された大きな枠組みを指し，大景観の中に中小の景観が組込まれて存在している．この用語は，建築物などが大規模化，高層化し，自然景観などの中で既存の景観的枠組みを逸脱する問題が発生していることから用いられるようになった．エコシティとは，都市においても環境問題への配慮が必要であるため，自然環境や生態学的環境に配慮された都市を意味する造語である．

> **デザインサーベイ**
>
> 歴史的な町並みや集落には特徴的な造形や空間がみられることがある．デザインサーベイとは，それらを対象に現地観察や実測調査を行い，特性や法則性を見出そうとするものである．都市デザインや建築設計の分野で用いられることがある．

11.1.2 都市の造形

もともとは自然発生的に集落などが形成されたと思われるが，農耕社会になり富が蓄積されるに伴い，都市となり，富と権力の集中による階級社会が形成され，それを背景とした計画的な都市形成が行われるようになった．そのときに都市の造形として多く採用されたのは，矩形やグリッドなどの幾何学的造形であり，一定の規則性をもつものであった．また，都市には，建築と一体となった権力の顕示空間などが形成される．パリの大改造（**2.3.1**項参照）はそうした事例の一つである．

11.1.3 交通システムと都市デザイン

都市の主要交通手段によって都市の造形は大きく異なってくる．これまでの都市の主要な交通手段としては，歩行，馬車，船（運河），自動車，市街電車，バス，地下鉄，そのほかの新交通システム（モノレール，**LRT**ほか）などがある．歩行が主要な交通手段の場合，人間の歩行能力に大きく依存しているため，都市の範囲が限定され，街路の幅員も狭いことが多い．結果として，人間的な都市空間が形成される．わが国の都市は，江戸時代まではおおむね歩行が主要な交通手段であった．そのため，一般的にコンパクトで幅員の狭い街路で形成されてきた．写真**11-1**に示す例のように，現在，歴史的市街地として観光地となっているものも，歴史的建築物の存在とともに，そうした人間的な空間が体験できることに魅力がある．

写真11-1　竹原地区重要伝統的建造物群保存地区
（広島県竹原市，1987年選定）

　一方，ヨーロッパの都市では早くから馬車が用いられ，それが都市の主要交通手段であった時代が比較的長い．そのため，幹線街路だけでなく都市内の街路は一般的に歩道が整備され，街路も広いことが多い．市街電車は馬車に比較して輸送量が大きく，大衆的な乗り物であり，街路幅員もより大きなものを必要とした．そのため，市街電車のルートは，都市の主要幹線街路を形成し，いわば各都市の軸線となっている場合が多い．ヨーロッパの中規模の都市では，こうした市街電車のシステムを主要な都市交通手段として維持しているところが多くみられる（5.5.2項（2）参照）．

　自動車が都市の主要交通手段の一つになり，街路が自動車の行動特性に対応してつくられるようになると，それまでの都市の空間構成が大きく変化した．街路は直線的で交通量に合わせて幅員が決定され，交差点は自動車を処理するための機能的空間になった．また，自動車の個人所有が増大するにつれ，移動可能範囲が大きく拡大し，市街地が都市の郊外に広がるようになってきた．

11.1.4　都市のデザインとイメージ

　人々が都市の中で過ごすことにより，その空間的構成や造形性が，そこでの活動や体験を通して蓄積し，大きさや印象などのイメージが形成されていく．それらの中で，人々が共通してもっていると考えられるものとして都市イメージ，原風景などがあげられる．

（1）パブリックイメージ

　ケビン・リンチ（Kevin Lynch, 1918-1984）は，その著書「都市のイメージ」の中でアメリカ合衆国のボストンの事例を参照しながら都市に対する人々のイメージを解読してみせ，それを**パブリックイメージ**，すなわちある都市に抱く人々の共通的心象とした．そして，都市イメージの構成要素としては，パス（道路），エッジ（縁），ノード（結節点），ディストリクト（地区），ランドマーク（目印）があり，それぞれが主要な要素と主要でない要素に分けられるとした．

　パスとは，街路であり空間を繋ぐものでもある．エッジとは，河川や鉄道線路など空間を区切るものであり，イメージの中でも卓越した要素になりやすい．ノードとは，交差点など結節点となるものである．ディストリクトは，一定の均質な市街地の広がりを指し，業務地区，高級住宅地などとしてイメージされる．ランドマークは塔や高層建築など遠くからでも眺められるものである．このような都市イメージは，自動車や地下鉄などによる移動が中心となった都市について考えるとよく理解できる．たとえば，地下鉄により結ばれた地区は，ノードまたはディストリクトとパスでつながったものであり，実際の地図や空間的距離とは異なったものとなる．

（2）パタンランゲージ

　ル・コルビジェ（Le Corbusier, 1887-1965）が「輝ける都市（1930年）」で描いた未来都市は，高層建築群と自動車によるものであったが，そうした都市や開発は，多くの場合，人間らしさ（humanity）が感じられず，人々の暮らしやコミュニティへの配慮に欠けるものであり，歴史的な建築や街並みとは調和しないものであった．

　クリストファー・アレグザンダー（Christopher Alexander, 1936-）はこうしたものに批判的な立場から，「パタンランゲージ」（1977年，邦訳1984年）の中で，人々が心地よいと感じる都市空間や建物にみられるものを253に類型化し，それをパタンとした．単語が連なって文章になるように，それらを組み合わせることによって親しみのもてる生き生きした都市空間や建物が生み出されるとした．

輝ける都市

ル・コルビジェは近代建築の巨匠の1人とされる．当時の新しい建築材料である鉄筋コンクリートを用いて，それまでの石や煉瓦には不可能な新しい建築物を創り出した．わが国には作品として国立西洋美術館（1959年）があり，国の重要文化財（建造物）となっており，世界遺産の一つでもある．

彼は，当時の環境が悪化している過密な都市を批判し，建築家の視点から理想都市を「輝ける都市（La Ville Radieuse，1930年）」として描いた．それは，高層建築と自動車のための街路で構成され，太陽が輝く，明るく近代的な未来都市であった．そうした提案の一部として，高層の大規模集合住宅（ユニテ・ダビダシオン，1952年）がフランスのマルセイユなどに建設され，また，ブラジリアの新都市（11.2.5項参照）の計画に大きな影響を与えた．

このような考え方は，わが国においても建築家の丹下健三や黒川紀章に継承された．しかし，都市づくりに大切な人間性やコミュニティ形成への配慮に欠けるという批判も多く，現在では近代化の過程で都市が大きく変革する中でみられた，一つの考え方として位置づけられている．

たとえば，パタンには「小さな人だまり」「座れる階段」「街路を見下ろすバルコニー」などがあげられる．プランナーなどが参加して，住民参加のワークショップ（p.162参照）を行い，そうしたパタンを住民自身が発見したり気づいたりするようにし，まちづくりを行っていく都市デザインの方法として用いられている．日本においても，真鶴町の「美の条例（1994年）」や川越市の「一番街町づくり規範（1988年）」などを制定するときに用いられた．

（3）原風景

原風景とは，時間の経過とともに都市や地域を

美の条例

真鶴町は神奈川県の西端に位置する，人口約7千人の自然豊かな自治体である．首都圏に位置することから，1980年代から保養所やリゾートマンションの需要が急速に高まる中で，むやみな自然破壊を避け，良好な開発整備を受け入れるため，**自主条例**（13.7節参照）として「美の条例」を1994年に定めた．わが国で初めて美の概念を法制度として取り入れたものである．

内容は，八つの美の基準（場所，格づけ，尺度，調和，材料，装飾，コミュニティ，眺め）をあげ，それらを個別の計画事例に対してていねいに考察することにより設計デザインを進めるよう求めている．たとえば，「場所」については地勢や歴史を分析すること，また，建物が風景を支配してはならないとする．あくまで定性的な方法や協議で進めるところに特徴がある．

構成している建物やそのほかの構成物が変化していく中で，人の記憶に残る風景を指して用いられる．それは，都市や地域でも，個人や集団でも存在する．また，過去への郷愁や感傷的心象，または個人の人生などとのかかわりで用いられることが多い．一般的に，風景は景観に比較してより情緒的，心象的な意味を含めている．

（4）修景

修景とは，景観の計画や設計を検討する際に用いられる用語であり，歴史学などに裏づけられた学識に基づいて歴史的建築物や建造物群による街並みのデザインを行っていくことを意味する．つまり，修景は単なる保存だけでなく，歴史的史実などに基づいてデザインを考証し，現代生活に必要な機能など新しいものも付加していくこともあり得る．

11.2 都市形態のデザイン

11.2.1 古代都市

ローマ帝国の建設に伴い，その支配地にグリッドパターンを基本とするローマの**植民都市**が形成された．それらの多くは，その後の都市の基礎となっている．わが国の古代の首都である平城京，平安京などの都は，中国の都城を規範として形成された．その最後となる**平安京**は，794年に長岡京から遷都された．都市プランは，北を山岳に囲まれ，南方に開けた四神相応の地に開発され，南北方向に北は一条大路から南は九条大路までの**1753丈（約5.2 km）**，東西方向に東京極大路から西京極大路まで**1508丈（約4.5 km）**の正確な長方形となっている．朱雀大路（幅約**83.2 m**）を中心軸とする左右対称形で東寺と西寺を設けるなど，壮麗な都造りが行われた．一辺**40丈（約120 m）**

の街区を基本とし，四行八門に分割した**32区画**を一般人に分け与えた（図**11-1**）．

11.2.2 中世都市

ヨーロッパにおける中世都市には，封建領主や寺院と商工業者が合体したものと，商工業者による自治的都市がみられた．それらは，図**11-2**に示すように，領主の城や寺院を中核とし，その外周に市民や信徒が定住し，その回りに市壁をめぐらした．現在まで都市として連続的に発展したものが多く，中世都市部分は，歴史的建築物などが集積する市街地として存続している．

わが国においても少数ながら類似の都市として，真宗の寺院と門徒を中心とする，自治的都市，寺内町（じないちょう）が形成された．ヨーロッパの中世都市と同じように，都市の回りに土居（どい）（堀とその内側に堀の土などを盛り上げたもの）や濠などを巡らし，自

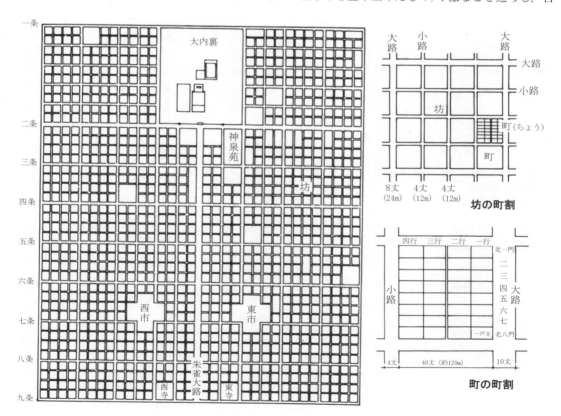

図11-1　平安京の町割
（[出典] 稲葉和也他：建築の絵本・日本人のすまい，彰国社，1983）

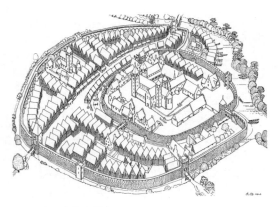

図11-2　中世の都市
（[[出典] K.Gruber : Die Gestalt der deutschen Stadt,
3. Auflage, Verlag Georg D. W. Callwey, 1977）

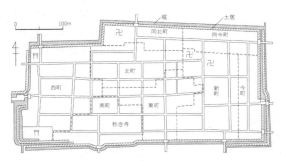

図11-3　今井寺内町
（[[出典] 都市史図集編集委員会編：都市史図集,
彰国社, 1999）

足的な共同体を形成していた．図11-3に，奈良県今井町の寺内町の平面図を示した．長方形の敷地に土居や濠を巡らした，典型的な事例である．なお，今井寺内町は，重要伝統的建造物群保存地区に選定されている．

11.2.3　近世都市

パリは古くから都市として発達し，市壁を幾度も拡大しながら大きくなってきた．中世都市から，今日見るような近代都市としての都市形態への変化は，オスマンによる都市改造に多くを負っている（2.3.1項参照）．このような都市形態は，近代都市の規範として，ヨーロッパをはじめ広くその後の都市づくりのモデルとなってきた．

わが国の代表的な近世都市として城下町があげられる．図11-4の事例に示すように，城下町は軍事的拠点かつ藩主の生活空間である城と，身分制に基づく居住地の配置と建築規制，宅地割りの規制などを特徴としている．武家地と町人地は通常区分されて配置された．その中には，武家地，町人地ともに郭内に配置するタイプと，武家地を郭内，町人地を郭外に配置するタイプなどが存在していた．

11.2.4　近代都市

産業革命以降，都市が工業による生産の場となり，それに起因する新たな都市問題の発生とその対応がみられるようになった．その中で，理想主義者（ユートピアン）による各種の理想都市（図11-5）の提案や慈善的工場主による自給自足的な**工業都市**，ハワードによる田園都市などの提案がなされた（**2.3節**参照）．

11.2.5　現代都市

現代都市とは，本格的な工業化以降，20世紀後半に形成されてきた都市を指す．そこでは，民主主義などの社会的制度を背景とし，自動車の普及を前提とした都市デザインなどが行われるようになった．また，20世紀には，そのような現代都市の一つとして国家的プロジェクトのもとに，いくつかの新首都の計画と建設が行われた．**ブラジリア**，ニューデリー，キャンベラなどである．そのうちブラジリアの敷地はアマゾンの未開発地域に選定され，1957年の設計競技によりブラジルの建築家ルシオ・コスタ（Lucio Costa）の案（図11-6）が当選した．それは中心部が飛行機の形をしたもので，胴体部分の南北約8kmの幹線道路に沿って行政施設，文化，レクリエーション施設を配置し，翼の部分には行政職員のための住宅を配置している．当初計画人口は2000年に50万人であったが，2016年推計で約298万人となった．

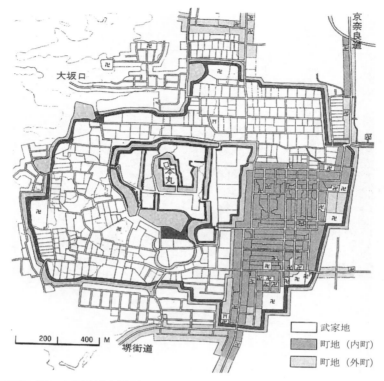

図11-4　城下町プランの事例（大和郡山）
（[出典] 東京大学稲垣研究室：大和郡山城下町における住宅地形成の解析，新住宅普及会住宅建築研究所，1984）

凡例：
　□　武家地
　■　町地（内町）
　▨　町地（外町）

200　400 M

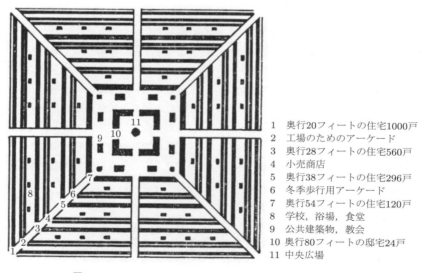

1　奥行20フィートの住宅1000戸
2　工場のためのアーケード
3　奥行28フィートの住宅560戸
4　小売商店
5　奥行38フィートの住宅296戸
6　冬季歩行用アーケード
7　奥行54フィートの住宅120戸
8　学校，浴場，食堂
9　公共建築物，教会
10　奥行80フィートの邸宅24戸
11　中央広場

図11-5　バッキンガムの理想都市
（[出典] A. B. Gallion, S. Eisner：The Urban Pattern, Van Nostrand
Reinhold Company Inc., 1983）

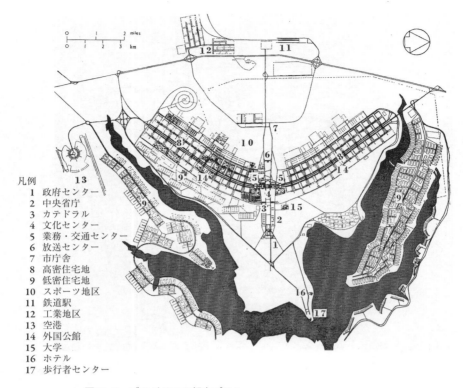

凡例
1　政府センター
2　中央省庁
3　カテドラル
4　文化センター
5　業務・交通センター
6　放送センター
7　市庁舎
8　高密住宅地
9　低密住宅地
10　スポーツ地区
11　鉄道駅
12　工業地区
13　空港
14　外国公館
15　大学
16　ホテル
17　歩行者センター

図11-6　ブラジリアの都市プラン
（[出典] F. Gibberd：Town Design, The Architectural Press, 1970）

11.3 都市デザインの形態的手法

　都市をデザインするときには，そのかたちとしてまず**町割**（町をつくるために街路や宅地区画の分割などを計画すること）を考える．町割のパターンとして古代都市から現代都市まで普遍的に採用されてきたものがグリッドシステムである．

11.3.1　グリッドシステム

　グリッドシステムは，格子（グリッド）状の街路を設け，街路に囲まれた街区を宅地区画に分割するものである．計画的な都市形態に最も多く用いられるパターンである．町割として最も単純，明快であり，形態として均質的な街区と画地などを得やすい．また，工学的な技術としても比較的単純な測量と建設技術があれば可能であり，規模についても拡大・縮小が比較的容易である．さらに，

その多くは東西南北の方位を用いて計画設計をしており，いわゆる方位性（オリエンテーション）が明確であり，わかりやすいパターンといえる．事例として，古代都市として前出のローマ植民都市の町割，わが国の多くの城下町，北米の新都市や北海道の開拓都市などでみられる．また，現在でも，わが国の土地区画整理事業の基本設計パターンとして広く採用されている．しかし，街路パターンとしては単調で同格の街路が多く，交差点も多くなる．より人間的で魅力的な都市デザインをめざす場合にはさまざまな工夫が必要である．

11.3.2　街区のパターン

　街路で囲まれた最小単位が街区であり，街区の形態や構成が都市デザインを特徴づける．わが国の土地区画整理事業の街区は，単純に背割線などを入れたものによって画地に分割しているが

（7.5.9項参照），そのほかの街区のパターンとしては，街区の中心部に，コモンスペースなどの共通的空間を内包したパターンがある．

　また，ヨーロッパの伝統的街区は，写真11-2に示すように，街路と建築物が一体となり，建築の壁面線が街路と連続的に接する囲み（閉鎖）型街区が一般的である．近代になり，都市デザイン的変化をもたらす工夫として一部に開放型も導入された．しかし，都市の中心部では，伝統的な閉鎖型が現在でも一般的に採用されている場合が多い．

写真11-2　ヨーロッパの囲み型街区例
（ドイツ・ベルリン）

　わが国における閉鎖型街区の開発例は少ないが，千葉市幕張ベイタウンなどに事例がみられる．

11.4 都市デザインの基本理念

11.4.1　公（パブリック）と私（プライベート）

　わが国の都市や街並みは，西洋のものに比較して無秩序であり，あまり計画性が感じられないといわれている．それは，都市の構成物の多くが木造建築物など変化の頻繁な「私」によるものによって構成されており，それらが都市の街並みを構成するようにコントロールされていないことに起因している．また，**建築の自由**が広範囲に認められ，街並みを構成するルールが必ずしも確立されていないこともある．本来，建築物の外観やそれらの集積によって構成される街並みは，建築物自身は私的なものであっても，公的（パブリック）な性格をもち，歴史，周辺環境，街並みなどの公共

的な観点からの制約があり得る．とくに，住宅の前庭空間や建築物の外観など，公と私の中間的領域についてはその必要性が高い．これらの点で欧米諸国は文化，風土とともに発達させてきた社会的システムをもっており，わが国が学ぶべきことは多い（**2.3.5**項「郊外住宅での暮らし」参照）．

11.4.2　スケール

　都市を構成する建築物は，もともとは人力によって構築されたため，ヒューマンスケール（人体の大きさや歩行能力にあった大きさなどから，人になじみやすいことを意味する）の建築物や街並みになっていた．しかし，構築技術に機械力が導入され，都市の交通手段として自動車が主要になると，それらは高層建築や自動車専用道路などにみられるようにヒューマンスケールをはるかに超えたものになってきている．その結果，都市空間は非人間的な空間になっている場合が多い．人が活動したり安らいだりして一定の時間を過ごす空間は，ヒューマンスケールによる計画デザインを基本としなければならない．

11.4.3　夜間照明

　商店街などのにぎわいを演出し，集客のために街路樹に豆電球などをつけ，イルミネーションとして飾ることが多く行われてきている．また，記念的建築物の夜景演出のためのライトアップも行われている．ライトアップには，生態系への影響やエネルギー浪費などの観点から反対も多い．そのためライトアップについては場所，施設，照射時間などを適切に選定し，にぎやかさの創出，公共空間の明るさ確保による防犯性の向上などとのバランスに配慮する必要がある．過度の照明は避け，街路樹の保全などを十分考慮する必要がある．必ずしも明るいことがよいわけではなく，空間の性状や目的に応じて計画，デザインしていく必要がある．暗さが大切な場合もあり，落ち着いた照明が適切な場合も多い．

11.5 道路・街路の機能とデザイン

　道路・街路は多様な機能や役割をもっており，それらを考慮した計画・設計・デザインを行う必要がある．また，交通機能を考慮した場合でも，自動車のドライバーや同乗者などから眺める景観を考慮しなければならないし，歩行者の視点や感性も考慮する必要がある．

11.5.1　空間的形状

　平面的線形としては，直線，曲線，屈曲などがある．直線は，最も単純で見通しがよいことから，比較的大きな街路などで多く用いられている．しかし，意図的に曲線を用いることがある．

　図11-7に示すように，直線的街路は見通しがよく開放的でもあるが，視野に占める沿道建築物の割合が少ない．一方，曲線にすると，閉鎖的（closed）な空間となるものの沿道建築物の壁面が見やすくなる．また，移動に伴ってそれらが変化していくため，視線誘導効果があり，歩いていても飽きが少ない景観を演出できる．住宅地内の街路など比較的小さい街路に用いられることが多いが，J.ナッシュ（John Nash）の設計によるロンドンのリージェントストリート（Regent Street，1811 〜 1833，写真11-3）など大きな街路の設計・デザインに用いられる場合もある．

　直線的な街路の最も有名なものはパリのシャンゼリゼ通りである．今日でもパリの都市軸を形成し，沿道建築物と一体となった壮麗な街路景観を見せている（2.3.1項参照）．そのほかの形態としては，クランク状に屈曲させた街路がある．わが

写真11-3　曲線による沿道建築物の見え方
（ロンドン，リージェントストリート）

国の城下町などでは桝形（ますがた）などとよばれ，戦いに備えて敵の見通しを防ぐなどの防衛的役割を考えて造られたものである．

11.5.2　坂・階段

　道路で結ばれる地点間に標高差がある場合，スロープまたは階段によってそれを解消する．交通工学では，自動車を対象にその縦断勾配を設計する．坂や階段の上り下りにつれて人の視点，視野や視界が大きく変化する．とくに上る場合には，視点が上がり視野が開けるため，遠くまで見えるようになり，天空の占める割合（天空率）が大きく

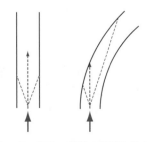

図11-7　道路・街路の線形と見え方

天空率

　太陽による光は，大気の蒸気や塵によって拡散させられ，空全体を明るくさせる．それを天空光と称する．天空率とは，ある地表面の一点から見える天空光の割合を比率で表したものであり，遮るものがなく半球全体が見える状態を100%とする．昼間における自然の明るさは，天空光の割合である天空率で表す．建築物の場合，屋内における明るさは天空光から確保することをまず原則とし，それを自然採光と称する．同様にして，道路空間など屋外の明るさも天空率を用いて表し，環境指標の一つとして用いる．

なり，明るく開放的になる．そのため，上る息苦しさもかかわって，劇的な空間演出を行うことができる．神社の階段などはこのような効果をもつ．

11.5.3 D/H

ヨーロッパの都市づくりでは街路と沿道建築物を一体的に形成し，それによって街並みを整え，都市美を演出することが行われてきた．そのような中で街路幅員(depth)と沿道建築物の高さ(height)の比であるD/H（ディ・バー・エイチ）を考える必要がある．

人間の視野は上下方向に約60度あるが，通常眺めるのは約45度といわれている（図11-8）．

D/Hが0.25程度以下の場合，視野全体が建物の壁面になり強い圧迫感を感じる．ヨーロッパの都市では，城壁に囲まれ高密度でつくられた中世の街並みでこのような事例が多くみられる．D/Hが大きくなるにつれて天空が開けて明るくなり，図11-8のように街路幅員と建物高さがほぼ等しくなると，おおむね建物全体を眺めることができ，

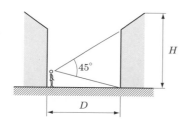

図11-8　D/Hが約1.0の場合

写真11-4　D/Hが1程度の街並み
（ドイツ，リューベック）

天空率も大きく明るくなり，**囲まれ感**はまだ感じられるがやや弱くなる．

ヨーロッパの近世につくられた街並みは，D/Hがほぼ1前後となっている場合が多い（写真11-4）．なお，わが国においては，1968年までは建築物の高さが最高で31 m以下に制限され，都市計画により形成されてきた街路幅員は20 mから30 m程度あるため，D/Hはほぼ0.7から1.0程度となっている．それが戦後形成されてきたわが国における中心市街地のプロポーションの典型となっている．$D/H=2$など，街路が建物高さに比較してかなり広くなると，天空率も大きく明るい．そのため，囲まれ感はかなり弱くなる．さらに，D/Hが3以上になると囲まれ感は相当程度弱くなる．最も多く実際に見られるのはD/Hがほぼ1から3程度である．この程度のプロポーションの場合には，ほどよい囲まれ感を感じることができ，また，街路と建物が一体となった街並みを形成するのによい．なお，D/Hと同じような考え方で，街路の幅員と奥行き(length)の比(D/L)を考えることもある．

11.5.4　アイストップ

街路の交差点が**T**字状になっている場合，街路の突きあたりに位置するものを**アイストップ**とよぶ（図11-9）．アイストップは直線的な街路で視線誘導された先に位置するもので，よく目立つことから特別の配慮がなされることが多い．たとえば，教会や凱旋門などを配置したりする場合がある．写真11-5は，教会をアイストップの位置に配しているドイツの事例であるが，わが国においてもアイストップの位置に社寺などを配している

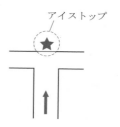

図11-9　アイストップをもつ街路

写真11-5　アイストップを教会とする事例
（ドイツ，ポツダム）

場合が見られる．

11.6 歩行空間の各種装置

　街路には，歩行者の利便性を図るためにさまざまな装置が設けられる．最も多いのは，夏季に日射が強い地域において，それを防いだり和らげたりする覆いを設けるものである．ヨーロッパでは，もともと南ヨーロッパの教会建築などで発達した中庭の回りに設けられるコロネード（柱廊）が歩道上に設けられる場合がある．イタリア北部の歴史的都市であるボローニャの中心部に見られる**ポルティコ**は，主要街路に張り巡らされるなど質量ともに特筆されるものである（写真**11-6**）．また，ポルティコの上部に建物を設けるものが多い．台湾の亭仔脚も同じものである．

写真11-6　ボローニャの街並み（ポルティコ）

　一方，わが国では，日本海側の多雪地域における市街地の一部に，冬季の歩行空間確保を目的とした**雁木**がみられる．もともとは町家の庇が拡大したものである．アーケードは比較的新しく整備されてきたものであり，商店街などで降雨時における買物客の利便のために整備された．しかし，**アーケード**は視界が制限されて街並みがほとんど見えず，気候風土を肌で感じ難いことなどから，個性的な商店街やまちづくりの一環として，アーケードを高くしたり，一部を吹き抜けとしたり，全面的に取りはずしたりする事例も増えている．

11.7 広　場

　ヨーロッパにおいては，ギリシャ・ローマの時代から市民社会が存在し，都市の広場は市民生活の重要な場となってきた．広場は市民の憩いの場であり，政治的集会や語らいの場，また，祭事空間としても機能し，有事においては戦いの準備の場ともなった．多くは，都市の中心に位置して都市のコア的空間を形成し，シンボルにもなってきた．

11.7.1　アゴラ，フォーラム
　アゴラは，ギリシャに発展した人口3～4万人のポリス（都市国家）の中心的空間を形成したものであり，紀元前5世紀以降にみられる．そこは，市民社会の政治的中心であり，市場的機能も有していた．アゴラの周辺に列柱廊を配したストア，会堂，神殿，祭壇，霊廟などが配置されていた（図**11-10**）．同様に，**フォーラム**は古代ローマの都市広場であり，政治的，軍事的，商業的な中心の場であった．周囲に，神殿，バシリカなどが配置されていた（図**11-11**）．バシリカ（**basilica**）とは，裁判や商取引など多目的に用いられた長方形平面をもつ建物を意味している．

11.7.2　中世都市の広場
　中世の都市広場は，もともとは市場の役割を果たしていた経緯から，城門の近くや都市の中心に

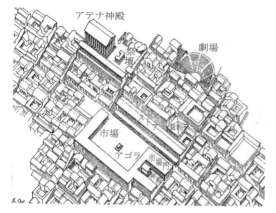

図11-10 ギリシャの都市プリエネのアゴラ
（［出典］K. Gruber : Die Gestalt der deutschen Stadt, 3. Auflage, Verlag Georg D. W. Callwey, 1977）

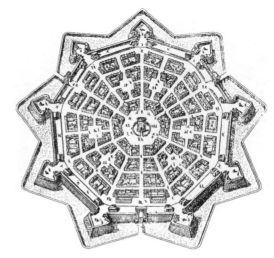

図11-12 パルマ・ノーヴァのプラン
（［出典］Cliff Moughtin : Urban Design, Butterworth Architecture An imprint of Butterworth-Heinemann Ltd., 1992）

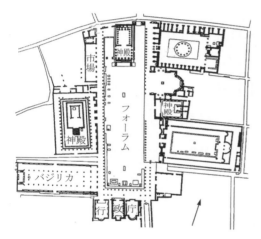

図11-11 ポンペイのフォーラム
（［出典］S. Cassani ed. : Pompeii, Electa Napoli, 1998）

位置するものが多い．北イタリアの都市シエナのカンポ広場のように，平面形態が不定型のものが多い．カンポ広場は，古くから騎馬などによる壮大な祭りが行われることで有名である．

11.7.3 ルネッサンス広場

ルネッサンス期にはさまざまなものが芸術の対象となり，都市についても理想的な形態が追究され，方形や正多角形などの均整のとれた平面形態が用いられた．また，広場の周辺建築物についても統一的デザインがなされた．このような幾何学

的な理想都市のあり方についてはアルベルティ，フィラレーテ，ダ・ヴィンチらの影響がある．パルマ・ノーヴァにそうした典型的事例をみることができる（図11-12）．

11.7.4 バロック広場

バロック時代には絶対君主制のもとで都市広場がつくられた．主要街路による都市の軸線が設定され，歩行移動による空間認識への演出がなされた．広場についても周辺建築物の統一的デザインや，列柱，記念碑建築物，モニュメントなどによる空間構成がなされた．イタリアのサン・ピエトロ寺院の広場はバロック広場の典型例であり，ヨーロッパの中でも最も壮大なスケールを誇っている（写真11-7）．広場の焦点にオベリスクや噴水を配し，周りにコロネードをもっている．

11.7.5 空間構成

広場はまず空間的まとまりをつくることが重視され，大きさや各種のプロポーションがデザインされる．平面は一般的に矩形であり，正方形より長方形が多い．また，広場への街路は空間的まとまりを形成するため通り抜けしないタイプのもの

写真11-7　バチカン宮殿から見たサン・ピエトロ広場

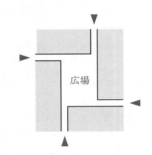

図11-13　広場の街路の取り付け方

が多い（図**11-13**）.

　周囲の建築物の高さも囲まれ感を感じるため重要である．**11.5.3**項でも述べたように，まわりの建物高さにより囲まれ感が異なってくる．また，建築物の外観は広場の格や雰囲気の演出に決定的な影響を与える．ヨーロッパの広場では，市役所や貴族，富裕な市民層の館がみられる場合が多い．そのほか，空間を演出するための彫刻，噴水，オベリスクなどのデザインや舗装のデザインも大切である．

11.7.6　日本の都市広場

　日本の歴史には，一部を除いてヨーロッパにみられるような市民社会が形成されてこなかったため，ヨーロッパのような広場は基本的には存在しない．日本で歴史的にみられたものは，橋詰の広場であったり，金沢の広見のような城下町における小空間であったりする．なお，このような小空間は，密集市街地の多機能空間として使われ，軍事的機能や祭り空間などとしての役割も果たした．

11.8　ストリートファニチュア

　ストリートファニチュア（**street furniture**）とは，街路上のベンチなどを屋内の家具と同様に位置づけて，設計・デザインするものである．一般の家具は，生活用品としての機能を充足するだけではなく，それ自体の美しさ，それが置かれる部屋，使い手の嗜好に合わせて工夫してデザインされる．そして，長年使われることにより，愛着や思い出が生まれ，物的環境を構成する重要な部分となる．同様に，街路上に配置されるベンチ，電話ボックス，街灯，各種サイン（案内板，交通標識，屋外広告物）なども，それぞれが機能をもっていると同時に街路空間を構成する．そのため，家具のようにデザインすることが必要とされるのである．

11.9　都市空間における防犯デザイン

　都市の特性は，多くの人々が生活しているにもかかわらず，人々の匿名性にある．そのため，街路や公園などの公共空間で犯罪が発生する危険性がある．全国での犯罪発生件数では，道路上が**23万3000件**（**18%**）と最も多く，ついで一般木造住宅内の**20万8000件**（**16%**）である．このような犯罪は**死角**となる空間で発生しやすい．そのため，防犯には死角を少なくし，かつ，人々が関心をもたない空間を少なくすることが大切である．このようなことを，人の意識における**領域性**や監視性で説明できる（図**11-14**）．写真**11-8**は，そのような防犯性を考慮して計画された歩行者専用道である．

　自動車社会になり，自動車のための道路が整備されるにつれ，高速道路，高架道路，幹線道路などの新しいタイプの市街地空間が生まれてきている．それらは人の往来が少なく，監視性の低い空間であり，しかも，高架橋下など道路のための大規模な構造物により死角となる空間が多い．また，

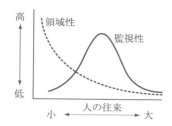

図11-14 人の往来と領域性・監視性

写真11-8 防犯性を考慮した歩行者専用道(多摩ニュータウン南大沢地区,ベランダが向いている)

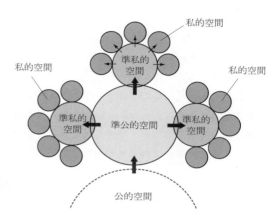

図11-15 公的空間と私的空間の関係性

建築物も大規模化,高層化し,同様の問題が生じてきている.中高層住宅の死角となるような空間,とくに高層建築のエレベーターは,不特定多数が利用するものであり,場合によっては密室化するため,危険性が高くなる.同様に,新しいタイプの都市空間ともいえる地下道や地下街についても同様のことがいえる.公園についても,利用が少ないものや,夜間や早朝などは,同様の問題が発生している.

幹線道路などの公的(パブリック)空間は,その性格から一般的に領域性が低く,特定の人々が関心をもったり,不審者を監視したりすることが少ない.一方,住宅や建築物の屋内など私的(プライベート)空間は,領域性が高く,見知らぬ人の侵入は通常いつも警戒され監視される.そのため,都市空間の計画に際しては,図11-15に示すように,公的空間と私的空間の間に準公的空間や準私的空間を介在させ,それらの空間を段階的に移動するようにすると,人々にとって安心しやすいだけでなく,犯罪者が入り込みにくいなど防犯性も

高くなる.準公的空間は,たとえば建築物の前面道路などであり,準私的空間は敷地内通路などである.

11.10 バリアフリーデザイン

基本的人権は,わが国の憲法でも保障されている最も重要な権利である.人間が生まれながらにして有している権利であり,人種,信条,身分などによって政治上,経済上,社会上の差別を受けないことなどを保障する.しかし,現実には,さまざまな障害をもつ人々は,社会環境を十分に利用できず,基本的人権の享受を妨げられている.このような状況を改善,克服していく必要がある.

障害をもっていてももっていなくても,高齢者も子供も大人も,病気や怪我により一時的な障害をもつ人も,妊婦なども,ともに同じ生活空間を共有,交流しながら人間らしく生活することができる,ノーマライゼーションの理念の実現が必要である.そのため,バリア(障壁)をなくするためのバリアフリーデザインが必要になる.

バリアフリーは,障害をもつ人々の能力的制約を知り,それによる問題を解決することを目標とする.また,ノーマライゼーションの理念からも,多様な人々が同じ生活空間を共有することも考慮する必要がある.たとえば,エスカレーターは,階段を昇ることが困難な高齢者などにはよいが,

車いす使用者にはバリアでしかない．一方，エレベーターは，階段を昇ることが困難な人も，車いす使用者もともに利用できる．そのため，バリアフリーの考え方からは，第一義的には，エレベーターの設置を考える必要がある．なお，車いすのために改良されたエスカレーターがあるが，その操作は施設管理者に依存しなければならない場合が多く，かつ，車いす使用者が利用している間は，

ほかの利用者は利用できない．このような対応は，必ずしも優れたバリアフリーとはいえない．

また，**ユニバーサルデザイン**として，一つの障害だけでなくさまざまな障害の克服に機能する普遍的なデザインをめざす考え方もある．

さらに，豊かでうるおいのある生活空間を共有できるようにすることも大切である．単に，バリアがなくなればよいわけではなく，障害をもつ人々の遊び方，くつろぎ方，楽しみ方などを知り，これを生活環境として提供していくとともに，すべての人々にとって豊かでうるおいのある生活空間を整備していかなければならない．

ノーマライゼーション

　これまでの福祉政策は，障害をもつ人々に対して，特定の福祉施設に収容する施策を行ってきた．しかし，いずれの人も能力を生かしながら，家族や友人達とともに普通（ノーマル）に暮らす権利がある．それがノーマライゼーション（普通化）の理念である．わが国でも高齢社会が進む中で，福祉施策もこの理念を基本とし，在宅福祉などを進めつつある．障害をもつ人々は，バリアの存在により，ノーマルに暮らす権利が妨げられているため，生活環境のバリアフリーが必要である．

ユニバーサルデザイン

　特定のバリアに対応するだけでなく，多様な人々が生活空間を共有するため，文化・言語などを含むさまざまなバリアや障害をもつ人々にとって使いやすいデザインを目標とする考え方である．シャンプーの容器についている凹凸は，コンディショナーと区別するためのものであり，その一例である．ただし，都市の空間や施設は複雑であり，ユニバーサルデザインを実現するのは簡単ではない．そのため，実際には，特定の障害などを対象とした，バリアフリーデザインをていねいに追究しながら，そのほかの障害からの使用性の検証を行ったり，できるだけ多くの人々にとっての利用しやすさを同時に検討したりするように努めていく必要がある．

11.11 景観，バリアフリー関連制度

11.11.1　景観関連制度

　景観については，都市計画制度の中では限定的にしか取り扱われなかったため，**1970**年代以降，多くの都道府県や市町村が**自主条例**を制定して取り組んだ．しかし，法律の根拠がない自主条例であるため，強い罰則規定が設けられず，規制力が弱いことが問題であった．

　そうした社会的背景のもと，**2004**年に景観法が制定された．図**11-16**に示すように，同法に基

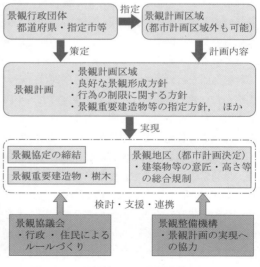

図11-16　景観法による景観形成の仕組み

づいて，都道府県や指定都市などが**景観行政団体**となり，各行政区域内に**景観計画区域**を定め，そこを対象として**景観計画**を策定する．都市計画区域外を含む行政区域全域を景観形成区域としている自治体も多い．

景観計画に基づいて，図のように，**景観地区**を指定したり，**景観重要建造物や景観重要樹木**を指定したりできる．また，必要に応じて，土地所有者などと**景観協定**を締結したり，景観形成活動を行っている団体を**景観整備機構**に指定したりすることもできる．

11.11.2 バリアフリー関連制度

バリアフリーについては，建築物について「高齢者・障害者等が円滑に利用できる特定建築物の建築の促進に関する法律(通称ハートビル法)」が

1994年に，交通施設について「高齢者，身体障害者等の公共交通機関を利用した移動の円滑化の促進に関する法律(通称交通バリアフリー法)」が2000年に制定され，それらを統合した「高齢者，障害者等の移動等の円滑化の促進に関する法律(通称**バリアフリー法**)」が2000年に制定されて運用されている．

同法に基づいて，不特定多数が利用する公共的建築物(**特定建築物**)や利用者が多い交通施設については，新築や改築のときにバリアフリー基準を満たすよう努力義務を課し，そのうちデパートや病院などの**特別特定建築物**には義務づけている．また，利用者の多い駅や都市中心部などを市町村が**重点整備地区**に指定し，駅や歩道などの交通施設と公共的建築物を含めて面的にバリアフリーにすることに努めている．

■ 演習問題

11.1 下記の用語について説明しなさい．なお，複数の用語があげられている場合は，それらの相互関係についても説明しなさい．

(1) パブリックイメージ

(2) パタンランゲージ

(3) 囲み(閉鎖)型街区，開放型街区

(4) **D/H**

(5) アイストップ

(6) ストリートファニチュア

(7) 景観形成区域，景観計画，景観地区

11.2 各自の出身地などの都市やまちを取り上げ，都市デザイン的な視点から，その特徴について考察しなさい．その中で，景観的構造の概念図を描きなさい．その際，ケビン・リンチのパブリックイメージなどの考え方を参考にしてもよい．

11.3 歴史的街路や社寺のアプローチ路など伝統的なものを取り上げ，そこで用いられているデザイン的手法や考え方について考察しなさい．

11.4 バリアフリーデザインの理念や進め方について説明しなさい．

第**12**章

欧米諸国の計画制度

　わが国の都市計画は，明治維新以降の近代化の中でほかの諸分野と同様に欧米の先進諸国にその範を求め，必要に応じて都市計画制度として導入を図ってきた．本章では，そうした諸国のうちイギリス，ドイツ，フランス，アメリカ合衆国における都市計画の概要を紹介する．

　欧米諸国の計画制度は，大きくヨーロッパ型とアメリカ型に分けられる．ヨーロッパ型は公共主導で民間開発をコントロールしながら都市整備などを進め，アメリカ型は民間主導で各種の都市開発などを進めることを特徴としている．

　さらに，ヨーロッパ型はイギリス系とドイツ・フランス系とに分けられる．イギリス系は土地利用計画などを定めるが，実際の開発は事例ごとに開発者側と公共側が協議を行いながらその可否などを決定していく，比較的自由度が高いシステムである．ドイツ・フランス系では，あらかじめ計画内容を比較的詳細に決定することを原則としている．

12.1 イギリスの計画制度

　イギリスの地方行政は，表**12-1**に示すように，わが国の都道府県に相当するカウンティと市町村に相当するディストリクトの二層制，および，カウンティと同格でロンドンを含む主要都市による一層制で行われている．都市計画の基本法は都市農村計画法（**Town and Country Planning Act**）であり，国レベルの主管省は環境省（**Department of Environment，DOE**）であったが，2002年より副首相府（**Office of Deputy Prime Minister，ODPM**），

2006年よりコミュニティ・地方自治省（**Department of Community and Local Government，DCLG**）となった．同省は住宅政策，計画行政，自治体行政など広範な政策を所管している．地方レベルでは，地方計画当局（**local planning authority**）が地方政府（自治体）の機能の一つとして都市計画を担当している．

　イギリスの都市計画制度の根幹を担っているのは，都市基本計画である**開発計画**（**Development Plan**）である．開発計画とは，図面と記述書からなる一組の計画書であり，それが地方計画当局に

表12-1　イギリスの自治体と計画タイプ

計画の種類	二層制の自治体		一層制の自治体
	カウンティ(26)	ディストリクト(192)	大都市圏ディストリクト(36)，ロンドン区(33)，ユニタリー(121)
開発計画タイプ	ストラクチュアプラン 原則15年展望 土地利用，住宅 交通，雇用ほか	ローカルプラン 10年展望 開発許可の指針	一元的開発計画 10年展望 総合政策 開発許可の指針
そのほかの計画	鉱業計画 廃棄物計画		鉱業計画 廃棄物計画

注）1. 数値は2019年現在，ユニタリーは自治体改革で創出された一元的自治体．
　　2. 大ロンドン庁（Greater London Authority）が2000年7月に設置されたが，二層制とはいえない．
　　3. 自治体数は（一財）自治体国際化協会資料より．

よって定められる法定都市計画となる．ただし，開発計画は土地の開発や取得を直接規制するものでない．その内容は，将来の土地利用を導く政策を表現するものとされている．計画される土地利用のカテゴリーは，住宅地，工業地，商業地，業務地，道路，公共建築物，公園，オープンスペースなどであり，さらに，総合的再開発（**アクションエリア**）を行う地区，市街地を囲む緑地帯（**グリーンベルト**，2.3.7項参照）なども計画される．

計画制度としての特色としては，①基礎となる調査を重視している，②一段階または二段階の計画策定が義務づけられていることである．一段階の計画（unitary development plan，一元的開発計画）は，大都市圏ディストリクトなど主として地方行政が一層制の場合，二段階計画は二層制（カウンティとディストリクト）の場合で，**ストラクチュアプラン**（カウンティが作成する上位計画），**ローカルプラン**（ディストリクトが作成する下位計画）で構成される．以下では，ストラクチュアプランとローカルプランについて説明するが，一元的開発計画は両者の性格をもっている．

12.1.1　ストラクチュアプラン

表**12-1**に示したように，**ストラクチュアプラン**（structure plan）はカウンティ（都道府県に相当）により原則**15年**を展望して策定されるものであり，大臣の承認が必要である．計画内容は文書により表現され，必要に応じて図面が付される．内容としては，将来の地域全体についての開発の戦略を示すものである．地域全体の将来の土地利用，交通，環境の改善などの政策と提案，開発事業区域（action area）の明示などの内容を主とする．また，計画策定にあたっては，計画に関連した情報の公開と住民などの計画への参加の徹底が図られている．

ストラクチュアプランを策定するに際しての，一般的な住民参加は，6週間の縦覧（**13.6.7**項（2）参照）を行い，その後，必要な改定を行い，地方議会の承認を得るように進められる．

12.1.2　ローカルプラン

ローカルプラン（local plan）は，表**12-1**に示したように，上位計画であるストラクチュアプランに準拠して，10年を展望して策定され，開発許可を検討するための指針となる．ローカルプランの内容としては，開発事業区域（アクションエリア，action area）を含む各種の提案を盛り込んだより詳細な計画であり，通常はディストリクト（市町村に相当）によって策定され，計画書と図面よりなる．内容としては，①地区計画（district plan），②開発事業計画（action area plan），③部門計画（subject plan）がある．地方計画当局によって計画され，環境省大臣の承認は不要である．ローカルプランの策定手続きは，基本的には，ストラクチュアプランと同様である．

12.1.3　計画許可

すべての開発行為は事前に地方計画当局より**計画許可**（planning permission）を得る必要がある．開発行為とは，地上および地下にわたる建設，造成，採掘などの行為を指し，土地や建築物の用途変更など広範なものを含んでいる．計画許可を検討する際に考慮する点は，開発計画との適合性，道路安全，周囲の景観，上下水道など公共施設に与える影響である．ただし，申請者の便宜を図り審査を迅速にするため，表**12-2**に示す土地利用が類似しているカテゴリー（use class）が定められており，同一カテゴリー間の土地利用の変更については計画許可を不要であるとしている．

計画許可の申請に対する検討結果は，「許可」「不許可」「条件付許可」として決定される．このうち，「不許可」と「条件付許可」については，不服の場合，大臣に**提訴**（アピール，appeal）が可能である．申請案件は近隣住民などに通知され，異議申立を考慮して判断される．また，計画許可は受付から**8週間**以内に決定しなければならないが，実際には遅れることが多く，**80%**を期間内に処理することを目標としている．

写真**12-1**はイギリスでよくみられる商店街の街並み例である．建物や屋外広告物がきめ細かく

表12-2　土地利用のカテゴリー分類

カテゴリー		土地利用の用途
A	A1 商店	商店，郵便局，旅行社，理容・美容院，葬儀社，クリーニング店
	A2 金融・専門的サービス	銀行，住宅金融会社，賭店，そのほかの金融・専門的サービスの会社
	A3 飲食店	パブ，レストラン，喫茶店，ファストフード店
B	B1 業務	一般業務，研究開発業務，住居系に許容可能な軽工業
	B2 一般工業	
	B3-7 特殊工業	詳細は法令参照
	B8 配送施設(屋外保管を含む)	
C	C1 ホテル	ホテル，寮・宿泊所(特別のケアをしないもの)
	C2 居住施設	ケアハウス，入院施設をもつ病院・介護施設，全寮制学校，宿泊タイプの教育施設
	C3 住居	一般住居，6人以下の単身者が共同で暮らす住居，ケア付住居
D	D1 非住居施設	入院施設をもたない病院・介護施設，ディセンター，学校，美術館，博物館，図書館，ホール，教会
	D2 集会・レジャー	映画館，コンサートホール，ビンゴ・ダンス・ホール，カジノ，スイミング施設，スケート場，体育館(自動車や火器を使用するものを除く)

(The Town and Country Planning (Use Classes) Order 1987，より作成)

写真12-1　イギリスの近隣商店街の街並み例
（ウィンザー）

規制・誘導されている．たとえば，用途について1階は商店で2階は住居，屋外広告物について，自家広告のみ1階壁面に許可される．

12.2　ドイツの計画制度

　ドイツは16州から構成される連邦制国家であり，そのうち首都ベルリンと二つの都市ブレーメン，ハンブルクは都市州として州と同格である．各州に首相がおり，広域計画の権限をもっている．建設法典により計画の基本的事項が定められてお

り，法的手続きに関する立法権限は連邦に属している．また，計画の内容とその執行は市町村（Gemeinde）の固有の権限とされている．

　計画制度については，建設誘導計画（Bauleitplan）が都市計画に相当し，市町村が定める．内容は，上位計画として，広域計画のもとで定められるFプラン（土地利用計画）と下位計画としてのBプラン（地区詳細計画）の二段階から構成される．Fプランが都市基本計画に相当する．表12-3に両計画の特徴を比較して示す．ドイツの場合は計画図のほうに重きがおかれている．なお，わが国においても市町村にあたる基本構想や，総合計画に相当する都市発展計画（Städtebauliche Entwicklungsplan）があるが，法的拘束力はもたない．

12.2.1　Fプラン（土地利用計画）

　Fプラン（Flächennungsplan）は，市町村全域を対象としている．内容は，土地利用，都市施設の計画であり，Bプラン（地区詳細計画）のための準備的性格をもっている．原則として1/5 000 ～ 1/10 000の実際的地図スケールの図面で示す．地図が法的文書として正式なものであり，文書は参考的なものである．土地の用途を計画図として示し，都市基本計画としての役割をもっている．土

表12-3　ドイツのFプランとBプランの比較

	Fプラン	Bプラン
計画主体	市町村が作成し，議会の議決を要する．上級官庁による策定手続きと内容の合法性の審査がある	同左．原則としてFプランを前提とし，Fプランから展開した場合，上級官庁の認可不要
対象地域	市町村の全域を対象	特定の地区ごとに必要に応じて作成する
目標時点	一般には約15年後，幅をもたせて15〜20年後とされる	おおむね5年間で実現可能な計画．地区の大きさや計画内容もこれに応じて決められる
拘束の対象	Fプラン策定に参加した行政部門や関連諸機関を拘束する	市民に対する法的拘束力を有する条例
計画の性格	都市のフィジカルな目標像を示す都市基本計画というべきもの．できる限りの柔軟性が必要	・土地の建築的利用を詳細に規定する ・土地利用計画を実現する中核的な役割を果たす ・ほかの措置を併用して開発の規制や誘導を行う
計画の内容	・土地利用の用途種別(用途区域) ・建築的利用率(容積率などは)示さない例が多い ・施設(公共的建造物，供給処理施設) ・再開発地区 ・主要な交通用地など(既定の交通計画などがあれば原則としてそれに従う)	・建築的土地利用区分(用途地区) ・建築的利用率(建ぺい率，容積率，階数など) ・建物の配置と建築指定線，建築限界線 ・建築形式(囲み型，開放型) ・施設用地の指定 ・敷地内駐車場の指定など
計画の表現	・計画図と理由書 ・図面スケール1/5 000〜1/10 000程度	・計画図と理由書 ・説明書には計画実現のための各種措置を記す ・図面スケール1/500〜1/1 000

([出典] 日本建築センター編：西ドイツの都市計画制度と運用，日本建築センター，1987)に一部追記

地利用は，都市的土地利用だけでなく，市町村全域を対象としていることもあり，農地，山林，湖沼など非都市的土地利用も対象とし，建築対象地，公共建築，主要交通施設，公共施設，緑地，水面，採鉱地，農用地，森林，およびそのほか都市再開発地などについても示されている．土地の建築的利用の種別には，表12-4に示すようなカテゴリーが用いられる．図12-1に計画図例を示す．

　Fプランの策定にあたっては，当該市町村の関係部局，連邦や州の関連部門などが参加する．また，住民参加も重要な側面として位置づけられ，早期の参加が求められている．計画案を公表して住民説明会が開催され，また計画案が1箇月間縦覧に供され，計画案に対して誰でも意見を申し立てることができる．Fプランが決定すると，関連官庁の各種計画，および，公共的利害関係者を直接拘束することになる．ただし，一般の民間開発などに対しては直接拘束力をもたない．なお，BプランはFプランの内容を前提とすることから，Fプランも間接的に民間開発を拘束することになる．

表12-4　土地の建築的利用のカテゴリーと記号

用途区域(記号)	用途地区(記号)	用途区域(記号)	用途地区(記号)
住居(W)	菜園住居地区(WS) 純住居地区(WR) 一般住居地区(WA) 特別住居地区(WB)	工業(G)	産業地区(GE) 工業地区(GI)
混合(M)	村落地区(MD) 混合地区(MI) アーバン地区(MU) 中心地区(MK)	特別(S)	週末住宅地区(SW) 特別地区(SO)

注) Bプランによる用途地区は表に示す対応用途区域外のものにも指定可

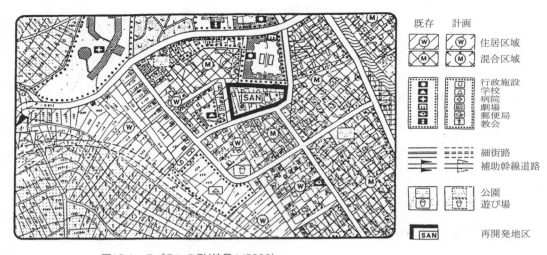

既存	計画	
W	W	住居区域
M	M	混合区域
		行政施設 学校 病院 劇場 郵便局 教会
		細街路 補助幹線道路
		公園 遊び場
SAN		再開発地区

図12-1　Fプランの例（縮尺1/5000）
（［出典］H. W. E. Davies：Planning Control in Western Europe, HMSO, 1987）

12.2.2　Bプラン

　下位計画である**Bプラン**（Bebauungsplan）は，街区，または，数街区程度の特定地区のみを対象として計画される．計画される内容は総合的で詳細なものである．**B**プランが決定されると，市町村の条例として発動し，民間開発などを含むすべての開発に対して強い法的拘束力をもつ．このような仕組みを通じて，多くの開発などは計画を前提として進められることになる．ただし，開発者が決定してから**B**プランを策定したり，開発者が**B**プランを策定したりする事例もある．

　Bプランの場合，計画図と文言による指定書が

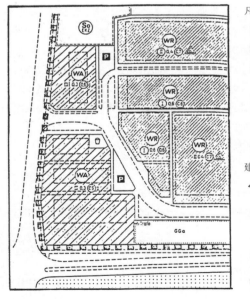

凡例（連邦規則に準拠）

WR　純住居地区
WA　一般住居地区
SO　特別地区

I　規定階数
III　最大階数
0,6　建ぺい率
0,7　容積率

建設関係
◇　集合的住宅のみ
g　コンパクト開発
P　公共駐車場
公園
-·-·-　建築限界線
GGa　民間駐車場
Trafo　変圧器ステーション
■■■　計画対称区域界

図12-2　Bプランの例（縮尺1/2000）
（［出典］H. W. E. Davies：Planning Control in Western Europe, HMSO, 1987）

法的文書とされる．図12-2に計画図例を示すが，計画される地区の施設としては，区画街路，小公園，および，そのほかの公共施設である．また，建築のあり方として，土地利用カテゴリーごとに階数，建ぺい率や容積率，建物の形式や配置などが定められる．そのほかに，駐車スペースの位置，保存樹，建築外観デザインなども定められる．これらの計画内容が，縮尺1/500〜1/1000の図面により表される．

Bプランも計画策定段階における住民参加が義務づけられている．計画案について住民説明会が開催され，さらに計画案を1箇月間縦覧（13.6.7項（2）参照）して意見を募集する．寄せられた意見などに対応して計画案の見直しが行われている．住民への計画案の説明のため，計画図だけでなく，完成予想図や模型を用いるなど工夫されることが多い．

写真12-2にBプランに基づいて形成された郊外の戸建住宅地の例を示す．建物の壁面線が揃っており，建物の形態や外観の色彩も統一されている．全体として整然とした街並み景観を示している．

写真12-2　Bプランによる郊外戸建住宅地例
（フライブルク）

12.2.3　建築許可

建築許可は，郡（Landkreis）および郡独立市（Kreisfreie Stadt）の権限に属する．建築許可の申請は市町村が受け付け，必要な意見書を添付して上申する．郡などが市町村の意見書と異なる決定を行うには，市町村の同意が必要である．

また，建築許可の決定時における隣接住民への協議は，州ごとに異なる方式となっている．建築許可の審査と決定は，計画担当者によりほとんど決定されている．特別のものについては，議会に設けられた委員会の審議によることになる．Bプランのある地区ではBプランに沿うものであれば建築許可は承認される．なお，事前協議の制度があり，仮承認が与えられる．仮承認は一般的に2年間有効であり，それに基づいて土地取得行為などが進められることになる．

12.3　フランスの計画制度

フランスの行政組織は，国のもとに広域調整機能をもつ地域圏がパリ首都圏を含む18，その下に県が全国で101，その下に基礎自治体であるコミューヌ（Commune）があるが，約35000もあり，人口数百人程度のきわめて小規模のものが多い．地域圏と県の知事およびコミューヌ長は，議員の互選により選ばれ，助役も議員から選出される．

十分な行政能力をもたないコミューヌが多く存在するため，コミューヌの連合体を設けている場合が多い．規模の大きいものから，メトロポール共同体，大都市圏共同体，都市圏共同体，コミューヌ共同体があり，規模の大きいものほど役割や権限が大きい．それぞれ直接選挙で選出された議員から構成される議会があり，独自の権限と財源をもって運用されている．こうした連合体により島などを除くとすべてのコミューヌがカバーされている．

フランスの計画制度の基本となっているのは，「都市の連帯と再生に関する法律（Loi relative à la Solidarité et au Renouvellement Urbans，SRU法，2000年）」である．同法により，上位計画である地域統合スキーム（Schéma Cohérence Territoriale，SCOT）と下位計画である都市計画ローカルプラン（Plan Local d'Urbanismic，PLU）から構成されている．それらの特徴は，持続可能な社会とするために，都市計画に土地利用計画とともに，交通計画や住宅計画が明確に位置づけられていること

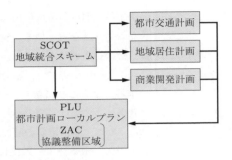

図12-3　フランスの計画制度
（岡井・内海：フランスの低炭素都市の実現に向けた都市計画制度の動向に関する研究，の図1，より作成）

である（図12-3）．

　SCOTは，複数のコミューヌの連合体によって策定され，議会の承認を必要とする．その内容は，持続可能な都市を目的として，市街地の拡散を防止し，公共交通と整合させること，市街地の用途などの多機能性を維持し，移民を含む多様な住民をできるだけ混在させていくことなどを示すものである．計画期間はおおむね10年である．

　PLUは，コミューヌまたはコミューヌの連合体がその全域を対象として定めるものであり，SCOTとの整合性が義務づけられており，議会の承認が必要である．ただし，小規模のコミューヌでPLUを定めない場合，国の都市計画全国規則（règlement national d'urbanisme，RNU）が適用される．したがって，全土をPLUまたはRNUがカバーしている．PLUには，表12-5に示す土地利用の主要なゾーニング，都市地域（U），市街化予定地域（AU），農業地域（A），自然森林地域（N）が明示され，それぞれについて，必要に応じて，

さらに細分されたゾーニングが定められる．

　近年，持続可能な都市づくりを進めるため，既成市街地の再整備が優先され，都市地域の拡大を厳しく抑制している．そうした点から，SCOTを定めていないコミューヌにおいては新たな市街化を行うようなPLUを策定することはできず，また，PLUを定めていないコミューヌは，すでに市街化されているエリア以外での建築許可を出せず，市街地の拡大は行えない．その場合，建築許可は国が代わりに担うことになる．

　コミューヌ図は建築可能区域を図面上で定めるもので，建築基準については都市計画全国規則（RNU）が適用される．

　図12-4に示すのは，ストラスブール・メトロポール共同体のPLU例である．それには，土地利用のゾーニング（UB3など）を示すとともに，景観的に重要な地域，保存指定の建築物や空間などが示されている．なお，ストラスブール・メトロポール共同体は33のコミューヌで構成され，人口約49万人のメトロポール共同体である（5.5.2項（2）参照）．

　都市の持続可能性を達成するため，PLUには，市街地の拡散を防ぎ都市の密度を高められるように，公共交通機関の近隣に最低建築密度を規定することができる．また，省エネルギーで熱効率のよい建築物を義務づける地域を指定することもできる．そのような建物を誘導するために建物高さはPLUの規定の30%まで上回ることも可能である．

　PLUは，上位計画であるSCOTの内容に即し

表12-5　PLUの主要土地利用ゾーニング

ゾーニング	記号	内　　容
都市地域	U	既成市街地および新規開発が可能な地域で都市的開発が行われる地域
市街化予定地域	AU	市街地の整備が建築許可などにより可能，または市街地の保留地域
農業地域	A	農用地であり，都市的開発は認められない
自然森林地域	N	美的，歴史的，生態学的観点から保存する地域であり，都市的開発は認められない

注）PLUにより必要な土地利用ゾーニングを細分して指定．

UAB2　ゾーニングタイプ
20mET　建物許容高さ
SMS2　混住地域

▨　歴史的保存建物
□　伝統様式建物
△△△△△△△△△△　保全外壁
⬚　保存樹（林）

図12-4　ストラスブール・メトロポール共同体のPLU例（部分）
（[出典] Euro métropole de Strasbourg作成計画）

ていなければならず，整合していない場合は，上級官庁がPLUの該当する内容を無効にすることができる．

特定の地域について再整備などを行う場合，PLUの内容として，整備目的に対応した計画を定め，それを実現するための都市計画規定を適用する，協議整備区域（ZAC）の制度が設けられている．わが国の特定街区（13.4.2項）や地区計画制度のうちの再開発促進区（表13-10参照）の制度と類似している．港湾地域や大規模工場跡地などの衰退地域を再整備のために適用されたりする．事業主体は第三セクターなどであり，対象地域には事業主体による土地の先買権が設定され，土地の強制的な収容も可能としている．実際の事業にデ

ィベロッパーを参加させ，全体を調整するために任命された**マスターアーキテクト**の指示のもとに行わせる．計画内容の質とともに，美しい建物や街並みを実現するために最大限の努力と工夫をすることがフランスの特徴である．

写真12-3に示すのは，ZACにより開発整備されたパリのセーヌ川沿いのボーグルネル北地区である．1960年代より整備された，初期の改造型開発の事例である．人工地盤上に30階，高さ90 m程度の建物が並ぶ．住宅と業務ビルを混在させる開発であるが，高層建築の多くが住宅である．なお，南地区は，老朽住宅と工場・倉庫の混在した地区から，高密度の業務住宅複合地域へと修復型の方法により整備されている．

写真12-3　ZACにより開発整備されたパリのボーグルネル北地区

フランスは，歴史的な建築物や街並みについての保存制度もかなり充実して整備されている．歴史的保存建造物を指定し保護するだけでなく，その周辺の建築物に対しても規制が掛けられる．また，面的に保全するため，「建築的，都市的及び景観的保護地区（AVAP，Aire de mise en valeur de l'architecture et du patrimoine）を指定し，建築物については，外観の形だけでなく建築材料まで詳細に規定されている．それらを遵守させるため，国が任命する歴史的建造物監視建築家（Architecte des Bâtiments de France，ABF）が厳格に監視している．

12.4 アメリカ合衆国の計画制度

アメリカ合衆国の都市計画制度は州ごとに異なるが，基本的には州の授権法により市町村（municipality）が都市計画の権限をもっている．都市基本計画はジェネラルプラン（general plan）などとよばれることが多いが，そのほかに，総合計画（comprehensive plan），マスタープラン（master plan）などともよばれる．いずれも任意的な計画であり，個々の建築活動を直接制約する拘束的な機能はもっていない．20年程度の計画期間における都市政策を文書で表現することが主な内容となる．民間開発のコントロールは，主として①地域制（zoning）と②敷地分割規制（subdivision control）により行われている．それらと関連して建築基準（building code）が定められており，それに基づいて建築審査が行われて建築許可が出される．

12.4.1　地域制

地域制は，公共の健康，安全，倫理，一般的福祉を目的として，警察権（ポリスパワー）の一環により無償規制として行われる．地域制自体は自治体条例であり，地域制の内容は，建物用途，容積率や空地率（建ぺい率），最小限敷地面積，単位面積あたり住戸数，前庭・後庭・側庭の奥行，内庭の最小限規模，建物高さ，建物セットバック，駐車場の確保などが定められる．これらの項目数や内容は，一般的に大都市ほど詳細に規定されている．図12-5にボストンの例を示すが，指定面積は，小規模な場合は街区程度の小さい単位で指定される．また，表12-6にニューヨーク市のゾーニング別の許容用途を示す．ゾーニングの種類は，基本タイプだけで住居系10，商業系8，工業系3，計21種類と全米で最も詳細なものである．

12.4.2　敷地分割規制

敷地分割規制（subdivision control）は，各種開発における道路，街区，排水などの基盤整備を規制することにより，一定水準を確保しようとするものである．地域制による建築物規制と連動している．対象は，宅地造成，道路，公園緑地，上下水道などである．適用上の面積的な上下限値はない．

敷地分割規制の内容は，基幹公共施設計画との整合性，および，敷地割の単純さを避けるためのアメニティの評価などであり，以下の項目が対象となる．

① 街路，歩道などのレイアウト，構造
② 街区，敷地の規模，形態など
③ 給水管，排水管，下水渠の位置，規模など
④ 街路の照明，標識など
⑤ 消火栓
⑥ 植樹

図12-6は，郊外の戸建住宅地の開発における敷地分割規制の例である．本事例は，開発面積10.13 ha，宅地区画数48，平均的区画は間口25.9 m，奥行60.96 m，面積1 578 m^{2}で，全体の緑地率14%，道路率19.2%である．このほか，道路構造，街路灯の配置，排水施設など詳細に規定している．

なお，これらに必要な整備は，すべて開発者負担で行われる．そのほか，学校，公園，そのほかの公共施設の用地負担や金銭負担なども多くみられる．わが国における宅地開発指導要綱（13.5節参照）の項目や内容と類似性がみられる．

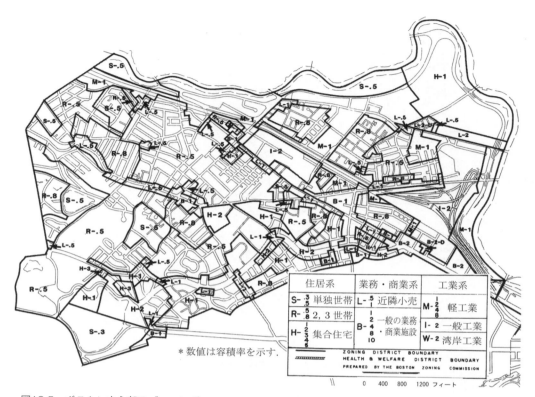

図12-5　ボストン中心部のゾーニング
（[出典] Boston Development Authority：Citizen's Guide to Zoning for Boston, Boston Development Authority, 1986）

表12-6　ニューヨーク市の地域制による用途規制

地　区		建築物・施設の用途グループ																		
		住　宅		コミュニティ施設		小売および商業施設							レクリエーション施設				サービス施設	工業施設		
		1	2	3	4	5	6	7	8	9	10	11	12	13	14	15	16	17	18
単独世帯・戸建	R1, R2	○		○	○														
一般住宅	R3〜R10	○	○	○	○														
近隣商業	C1	○	○	○	○	○	○												
近隣サービス	C2	○	○	○	○	○	○	○	○	○					○				
水辺レクリエーション	C3	○	○	○	○										○				
一般商業	C4	○	○	○	○	○	○		○	○	○	○	○						
限定都心商業	C5	○	○	○	○	○	○		○	○	○	○	○						
一般都心商業	C6	○	○	○	○	○	○	○	○	○	○	○	○						
商業・娯楽	C7												○	○	○	○			
一般サービス	C8			○	○	○	○	○	○	○	○	○	○	○	○		○		
軽工業	M1					○	○	○	○	○	○	○	○	○	○		○	○	
普通工業	M2						○	○	○	○	○	○	○	○	○		○	○	
重工業	M3						○	○	○	○	○	○	○	○	○		○	○	○

注）○が許容用途，空欄は非許容用途を示す．Rは住居系，Cは商業系，Mは工業系.

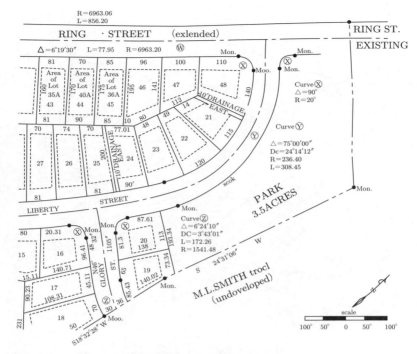

図12-6　敷地分割規制による宅地開発の事例
（[出典] City of Mount Vernon "Subdivision Control Ordinance 2013"）

12.4.3　建築単体規制

建築単体の規制は，各自治体の条例によって行われる．建築基準を担当する建築検査官と地域制を担当する地域制担当官がそれぞれ担うが，小規模自治体では両者の兼任がある．建築単体の規制は，建築許可（**building permit**）によって行われる．なお，竣工検査は，建築検査官だけでなく，地域制担当官によってもなされる．竣工検査後，建物への入居が許可され，不動産登記が可能となる．

12.4.4　計画単位開発規制

計画単位開発規制（**PUD，Planned Unit Development**）は，第二次大戦前後に普及した郊外における新都市の開発に対応するために開始された．対象地域を，地域制のうえで特別扱いとし，開発全体のプランを評価して，許可を与える．評価対象は，土地利用計画，施設の種類や配置などであり，一般的基準に照らして総合的に評価する．計画単位規制が行われた大規模なニュータウン開発

としては，バージニア州レストン，ワシントンD.C.郊外のコロンビアなどがある．それらの事例では，住宅地，商業地，工業地を含む評価がなされた．わが国における「再開発地区計画」の制度に対応する．

12.4.5　そのほかの都市計画制度

（1）カベナント

カベナント（**covenant**）は，不動産所有者間または開発業者と購入者の間で締結される，行政が関与しない民事契約である．内容は，一般的に地域制より詳細である．なお，カベナントは，それ自体が前述の宅地分割規制において審査対象となり，不動産売買に引き継がれ，所有者などが変わっても有効性が担保されている．このカベナントは，わが国の建築基準法における建築協定（**13.4.1**項参照）のモデルになったと思われる．

（2）インセンティブゾーニング

建築開発などに際して，プラザ，アーケード，

公園など公共に対するアメニティ向上に寄与すると認められる場合には，規制されている容積率制限の割増しが与えられることがある．このような形態規制の緩和や許容用途の拡大などの優遇措置（ボーナス）を伴うものをインセンティブゾーニング（incentive zoning）とよぶ．わが国の総合設計制度（13.4.3項参照）にも類似した制度がみられる．

（3）開発権の移転

開発権の移転（TDR，**transfer of development right**）とは，地域制により認められている特定の敷地における容積率の一部を，隣接する敷地などへ移転する制度である．たとえば，図**12-7**に示すように，教会建築や歴史的建築物などで，今後とも建替え更新などが見込まれないものについては，開発権を移転することにより，地区における開発総量を抑制しながら開発を柔軟化させられる．

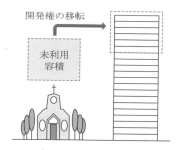

図12-7　TDR（開発権の移転）の概念

ニューヨークのグランドセントラルシティの再整備の一環として，歴史的建造物（land mark）に指定されているグランドセントラルステーション（写真**12-4**の中央手前の建築，**1902**年竣工）の上部の開発権を，隣接するパンナムビル（写真後方のオフィスビル，**59**階，**1963**年）に移転した事例がある．

わが国においても，これを参考にして，隣地間等で容積率の移転が可能になる特例容積率適用区域制度などが設けられ，運用されている（13.4.5項参照）．

（4）**成長管理政策**

事業所などの開発や人口増加に伴って都市が拡大発展する際，民間開発の動向だけに任せておく

写真12-4　TDRの事例（ニューヨーク）

と，開発ポテンシャルの高い分野や地区のみの開発が進行する．一方，それ以外の分野や地区では開発が進まず，むしろ，衰退や荒廃化がみられるようになる．また，都市の拡大発展は，土地や自然環境の活用を伴って行われ，そのことによる交通混雑，自然環境の減少などの弊害がもたらされる．このような認識が浸透し，**1980**年代にサンフランシスコやボストンなどの主要都市で，都市における開発や成長を都市政策や市民的選択のもとに抑制しようという動きが始まった．

サンフランシスコでは**1984**年に「ダウンタウンプラン」を策定した．それによって，都心部における開発を抑制するため，容積率の切り下げ（**ダウンゾーニング**），建築物の高さ規制の強化，歴史的建築物の保全，低所得者住宅の保護などの対策が図られた．ボストンでは**1987**年に**成長管理政策**を発表し，その中で「超高層オフィスの時代は終わった」と宣言し，ボストンにおける歴史的街並みを守るために全面的な建築物の高さ規制を導入した．また同時に，オフィスビルと住宅建設

を連携させるリンケージ政策を導入した.

　ダウンゾーニングとは，地域制における指定容積率を見直して切下げることにより，開発を抑制するものである.　逆に，容積率の増加を行う**アップゾーニング**と組み合わせて，開発の規制・誘導を行うこともある.　**リンケージ**（**linkage**，連携）とは，開発が進行する分野（オフィスビルなど）と開発が行われ難い分野（低所得者向け住宅の供給など）を結びつけようとするものである.　内容としては，オフィスビル開発のディベロッパーに，中低所得者向け住宅（**アフォーダブル住宅**，**affordable house**）の直接供給を行わせるか，または代替措置として開発床面積に応じた負担金を課し，それをそうした住宅供給に用いたり，低所得者層などを専門的職業などに従事させたりするための職業訓練の資金とする.

■ 演習問題

12.1　下記の用語について説明しなさい.　なお，複数の用語があげられている場合は，それらの相互関係についても説明しなさい.

- （1）ストラクチュアプラン，ローカルプラン
- （2）開発事業区域（アクションエリア）
- （3）計画許可，開発行為
- （4）**F**プラン，**B**プラン
- （5）**SRU法**，**SCOT**，**PLU**
- （6）インセンティブゾーニング，容積率ボーナス
- （7）敷地分割規制
- （8）**TDR**（開発権の移転）
- （9）リンケージ

12.2　イギリスにおける計画制度の概要と特徴について説明しなさい.

12.3　ドイツにおける計画制度の概要と特徴について説明しなさい.　また，イギリスとの共通点や相異点についても説明しなさい.

12.4　フランスにおける計画制度の概要と特徴について説明しなさい.　また，イギリスやドイツとの共通点や相違点についても説明しなさい.

12.5　アメリカ合衆国における計画制度の概要と特徴について説明しなさい.　また，イギリス，ドイツ，フランスとの共通点や相異点についても説明しなさい.

第13章

日本の都市計画制度

　都市計画は，法的な制度に従って策定，決定，実現される．そうした法的制度は，それぞれの国と時代において，国民の価値観を反映し，歴史や諸外国からも影響を受けて形成されるものである．本章では，日本の法定都市計画制度について，仕組み，実態，実績などを説明する．

13.1 都市計画制度の歴史と概要

13.1.1　都市計画制度の歴史的変遷

　わが国における都市計画に関するこれまでの法制度の主要なものとして，**東京市区改正条例**（1888年，明治21年，2.2節参照），旧都市計画法（1919年，大正8年），新都市計画法（1968年，昭和43年），都市計画の地方分権化（2000年，平成12年）などがあげられる．なお，表13-1に旧都市計画法以降におけるわが国の主要な都市計画制度の変遷を示す．

（1）旧都市計画法

　旧都市計画法は，すべての「市」と必要な「町村」に適用された．最初に東京市など6市に適用され，1923年には札幌，仙台，金沢，広島など25市，1932年にはそのほかの107市に順次適用された．都市計画の策定と都市計画事業については市区改正条例を継承し，新しく地域地区制と土地区画整理事業などを導入した．また同時に，**市街地建築物法**が制定され，建築物の構造・設備などの単体規定とともに，都市計画的内容である地域地区，建築線（敷地内であってもそれを超えて建築してはならないとする規制線）などに関する集団規定の具体的規定などを行った（4.4.7項参照）．このように，都市計画の基本法と建築の基本法の両法で都市計画的内容について対応していく体制がこのときに確立し，現在まで継承されている．

（2）新都市計画法

　その後進んだ都市化に伴うさまざまな都市問題の発生，新しい都市基盤施設の整備需要などに応じて新都市計画法が制定された．新都市計画法では，計画権限が国（大臣）から地方（主として都道府県知事）へ委譲され，市街化区域と市街化調整区域の区域区分制度など新制度の導入，都市計画基礎調査の実施とそれに基づく計画策定など計画技術の充実，住民参加の導入などがなされた．一方，旧都市計画法以来，国主導の中央集権的な構造，都市基盤施設を整備するための内容を中心とした，土木建設行政としての都市計画行政などの性格は継承された．

（3）地方分権化と都市計画

　都市計画は発足から国の所管とされ，1968年の都市計画法による国から地方自治体への許認可権の移行に際しても都道府県への**機関委任事務**，市町村へは団体委任事務とされた．しかし，地方分権の流れから機関委任事務制度が廃止され，地方分権推進一括法により2000年4月より**自治事務**とされた．そのため，上位機関（都道府県にとっては国，市町村にとっては国や都道府県）の「承認」が必要だったものが，「同意を前提とする事前協議」に変化し，2011年の地域主権改革一括法により，市については都道府県の同意が不要になり，協議のみになった．また，都道府県が有していた都市計画の権限の一部が市町村へと移行するなど，都市計画の地方分権化が進んでいる．

表13-1　わが国の主要都市計画制度の変遷

年	関連法	内容(新設・改正)	備　考
1919	(旧)都市計画法	都市計画区域，地域制導入(住居・商業・工業)，土地区画整理事業の制度化	東京市区改正条例(1888)の継承
	市街地建築物法	防火地区・美観地区等，建築線制度，建築線，建築物の高さ制限	都市計画法と建築関連法の両法による近代的な都市計画行政の開始
1950	建築基準法	地域地区追加(準工業地域・文教地区・特別工業地区・空地地区等)，特別用途地区創設	市街地建築物法の継承
1954	土地区画整理法	施行者の拡大・事業の仕組み整備立体換地	耕地整理法の継承発展
1959	建築基準法	特別用途地区(小売店舗地区・事務所地区・厚生地区・娯楽地区・観光地区)	
1961	建築基準法	特定街区	
1963	建築基準法	容積地区	
1968	(新)都市計画法	都市計画区域の広域化市街化区域と市街化調整区域の区域区分開発許可都市計画決定権限等の一部地方委譲	市街地のスプロール的拡大から計画的拡大へ
1970	建築基準法改正	用途地域の整備(4→8地域)，容積率制限の全面適用(容積地区廃止)，建築物の高さ制限の原則撤廃，北側斜線制限	都市計画法の改正に対応
1974	都市計画法・建築基準法国土利用計画法	開発許可の全都市計画区域への適用，調整区域の規制緩和(既存宅地，大規模集落)土地利用基本計画	全国的土地開発ブームと乱開発への対応措置
1976	建築基準法	日影規制	相隣紛争の防止
1980	都市計画法・建築基準法	地区計画	地区を対象とする初めての計画制度
1982	建設省都市局長通達	線引き制度運用により特定保留区域制度創設	市街化区域の拡大と基盤整備事業の連動
1987	建築基準法	斜線制限等緩和	土地の高度利用
1988	都市再開発法	再開発地区計画制度	協議型計画制度の導入
1990	都市計画法等	住宅地高度利用地区計画用途別容積型地区計画	地区計画制度メニューの多様化
1992	都市計画法等	市町村への都市計画マスタープラン策定義務化用途地域の整備(8種類→12種類)市街化調整区域内での地区計画が可能住宅敷地の最低限規制(低層住居専用地域)	「バブル経済」の都市開発による混乱への対応
	建築基準法生産緑地法	市街化調整区域の土地利用規制値の適正化市街化区域内農地の生産緑地指定	農地並み課税
1995	都市計画法等	街並み誘導型地区計画	地区計画の種類増
1998	大規模店舗立地法	大規模店舗の立地の届出と周辺環境への配慮	大規模小売店舗法の廃止
2000	都市計画法	都市計画区域マスタープラン制度の創設特定用途制限地域の導入	地方分権推進一括法
2002	都市計画法	都市計画提案制度の創設	
2006	都市計画法	大規模集客施設立地規制公共公益施設への開発許可適用準都市計画区域の都道府県への権限移行都道府県による広域調整制度の導入	まちづくり三法改正
2011	都市計画法	市都市計画への都道府県による「同意」を廃止	地域主権改革一括法
2014	都市再生特別措置法改正	立地適正化計画(居住誘導区域，都市機能誘導区域)の創設	
2017	都市緑地法等都市公園法改正	田園住居地域の創設公募設置管理制度の創設	都市農地の保全・活用Park-PFI

自治事務

　都道府県や市町村が行う事務のうち，国やそのほかの公共団体から法律に基づいて委任される法定受託事務以外のものであり，自治体固有の行政と位置づけられる．都市計画は，地方分権の主要な対象とされ，**1999**年の地方分権推進一括法により，それまでの機関委任事務から自治事務に移行した．なお，機関委任事務は，都道府県や市町村を国の下部機関とみなし，国の事務を法律や通達に基づいて行わせていた制度であり，廃止された．

（4）条例などによる都市計画

　国の法による制度を中心とする仕組みから地方自治体による条例などによるものに進展している．国土交通省によると，都市計画権限は**1994**年に都道府県**40%**，市町村**60%**を所有していたが，前述の地方分権により，**2015**年においては都道府県**13%**，市町村**87%**となっており，市町村のもつ権限が大幅に増えている．また，意欲的に先行的な取り組みを行う自治体を国が支援するようになっている．立地適正化計画（**3.6.3**項参照）による持続可能な都市づくりはそうした事例の一つである．その結果，条例を制定するなど，市町村の意欲と能力により，地域の実態と都市づくりの目的に合わせた施策が展開できるようになっている．

13.1.2　都市計画制度の概要

（1）都市計画の目的

　わが国の都市計画の基本法は，**1968**年制定の都市計画法であり，その後，必要に応じて改正されてきた．**1992**年の法改正では，住居系用途地域の細分による**12**用途地域制への移行，市町村への都市計画マスタープランの策定義務づけ，**2000**年には，都道府県による都市計画区域マスタープランの策定の義務づけなど，かなり大きく改正された（表**13-1**）．

　都市計画は，都市計画法に基づいて，都市地域における一体的，総合的な土地利用計画を進めるための内容を定め，都市計画制限や都市計画事業などによりその実現を図り，都市の健全な発展と秩序ある整備を行うことを目的としており，国土の均衡ある発展と公共の福祉の増進を図ろうとするものである（都市計画法第**1**条）．また，都市計画の基本は，都市計画により土地利用の適正な制限を行い，土地利用の合理的利用を進め，都市的土地利用と農林漁業との調和を図り，また，健康で文化的な都市生活および機能的な都市生活を確保することである．さらに，都市計画の策定では，都市計画基礎調査に基づいて対象地域の分析と評価を行い，長期および短期の目標を定め，土地利用，都市施設，市街地開発事業などの内容を定める．

　都市計画制度の概要を図**13-1**に示す．以下では，それらの内容について順次説明する．

（2）都市計画の対象区域と適用

　都市計画区域を指定し，そこに都市計画制度が適用される．全体の基本は，マスタープラン（基本計画）であり，都道府県による都市計画区域マスタープランとそれに即して策定される市町村による市町村都市計画マスタープランがある（3.6節参照）．それに基づいて，土地利用，都市施設，市街地開発事業が都市計画で定められる．それらの都市計画の内容を実現するために，土地利用規制，都市基盤施設や市街地開発事業がある．

（3）土地利用の計画と規制・誘導

　都市計画区域ごとに，都市計画区域マスタープランにより，**市街化区域と市街化調整区域の区域区分**（通称**線引き**）の有無を決定する．線引き制度は，市街地のスプロール的拡大を防止し，計画的な市街化を進めるために設けられた制度である．市街化区域は，優先的，計画的に市街化を進める区域であり，市街化調整区域は当面市街化を抑制する区域である．これらの内容を実現するため，土地の区画形質の変更を行う行為（宅地造成，道路整備など）を**開発行為**とし，開発行為を行う場合は事前に届け出させ，都道府県知事などの許可制（開発許可）にしている．また，土地利用の規

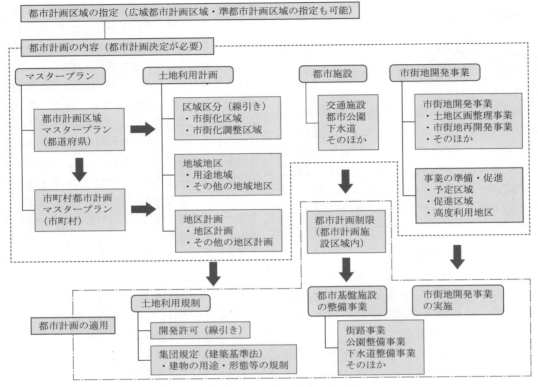

図13-1　わが国の都市計画制度の概要

制・誘導は，わが国の地域制である地域地区により行う．とくに，市街化区域については用途地域のいずれかを指定して建築物の規制，誘導を行う（**4.4.6**項参照）．必要に応じて区域を定め，そのほかの地域地区や地区計画を指定する．

(4) 都市施設と市街地開発事業

都市計画の内容を公共事業などとして整備するために，都市施設(第8章参照)と市街地開発事業の制度がある．市街地開発事業には，土地区画整理事業，新住宅市街地開発事業，工業団地造成事業，市街地再開発事業，新都市基盤整備事業，住宅街区整備事業がある．そのうち土地区画整理事業，市街地再開発事業，住宅街区整備事業を円滑に進めるために，促進区域の制度が設けられている．促進区域に指定されると，土地所有者は，都市計画決定された事業を行うよう努力する義務が課せられ，一定期間実施されない場合は，原則として公的機関が事業を行うことになる．

13.2 全体および土地利用に関連する計画

13.2.1　都市計画区域

(1) 都市計画区域の指定目的

都市計画の対象となる区域である都市計画区域を指定することにより，都市計画を立案し，それに基づいて土地利用の規制・誘導，市街地開発事業などを行い，面的な都市環境や各種都市施設を整備し，市街地周辺の自然緑地を保全することが可能となる．

(2) 都市計画区域の指定

都市計画区域の指定実績を表**13-2**に示す．都市計画区域は，都道府県がすべての市と一定の要件を満たす町村に指定する．必要に応じて複数の市町村にまたがって設定可能であり，広域都市計画区域とよぶ．しかし，多くは**1968**年の都市計

表13-2　都市計画区域の人口規模別構成市町村数

(区域数(%)，2020年3月末日時点)

構成市町村数 人口	単独都市計画区域 (1市町村)	広域都市計画区域					合　計
		2市町村	3または4市町村	5市町村以上	小　計		
5万人未満	627　(77.2)	39　(42.9)	4　(6.5)	0　(0)	43　(22.8)		670　(66.9)
5万人以上20万人未満	143　(17.6)	36　(39.6)	28　(45.2)	5　(13.9)	69　(36.5)		212　(21.2)
20万人以上30万人未満	16　(2.0)	11　(12.1)	8　(12.9)	3　(8.3)	22　(11.6)		38　(3.8)
30万人以上50万人未満	12　(1.5)	5　(5.5)	15　(24.2)	4　(11.1)	24　(12.7)		36　(3.6)
50万人以上	14　(1.7)	0　(0)	7　(11.3)	24　(66.7)	31　(16.4)		45　(4.5)
合　計	812　(100.0)	91　(100.0)	62　(100.0)	36　(100.0)	189　(100.0)		1001　(100.0)

(都市計画現況調査，より作成)

表13-3　都市計画区域および区域区分制度の指定状況

(2020年3月末日時点)

	市町村数				都市計画区域数	面　積 (km²)	人　口 (万人)
	市	町	村	計			
都市計画区域(A)	787	529	36	1 352	1 003	102 462	11 993
区域区分決定済	441	173	11	625	256		
用途地域決定済	758	413	20	1 191	817		
全国市町村数(B)	792	743	189	1 724		377 977	12 571
A/B(%)	99.4	71.2	19.0	78.4		27.1	95.4

注) 1. 全国市町村数は，総務省自治行政局市町村体制整備課「全国市町村要覧」より.
　　2. 面積は，国土交通省国土地理院「全国都道府県市区町村別面積調」より.
　　3. 全国人口は，総務省統計局統計調査部国勢統計課「国勢調査」より.

画法以前からの単一市町村内の都市計画区域である．一方，モータリゼーションなどにより都市圏が拡大し，都市計画区域外において開発が行われる傾向がみられるが，都市計画行政の対象外となり，土地利用規制が弱いため無秩序な開発が進行するなどの問題がみられる．

　また，表13-3に示すように，都市計画区域における計画的な市街地整備などを進めるため，一部の都市計画区域では，後述の市街化区域と市街化調整区域の区域区分(線引き)が行われる．しかし，都市計画区域が指定されていても，線引きがされなかったり，線引きも用途地域も指定されなかったりする都市計画区域が多く存在している．それらの都市計画区域では，一般的に緩い規制しかなく，さまざまな問題が発生している．とくに，線引き都市計画区域と隣接している緩規制区域に都市的開発が集中する傾向がみられる．

　2000年の都市計画法改正で，非線引き都市計画区域における用途を指定していない地域につい

て，良好な環境の保持を図るため**特定用途制限地域**を定め，特定の用途の建築物などを規制できるようにし，土地利用の状況に応じて建築物の容積率，建ぺい率などを選択できるようになった．

(3) 都市計画区域の指定の方法

　都市計画区域を指定するには，「関係市町村および都道府県都市計画審議会の意見を聴くとともに，国土交通省令で定めるところにより，国土交通大臣に協議し，その同意を得なければならない」(法第5条)とされている．都市計画法の2000年改正により，都市計画区域外であっても，すでに一定の住宅などが建築されている地域や高速道路のインターチェンジ周辺地域について，農林漁業との調和を図りつつ，市町村が**準都市計画区域**を指定し，用途地域などの土地利用に関する都市計画を決定できるようになった．なお，2006年の都市計画法改正で準都市計画区域の指定権限は都道府県知事に移行された．また，準都市計画区域を定めない場合でも，都市計画区域外における一

定規模以上の開発行為について，開発許可制度を適用することができるようになった．

（4）都市計画区域の指定効果

都市計画区域を指定することにより，法制度的には以下のような効果が発生する．

① 都市計画基礎調査の対象区域となるため，基礎調査により対象地域の実態や計画課題を明確化することが可能になり，それに基づいて現実的で合理的な計画策定が可能になる．

② 都市計画制度の適用が可能になる．また，開発許可，都市計画税，建築基準法の集団規定が適用されるのは都市計画区域である．

13.2.2　都市計画の基本方針（第3章参照）

都市計画区域を対象として，都市計画の基本方針が都道府県および市町村によって定められる．近年，地方分権の一環として，都市計画について国から都道府県へ，さらに都道府県から市町村へと権限委譲が進められている．その結果，都道府県と市町村において都市計画の種類ごとに権限を分担している．基本的には，大規模で広域的な施設は都道府県，そのほかの多くは市町村が担う（**13.6.2項参照**）．

また，いずれにしても，わが国における都市計画は，都市計画区域を対象にしており，その意味で限定的である．欧米の都市計画先進国における計画制度の多くが各自治体の全域を対象としているものが多いことからみても，わが国においても，計画的な国土空間の整備や管理を行うには，農林漁業など関連分野との調整・協力のもとに，市町村などの行政区域全域を対象に，総合的で体系的な計画制度の確立と実施が不可欠である．また，それに対応して，都市基本計画としての内容，策定方法，実現手法などについて今後もさらに充実させていく必要がある．

13.2.3　市街化区域および市街化調整区域の区域区分

（1）市街地のスプロール

都市への人口や産業集中に伴って市街地が都市周辺部に拡大してきたが，道路，公園などの市街地としての基盤施設が十分整備されないまま無秩序に拡大したものがみられた．とくに，1960年代の高度経済成長期における大都市周辺部において顕著であった．このように，市街地が農地，山林，自然緑地などへ虫食い的に拡大していくことを市街地の**スプロール**（sprawl）現象とよぶ．市街地のスプロールには，都市的基盤施設の整備が不十分なことによる防災的，環境的問題が存在し，農地や自然緑地などが減失していくことによる問題もある．

（2）区域区分（線引き）制度

市街地のスプロールをできるだけ防止し，計画的な市街地整備を進めるため，1968年の法改正により都市計画区域を分けるため，**市街化区域と市街化調整区域の区域区分制度**が導入された．このうち，市街化区域は，「すでに市街地を形成している区域およびおおむね10年以内に優先的かつ計画的に市街化を図るべき区域」であり，市街化調整区域は，「市街化を抑制すべき区域」である．これらの区域区分を線引き制度とよび，線引きされた都市計画区域を線引き都市計画区域，線引きされていないものを非線引き都市計画区域とよぶ．制度発足時は，都市における市街地拡大圧力が強い地域を対象として，市街化区域と市街化調整区域の区域区分を行うとされ，以下のような都市計画区域から順次線引きが進められてきた．

① 首都圏の既成市街地，近郊整備地帯，近畿圏の既成都市区域，近郊整備区域，中部圏の都市整備区域

② 首都圏，近畿圏，中部圏の都市開発区域，新産業都市の区域，工業整備特別区域

③ 人口10万人以上の市の区域

④ 以上の各区域と密接な関連のある地域

また，2000年の都市計画法改正により，三大都市圏と政令指定都市にのみ線引きが義務づけられ，そのほかの都市計画区域については都市計画区域マスタープランの中で線引きの有無とその根拠を示すこととなった．そうした制度変更を受けて，香川県では，人口減少傾向について市街化調

整区域における開発抑制に起因しているという県民意識をもとに，2006年に全県的に区域区分を廃止し，特定用途制限地域（4.4.5項参照）などの代替的な都市計画制度を適用した．ただし，この廃止によって，その後，旧市街化調整区域においてスプロール的な開発が進行したことが報告されている．一方，山形県鶴岡市のように，新たに線引きが導入された事例もある．

2020年3月末日までに256都市計画区域，625市町村において線引きがなされた．面積は，市街化区域1451千ha（都市計画区域の27.8%），市街化調整区域3267千ha（同72.2%）である．都市計画区域外においてもインターチェンジ周辺など開発進行可能地には，都道府県が準都市計画区域を定め，用途地域の指定や建築基準法の集団規定を適用することができるようにもなっている．

（3）市街化区域

市街化区域には以下の地域などを含むように設定する．

① **既成市街地**：常住人口密度が40人/ha以上の地域が隣接して，全体として3000人以上となっている地域および，その連旦地域（地域が連なっていること）で，建築物などの敷地が面積で1/3以上である地域．

② **市街化進行地域**：既成市街地の周辺で，一定期間に一定件数以上の建築活動がみられる地域，既成市街地に囲まれる一定規模未満の土地．

③ **計画的に市街化を図る地域**：土地区画整理事業，公的機関による住宅地整備事業，民間による計画的で良好な事業．

④ **市街化が確実に見込まれる区域**

図13-2に概念を示すように，市街化区域の指定は，原則としてまとまりのある整形的な形態とするが，一定規模以上の計画的な開発地については，市街化区域から離れた飛び市街化区域として指定できる．一方，市街化区域に囲まれた一定規模以上の集団的農地などは，市街化区域の中に穴抜きで市街化調整区域として指定できる．

市街化区域の規模は，計画期間をおおむね10

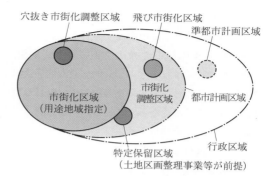

図13-2　都市計画区域と区域区分制度などの空間関係

年とし，それらの期間に需要される土地面積を予測することによる．たとえば，住宅地としては，常住人口の予測値を計画人口密度で除することにより必要土地面積を算出する．計画人口密度値としては，都市規模や対象市街地の特性に応じて40，60，80，100人/haなどの数値が目安とされ，具体的な数値は，国土交通省と都道府県の協議や農政部局と都市部局との協議の中で決められる．

市街化区域の指定に際して，将来人口の過大予測の傾向があり，開発可能性をできるだけ大きくしたい農家など，土地所有者側の要望を反映して過大に指定されることが多い．また，幹線道路などの整備の進捗やモータリゼーションの深化により，都市圏は拡大し，複数の都市計画区域や都市計画区域外を含むようになってきている．その結果，緩規制区域でより多くの開発が進められ，市街化区域において想定された市街化が進行しない傾向がみられる．

（4）市街化調整区域

市街化調整区域とは，原則として，計画期間中は市街化を抑制する区域である．それらには，優良農地，将来の市街地として留保しておく区域，市街地の環境として必要な自然緑地，保全すべき自然緑地，市街地に適さない災害危険地などがある．それらの実現や実行性を確保するために，開発許可の制度が設けられている．しかし，農家や農林水産業の施設は認められていること，一部の公共的施設や公共事業による開発などの適用除外施設があること，農地以外の土地における一定要

件を満たした場合の開発の容認があることなどにより，現実にはかなりの開発が進行している．ただし，2006年の都市計画法改正により，病院，社会福祉施設，学校などの公共的施設も開発許可の対象とすること，大規模集客施設の立地は原則として認められなくなったことから，より適正な土地利用の実現が期待される．

（5）区域区分の見直し

都市計画基礎調査の実態分析に基づいて，必要に応じて市街化区域と市街化調整区域の区域区分の見直しを行う．見直しは，通常市街化調整区域から市街化区域へ市街地が拡大する変更が多いが，場合によっては市街化区域から市街化調整区域に変更されることもある．後者を通称逆線引きとよぶ．

（6）保留区域

新しく計画的に整備する市街化区域における市街地の基盤整備事業は，土地区画整理事業で行われることが多いが，線引きとそれらの事業の進行には時間的ずれを伴う．そこで，線引きを連動させるために1982年に保留区域の制度が導入された．これは，計画期間における人口増分のうち必要分を保留し，土地区画整理事業などの事業化の条件が整いしだい保留分に相当する保留地を随時市街化区域に編入するものである．このうち，市街化区域の増加に対応する人口分を保留する場合を一般保留とよび，特定の区域を予定し，その区域における土地区画整理事業などの事業化が確実になる段階まで保留する場合を特定保留とよぶ．

13.2.4　開発許可

区域区分制度とともに，それらの計画的市街化を担保するための規制制度として，開発許可の制度が導入された．開発許可の制度は，イギリスの計画許可（planning permission）の制度（12.1.3項参照）を参考にして導入されたものである．開発許可とは，都市計画区域内における開発行為に都道府県知事などの許可を必要とするものである．開発行為とは「主として建築物の建築または特定工作物の建設の用に供する目的で行う土地の区画

形質の変更」（法第4条）であり，農地を宅地化するための工事，各種プラント類の建設工事，ゴルフ場建設などが該当する．

特定工作物は，第一種と第二種に分けられる．第一種特定工作物はコンクリートプラント，そのほかの周辺地域に環境の悪化をもたらす恐れがある工作物であり，第二種特定工作物は，ゴルフコース，そのほかの大規模な工作物である．

開発行為の申請に基づいて許可，不許可を決定し，通知される．また，許可には都市計画上必要な条件の添付が可能であり，不許可には理由の明示が必要である．さらに，不許可の場合，申請者は都道府県知事などの許可権者に対して不服のための審査請求を行うことができる．

開発許可は，表13-4に示すように，対象地域の都市計画上のタイプによって適用の有無や規模条件が異なっている．線引き都市計画区域については，市街化区域では一定規模以上，市街化調整区域では原則としてすべてに適用され，非線引き都市計画区域では適用される規模が3 000 m^{2}以上と大きくなる．また，準都市計画区域や都市計画区域外についても適用可能となった．

（1）許可を要しない開発行為

公共・公益施設や小規模な開発行為については開発許可が不要とされている．それらには市街化区域内における一定規模（1 000 m^2）未満のものがある．ただし，都市計画区域ごとに500 m^{2}または300 m^{2}まで逓減することが可能である．また，市街化調整区域内における農業倉庫などの農林漁業用の施設，農家などのこれらの業務を営む者の居住用に供する建築物があげられる．なお，2006年の改正により，市街化調整区域においてそれまで許可が不要であった医療施設，社会福祉施設，学校，庁舎，官舎などの建築を目的とする開発行為について，開発許可が必要となった．

開発許可を要する開発行為についても，農林漁業用の施設，日常生活に必要な小規模店舗，既存の工場や事業所の増築，地域振興に位置づけられた工場，幹線道路の沿道施設，各種のプラント類などについては，後述の宅地開発基準を満たせば

表13-4　区域区分のタイプ別の開発許可が必要な開発行為

開発行為対象地			許可が必要な敷地面積	内　容
都市計画区域	線引き区域	市街化区域	1 000 m² 以上(300 m² まで低減可能)	用途地域による用途規制など
		市街化調整区域	規模にかかわらずすべて(ただし, 適用除外がある)	原則開発行為禁止 一定の建築物などは開発許可を受けて建築可能
	非線引き区域	用途地域指定	3 000 m² 以上(300 m² まで低減可能)	用途地域による用途規制
		用途地域未指定		用途規制なし
準都市計画区域				用途地域などによる用途規制
都市計画区域外			1 ha 以上	用途規制なし

原則として開発が認められることになっている.

　以上のように, 市街化調整区域は市街化を抑制する地域として位置づけられているが, 実際には病院や公共事業など2006年法改正まで適用除外とされていたもの, 大規模な既存集落やそれに近接していることにより開発が認められることによるもの, 幹線道路沿道に認められているロードサイドショップの開発など, 多くの開発が行われている.

(2) 農地の取り扱い

　農地は食料生産という役割から, 転用・権利移動に知事の許可が必要など, 比較的厳格に保護されている. 線引き制度の導入に伴い, 市街化区域内農地については届出のみで**農地転用**が可能になった. ただし, 市街化調整区域内農地については従来どおり農政部局が担当し, 農地転用の許可が必要である.

(3) 許可基準

　開発許可にあたっては, **技術基準**と**立地基準**がある. 技術基準について以下のように定めている.

① **道路幅員**:道路幅員は, 土地区画整理事業と同様に**6 m**以上とする. また, **20 ha**以上の大規模開発の場合, **250 m**以内に**12 m**以上の幅員をもつ幹線的な道路が必要である.

② **公園**:**0.3 ha**以上の宅地開発には, 土地区画整理事業の整備水準と同様の公園, または緑地の整備が必要であり, 表**13-5**に示すよ

うに整備面積は**3%**以上とし, 開発規模が大きくなるにつれて一定規模以上の公園を整備するように求めている.

表13-5　公園などの整備基準例

開発面積	公園整備基準
0.3 ha〜1 ha 未満	3 %以上かつ150 m² 以上
1 ha 以上5 ha 未満	300 m² 以上のもの1箇所以上, 合計3%以上
5 ha 以上20 ha 未満	同上(うち1 000 m² 以上1箇所)
20 ha 以上	同上(うち1 000 m² 以上2箇所)

③ **排水施設**:**20 ha**以上の大規模な住宅地開発の場合, 汚物処理のために終末処理場の整備が必要である.

④ **公益的施設**:**20 ha**以上の大規模な開発の場合, 教育(小学校などの義務教育施設), 医療(病院など), 交通(道路や交通安全施設など), 購買施設(ショッピングセンターなど)などの整備が必要である.

⑤ **がけ面の保護**:擁壁などの防災工事を行う.

　以上のように, **20 ha**以上の大規模な開発行為を除き, 市街地の基盤施設としての道路, 排水, 公園的スペースなど必要最小限のものに限られている. また, その整備水準は, 土地区画整理事業の整備内容に準じたものとなっている. イギリスの計画許可の場合, 開発計画との整合性, 景観など広範なものを審査の対象としていたのに比較し

て，わが国の場合，きわめて限定された内容になっている．

立地基準は市街化調整区域にのみ適用されるものである．同区域は原則として開発行為を禁止しているが，①周辺居住者の利用の用に供する日用品店舗など，②農林水産物のための施設，③地区計画に適合する開発などの開発行為は認められる．また，このほかに，開発区域の周辺の市街化を促進する恐れがないなどの開発行為については，開発審査会がとくに認めた場合許可される．

（4）開発許可条例

開発許可制度について，地域の実情や都市計画の意図に対応させるため，自治体が開発許可条例を定めてあらかじめ区域と許可の要件を示すことにより，市街化調整区域における開発許可を出せるようにしたものである．以下の二種類がある．

① 条例で指定する市街化区域に近隣接する区域おいて，戸建専用住宅など周辺環境に悪影響をもたらさない建築物のための開発行為（都市計画法第34条第11号）

② 市街化調整区域全体のうち，条例で区域，目的などを限定して認める開発行為（同第12号）

このうち，②については，農村集落に近隣接する個別の戸建専用住宅などが該当する．通称で①を3411条例，②を3412条例と称することがある．

13.3 市街地開発事業

13.3.1　市街地開発事業の種類

都市計画の内容を公共事業などとして直接整備するための市街地開発事業として，土地区画整理事業，新住宅市街地開発事業，工業団地造成事業，市街地再開発事業，新都市基盤整備事業，住宅街区整備事業，防災街区整備事業がある．表13-6に示す実績のように，土地区画整理事業が件数，計画面積ともにかなり多い．地区あたりの面積も大きく面的整備事業である．そのほかの市街地開発事業は面積も小さく点的な整備事業である．このうち，土地区画整理事業，市街地再開発事業，住宅街区整備事業などを円滑に進めるために促進区域の制度が設けられている．

13.3.2　土地区画整理事業

（1）事業の性格

（a）歴史的沿革

土地区画整理事業（land readjustment project）の制度創設前は，耕地整理法（1909年）が都市周辺部の宅地開発などに適用されて用いられていた．その後，土地区画整理事業が旧都市計画法によって導入された．関東大震災（1923年）の復興のため，震災復興土地区画整理事業が地震による焼失面積の7割に相当する約3100 haを対象として行われ，ほぼ7年間をかけて1930年に大部分が完成した．その後，災害復興の手法として土地区画

表13-6　市街地開発事業の決定状況

（2020年3月末日時点）

市街地開発事業の種類		都市数	地区数	計画面積(ha)
土地区画整理事業		978	5 133	279 061.4
うち特定土地区画整理事業		118	298	20 007.0
新住宅市街地開発事業		35	47	15 358.0
工業団地造成事業		40	53	8 502.2
市街地再開発事業	うち市街地再開発事業	297	1 144	1 679.5
	うち市街地改造事業	10	14	21.5
住宅街区整備事業		5	6	46.2
防災街区整備事業		5	14	12.2

（都市計画現況調査，より作成）

整理事業を用いることが定石となっていった．とくに，第二次世界大戦時の空襲により罹災した市街地の基盤整備のため，戦災復興土地区画整理事業が行われた．また，近年では，阪神・淡路大震災でも復興事業の中心的手法として土地区画整理事業が用いられた．

市街化区域における計画的な市街化のための面的な基盤整備事業としては，土地区画整理事業がほぼ唯一の手法として位置づけられている．道路，公園などの公共的都市施設の多くが土地区画整理事業により整備されてきている．たとえば，区画整理でつくられた公園は全国で約 **1.4 万 ha** であり，これは全国の開設済みの街区公園，近隣公園，地区公園の約 **5 割**に達している．

（b）実 績

土地区画整理事業によりこれまで約 **40 万 ha** の市街地が整備されてきており，わが国の人口集中地区（**DID**，**p.2 参照**）の面積の約 **1/3** に相当する．このように，わが国の都市計画に大きな役割を果たしていることから，土地区画整理事業を「都市計画の母」とよぶことがある．施行規模をみると，全国平均では公共団体施行で約 **49 ha** とやや大きく，組合施行で約 **22 ha** である．近年，やや規模が小さくなる傾向がある．

（c）定義と性格

土地区画整理事業は，図 **13-3** に示すように農地などに対する市街地の基盤として街路，街区と画地，公園，排水施設などを整備する事業である．それによって都市的土地利用を行うことを可能に

し，土地の利用価値を高める．事業手法の中心は**換地**とよばれ，土地区画の所有関係の移動，区画の分割（分筆）と結合（合筆），整形化である．また，道路，公園などを整備するための土地を各所有地の所有割合などに応じて出し合うこと（**減歩**）により公平な負担になるようにしている．減歩を行って各所有者の土地面積が減少しても，整備後の土地の価値は整備前に比較して増加して減歩分が相殺されることを一般的には想定している．なお，減歩には，道路，公園を整備するために用いられる公共減歩と，事業費の一部に充当するために第三者に売却する**保留地**を確保するための保留地減歩がある．

（2）事業の仕組み

（a）事業主体

以下の事業主体が定められている．

① **一人施行**：個人が単独で行うもの．

② **共同施行**：複数の地権者が共同して行うもの．

③ **組合施行**：複数の地権者が組合を結成して行うもの．

④ **公共団体施行**：都道府県，市町村が事業主体となり行うもの．

⑤ **行政庁施行**：国土交通大臣が直接行うものであり，国の利害に重大なかかわりがあるもの，災害復興など，緊急に行う必要があるものに限定される．

⑥ **公団施行**：旧住宅公団，旧住宅都市整備公団，都市基盤整備公団によって新市街地の造

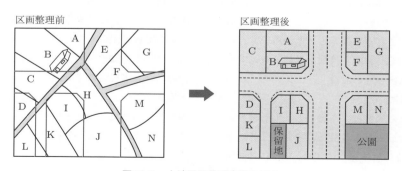

図13-3　土地区画整理事業の概念

成のために行われるもの.

⑦　**区画整理会社施行**：土地の所有者または借地権者を株主とする株式会社が行うもの.

(b)　**事業の進め方**

土地区画整理事業は以下のような手順で進める.

①　**施行区域の決定**

②　**事業計画**：土地区画整理の設計を行う. 設計の内容は，街路網(幹線道路,補助幹線道路,区画道路)，街区と画地，公園，排水路，などである.

③　**換地計画**：土地や土地所有関係の調査を行い，基準に基づいて計画，設計を行う.

④　**土地の評価**：土地の価格の評価などを行う.

⑤　**換地の決定**：区画整理の設計，所有関係の変化などについて案を決定する.

⑥　**換地清算**：過小宅地などの微調整について，精算金などにより調整を行う.

⑦　**換地決定の処分**：土地区画整理の設計内容と画地の所有関係などを確定する.

(c)　**換　地**

換地とは，所有権・借地権などの土地に関する権利をいったん消滅させ，新たに整理後の土地へ変換することをいう. その際，換地の前後における土地条件をできるだけ類似させるために，**照応の原則**が求められる. 土地条件とは位置，地積(面積)，土質，水利，利用状況，環境条件などである. 換地の設計には，面積法，評価法，折衷法がある. 面積法とは，土地の面積を基準として行うものであり，評価法とは，土地の価格評価に基づいて行うものである. 折衷法は両者を組み合わせて行うものである. 評価法には，路線価評価法が用いられることが多い. 路線価評価法とは，道路幅員などにより決定される各街路の基準価格をもとに各画地の評価額を計算し，換地を進めるものである.

(3)　**土地区画整理の設計**

(a)　**公共施設**

土地区画整理事業は，市街地の基盤整備事業として道路，公園などの公共施設を整備する. 全国平均では，公共団体施行の場合，道路率(面積の割合)で整理前が7％，整理後が22.2％，公園で

整理前が0.4％，整理後が3.5％である. 組合施行の場合，道路率で整理前が4.6％，整理後が21.6％，公園で整理前が0.4％，整理後が3.9％である. なお，土地区画整理の設計の基準となっている**設計標準**には，公園面積として施行面積の3％以上を確保するように規定されている. これらの公共施設用地の合計は，全国平均で整理前の約10％から27～30％へと増加する. これらの増加分は，前述の公共減歩によって生み出されることになる.

(b)　**街区と画地**(7.5.9項参照)

土地区画整理事業の計画設計は，画地，街区，道路とそのネットワークなどを対象として行われる. 街区は日照条件を考慮して長手方向を東西軸とすることが一般的である. 全体の計画設計上，部分的に南北軸の街区を挿入していく. 画地は標準的画地規模を設定し，それを基準として街区を裏界線(背割線)と側界線で分割していく. 角地には交差点部における見通しをよくするため隅切を行う. 道路は，区画道路をアクセス道路とし幅員6m以上とする. 道路は幹線道路，準幹線道路，区画道路の段階的構成とする.

必要に応じて，地区全体の歩行者のネットワークを考慮して，歩行者専用道路(自転車も通行可)を計画する. また，幹線道路の交差点を避けて近道をする通過交通を排除するような道路網の計画を行う必要がある. そのために，袋路状道路，U字形道路，歩行者路などを組み合わせ，通過交通が進入し難い道路網とする(第5章参照).

(c)　**事業費**

土地区画整理事業は，国や地方公共団体による調査設計費などに対する公共的補助を受けながら，事業内で収支が合うように進められる. そのため，第三者への売却のために保留地が設定される. 組合の場合，事業費の半分以上がこの保留地の処分金でまかなわれている. したがって，土地区画整理事業は整備後の土地価格が増し，保留地が第三者に売却されることが前提となっている. そのため，土地価格が減少したり，保留地の売却が進まなかったりする場合は，事業の成立が困難になり

大きな問題を生じる.

（4）事業の特性と課題

（a）都市改造型土地区画整理事業

　土地区画整理事業は，農地を対象にした市街化の基盤整備だけでなく，既成市街地も対象とし，街路や駅前広場の整備などにも適用できる．このような既成市街地を対象とした土地区画整理事業の場合，既存建築物の移転や移築などが多く，それらの補償に多額の経費を要するために膨大な事業費が必要である．また，宅地区画が細分化されているため，減歩を伴う土地区画整理事業は，地権者などとの調整が困難な場合が多い.

（b）計画的な市街化

　土地区画整理事業の施行後，建築物（上物（うわもの））などによる土地利用が進行して市街化が進んでいく．こうした市街化で問題とされるのは，市街化が順調に進まず整理前と同じまま，農地として利用されている，画地が分割されてしまう，土地利用が想定したものと異なる，などである．また，土地区画整理事業と一般的な地域地区による規制や誘導のみでは，良好な市街地や街並み景観を形成することは困難であることが多い．そのため，施行地区の地権者などとの協議をふまえて地区計画を用途地域に上乗せして指定する場合がある.

　また，市街地の縁辺部などの農地を対象とする場合，市街化区域内であっても農地としての土地利用の継続を望む農家が存在する場合がある．そのような地区を対象として，一定割合の農地をまとめて集合換地し，そこでは土地区画整理事業を留保して農業を継続して行う制度が設けられている．このような土地区画整理事業を**段階型土地区画整理事業**とよぶ．ただし，このような留保地区は施行面積の**30％以内**とする.

（5）特定土地区画整理事業

　農地などを対象として住宅地としての整備を行う場合，農業継続希望者に対する配慮と，住宅供給促進のために集合住宅の建設を事業内で実施するのが，特定土地区画整理事業である．この場合，事業区域内において，集合農地区，共同住宅区を設定できる．また，集合農地区は施行面積のおおむね30％以内とする.

（6）沿道区画整理型街路事業

　街路事業は，街路計画線内のみを基本的に対象としているため，沿道の未買収地が不整形のまま残存したり，従来街路に面していなかった宅地区画が直接幹線街路に面したりすることになり，さまざまな問題が発生している．このため，幹線道路と沿道に隣接する帯状の地域を対象にして，土地区画整理事業の換地の手法を利用して街路事業を行う.

13.3.3　新住宅市街地開発事業

（1）事業の特徴

　新住宅市街地開発事業は，全面買収方式の事業であり，土地区画整理事業と性格が異なる．事業の適用要件は，1万人以上が居住可能，未市街地である．都市計画事業の一環として行われ，事業指定地区には先買権（さきがい），収用権が適用可能になる．事業は，土地の取得，造成，公共施設の整備を行い，建築による市街化は宅地の譲受人によって行われる．公共的事業としての目的の実現と投機防止のため**建築義務**が課せられる．また，同様の趣旨で10年間の土地の転売を禁止している．これらに違反した場合は事業主体は買い戻しができる（買戻権（かいもどし）：10年間）.

　事業の特徴は，造成宅地を直接，最終需要者へ譲渡することにある．土地区画整理事業と比較して，比較的短期間に大量の住宅や宅地を供給できる．ただし，事業に関連する開発利益については考慮されていない．そのため，開発地近傍では宅地開発などがあまり投資を伴わないで容易になるなど，一般的には開発区域の内外で開発利益の享受の差が大きい.

（2）実　績

　新住宅市街地開発事業は，表13-7に示すように，2020年3月末日時点，16都道府県47地区において行われている．事業者は都道府県，都道府県の住宅供給公社，都市再生機構などである．一事業地区あたりの平均面積は327 haであり，居住（または計画）人口は約3万5千人である．多く

表13-7　新市街地開発事業の実績　　　　　　　　　　　　　　　2020年3月末日時点

都市名	名　称	施行主体	面積 (ha)	計画人口 (千人)	決定年
札幌市	もみじ台団地	市	242.0	32.0	1968, 1972
江別市	大麻団地	道	215.0	27.0	1964, 1968
北広島市	北広島団地	道	440.0	31.0	1969, 1973
石狩市	花畔団地	道住宅供給公社	231.8	23.6	1973
函館市	旭岡団地	道住宅供給公社	109.0	10.0	1976
旭川市	神楽岡団地	市	94.0	10.2	1969
室蘭市	白鳥台団地	市	182.4	24.0	1965, 1968
釧路市	愛国団地	市	141.3	12.3	1975, 1980
帯広市	南帯広団地	市	103.0	10.0	1966, 1968
仙台市	茂庭	市	130.0	10.0	1978, 1988
	鶴ケ谷	市	178.0	23.0	1966
いわき市	玉川住宅団地	県	59.0	10.0	1965
つくば市	大角豆	都市再生機構	70.0	9.5	1968, 1992
	手代木	都市再生機構	47.0	7.5	1968, 1992
	花室	都市再生機構	143.0	24.0	1968, 1992
船橋市	千葉北部地区	県・都市再生機構	90.0	8.5	1969, 1986
成田市	成田地区	県	482.8	60.0	1969
印西・白井市	千葉地区	県・都市再生機構	1 840.0	134.8	1967, 2013
八王子・町田・ 多摩・稲城市	多摩地区・八王子・ 町田・新住宅市街 地開発事業	都市再生機構・都・都住宅 供給公社	2 217.4	282.0	1965, 2005
射水市	太閤山	県	226.1	16.0	1966, 1978
小牧市	桃花台	県	321.5	40.0	1971, 1998
京都市	洛西	市	260.7	40.9	1969, 1981
堺市	泉北丘陵	府	1 511.0	180.0	1965, 1980
	金岡東	府住宅供給公社	137.9	37.5	1965, 1969
和泉市	鶴山台	都市再生機構	77.9	16.0	1968, 1971
	和泉中央丘陵	都市再生機構	368.4	25.0	1984, 2012
	光明池	都市再生機構	127.8	15.0	1970, 1983
阪南市	阪南丘陵	府	170.7	9.0	1988, 2004
豊中市	千里丘陵	府	369.0	50.0	1964, 1967
吹田市	千里丘陵	府	124.6	25.0	1964, 1970
神戸市	西神第2地区	市	414.7	35.0	1980, 2014
	横尾地区	市	142.0	12.0	1971, 1978
	神戸研究学園都市	市	275.2	20.0	1980, 2004
	西神地区	市	634.0	61.0	1970, 2004
	名谷地区	市	276.0	36.0	1969, 1988
	新丸山	市	110.0	12.0	1970
	有野	市	79.5	15.0	1966
明石市	明石舞子	県	161.2	34.0	1965, 1966
西宮市	名塩	都市再生機構	240.6	10.0	1977, 2009
三田市	北摂地区	県・都市再生機構	1 074.0	88.0	1970, 2008
橿原市	橿原	県住宅供給公社	105.0	16.0	1967, 1981
赤磐市	山陽	県	105.0	11.0	1969, 2000
広島市	鈴が峰	市	54.0	8.0	1968, 1982
	高陽	県住宅供給公社	268.2	25.0	1971, 1985
廿日市市	廿日市	県	137.0	12.6	1974, 1979
諫早市	西諫早	県住宅供給公社	143.8	15.0	1966, 1976
	諫早西部	県住宅供給公社	78.7	6.0	1998, 2009
大分市	明野	県	185.0	24.0	1965
宮崎市	生目台	県住宅供給公社	173.0	12.5	1981, 1991
延岡市	一ケ岡	市	93.8	10.0	1966, 1978

（都市計画現況調査，より作成）

は大都市圏周辺または地方中心都市の郊外で, 中心都市の大規模郊外居住地(ベッドタウン)として開発された. 1960年代の高度経済成長期における都市人口の拡大への対応, とくに若い核家族世帯の受け皿となった. 代表的な例が大阪圏の千里ニュータウン(521 ha), 東京圏の多摩ニュータウン(2 317 ha)である. 多くの事業は完了し, 近年は適用事例がほとんどなくなり, 大規模開発が実施されるとしても土地区画整理事業によることが多くなっている.

13.3.4 市街地再開発事業

(1) 再開発の目的

都市の再整備や再開発の主な目的としては, 都市構造の再編, 市街地環境の整備, 都市防災の促進, 市街地中心部における住宅の供給, 土地利用の合理化・高度化, 公共施設と建築物の一体的整備などがあげられる.

(2) 事業の種類

1969年に都市再開発法が定められた. 市街地再開発事業には, 表13-8に示すように, **権利変換方式**による第一種市街地再開発事業と, **管理処分方式**(用地買収方式)による第二種市街地再開発事業がある. このうち, 第一種市街地再開発事業は, 地権者が組合を結成して公共的補助を受けながら, 民間の事業として行うものである. 第二種市街地再開発事業は, 公共性, 重要性が高いものについて公共団体などが施行者になり, 行うものである. 第二種市街地再開発事業では土地収用が可能である.

施行者は, 個人, 市街地再開発組合, 再開発会社, 地方公共団体, 都市再生機構, 地方住宅供給公社などが行うことができる. このうち, 個人と市街地再開発組合は第一種市街地再開発事業のみを行うことができる.

(3) 対象地区

対象地区は, 不燃建築物が少ない, 必要な公共施設が不十分, 土地利用が細分化などを条件として選定される. なお, 公共施設としては道路, 公園などが含まれる.

(4) 事業の仕組み

図13-4に概念を示すように, 市街地再開発事業は, 土地や建物の権利関係を権利変換処分により調整し, 建築と必要な公共施設を一体的に整備することにより行う. 第一種市街地再開発事業は権利変換方式で行われ, 事業前(従前)の建物, 土地所有などの権利を, 再開発ビルの床面積に関する権利に, 原則として等価で変換するものである. 第二種市街地再開発事業は用地買収と管理処分方式で行われる. 管理処分方式とは, いったん施行地区内の建物, 土地などを施行者が買収または収用し, 買収または収用された者が希望すれば, 取得または消滅させた権利の代償に再開発ビルの床面積の一部を与えるものである. また, 土地はとりまとめて一つの区画として地上権が設定される. 再開発ビルの床面積の所有者には, 床面積のもち分に応じて地上権を共有する権利が与えられる.

市街地再開発事業においても, 再開発ビルの床の一部を**保留床**として確保し, それを売却することにより事業の採算をとっている. ただし, 土地

表13-8　市街地再開発事業の施行要件

	第一種市街地再開発事業	第二種市街地再開発事業
施行適用要件 (適用可能範囲)	①高度利用地区, 都市再生特別地区または一定の地区計画の区域内 ②耐火建築物がおおむね1/3以下 ③公共施設が未整備, 敷地細分化 ④都市機能の更新に寄与	左の①〜④に同じ. ⑤つぎのいずれかに該当する地区で. 0.5 ha (防災再開発促進地区内においては0.2 ha)以上の地区 イ. 安全上または防火上支障がある建築物が7/10以上 ロ. 重要な公共施設(避難広場など)の早急に整備が必要 ハ. 被災市街地復興推進地域にあること

(国土交通省資料, より作成)

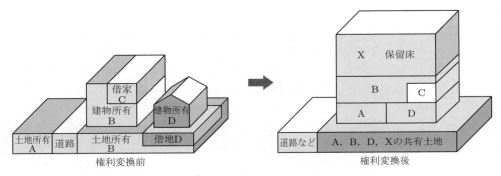

図13-4　市街地再開発事業による権利変換の概念

区画整理事業とは異なり，再開発ビルの建設費が
かなり高額であることから，保留床の取得者（大
規模なものをキーテナントとよぶ）の有無やその
意向が，事業自体の成否や内容に大きな影響を与
える.

　事業はおおむね以下のように進む（公共団体施
行で第一種市街地再開発事業の場合）.

① **都市再開発方針の策定**：高度利用地区また
　は地区計画などに関する都市計画を定める.

② **第一種市街地再開発事業に関する都市計**
　画：事業を施行する区域，道路・交通広場な
　ど公共施設の配置，建物の整備方針など事業
　の基本的な内容を定める.

③ **公共施設管理者の同意**：公共施設の管理予
　定者から同意を得る必要がある.

④ **事業計画などの決定・同意**：事業の施行地
　区，道路・交通広場などの公共施設，再開発
　ビルの設計の概要，施行期間および資金計画
　など事業の具体的な内容を定める.

⑤ **権利変換計画の決定**：事業計画決定など
　の公告の日以後30日以内に，施行地区内の
　土地，建物の施行前資産を再開発ビルの床に
　移行する権利変換，または，補償を受けるか
　などを定める.

⑥ **権利変換処分(権利変換期日)**：権利変換計
　画に従って土地は新所有者に帰属する.

⑦ **工事の着手と完了**：完成した再開発ビルの
　床は権利変換計画に従って新所有者に帰属す
　る.

⑧ **清算**：金銭により権利者間の調整を行う.

（5）実　　績

　2020年3月末日時点において全国の**1 144**地区
で行われている．それらの多くは駅前や都市の中
心部の商業中心地である．地区あたり平均面積は
1.47 haであり，土地区画整理事業（**13.3.2**項参照）
と比較すると格段に小規模で点的な事業である.
また，権利関係が複雑な場合が多いことから，権
利変換に多大な年月と労力を伴う場合が多く，事
業の成立に必要なキーテナントの決定に長い年月
を要する場合がある．なお，第二種の事業は**128**
地区であり，全体の**11.2%**である.

（6）事業の特徴と課題

　市街地再開発事業の多くは都市中心部の拠点地
区で行われる．一般的には，**キーテナント**の参加
がなければ事業が成立しない．そのため，キーテ
ナントの意向が事業の内容を大きく規定している.
その結果，百貨店などの大規模小売店が入居する
商業ビルへの建築更新の手法として用いられるこ
とが多く，従前の権利者にとって必ずしもその土
地での継続的営業や居住が保障されていない．そ
のため，事業の評価は立場によって異なる．また,
市街地再開発事業による再開発は，従前の土地利
用を全面的に更新する仕組みを前提とし，建物を
すべて取り壊し，新しい大規模なビルを建設（ス
クラップアンドビルド）することになる．そのた
め，歴史的な建物や街並みが失われ，周辺との建
築形態などが大きく異なるなどの問題も多い.

　地区の性格によっては，より修復的な事業手法

写真13-1　金沢市の武蔵ケ辻第四市街地再開発事業

による再開発を進めることも必要であり，修復的な再開発の事業手法を検討する必要がある．また，再開発的整備が必要な地区は，このような拠点的な商業だけではなく，老朽木造市街地などもある．そうした地区の再開発的整備は，事業の採算性や土地の権利関係を調整することが困難なため，あまり進んでいない．今後は，そうした地区や中心部の住宅地整備などを対象とする再開発への取り組みが一層必要とされる．

（7）「身の丈」再開発

　都市が成長拡大している時期には，中心部などにおいて容積率の上限値まで利用して大型の商業ビルを開発する事業が多く行われた．その後，都市人口が停滞や減少する時代になり，郊外の大型商業施設が多く開発されるようになると，キーテナントの撤退による経営問題などで閉鎖される事例が多くみられるようになった．とくに，地方都市で多くみられ，中心部の空きビル化は中心市街地の衰退を象徴する現象になっている．

　こうした状況をふまえ，市街地再開発事業を活用しても，容積率の指定値を最大限に利用せず，その土地のもつ開発ポテンシャルや需要に合わせた開発が行われるようになっている．こうしたものを「身の丈」再開発と称している．

　写真13-1は，金沢市中心部におけるそうした事例（武蔵ケ辻第四第一種市街地再開発事業）である．主目的は江戸時代から続く市場の再整備であり，従前の雰囲気を残しつつ，1932年建築の歴史的建物（旧銀行）の曳き家，上層階の市民研修施設などによる利用を行い，合わせて，道路の拡幅整備やバス停とバス待ち空間の整備，市民広場の整備などを行っている．キーテナントによる大規模商業施設の開発は行っておらず，容積率の指定上限値は600％であるが，利用しているのは約280％である．

13.4 地区を対象とする計画制度

13.4.1　建築協定

　建築協定は，建築基準法の規定に基づき，土地所有権者などの権利者全員による合意により，建築物の敷地，位置，構造，用途，形態，意匠，設備の中から必要なものを定めるものである．協定発効には特定行政庁の認可を必要とするが，特定行政庁が行う建築確認の対象ではない．そのため，違反は建築基準法に基づく処罰の対象とはならず，必要な場合は，関係者が民事裁判として争うことになる．基本的には，法の定める範囲内において住民による住民のための自主的なまちづくりを行うために設けられている制度である．アメリカ合衆国のカベナントと類似している（**12.4.5**項（**1**）参照）．

2020年3月末日時点，8 081地区に適用されている．そのうち，住宅地が9割以上とほとんどを占め，それ以外は，商業地，工業地である．また，住宅地への適用の中で，既成市街地は3割程度と比較的少なく，新市街地が7割程度と多い．

13.4.2　特定街区

特定街区とは，一定規模以上のまとまりをもつ地区を指定し，一体的な開発において空地確保などの環境改善に寄与することを条件に，通常の地域地区にかかわらず特別の用途・形態規制を行うものである．その中には，容積率を割増しし，隣接地への容積率の移転を可とするものなどが含まれる．2020年3月末日時点において19都市の114地区194 haに適用されている．一地区あたりの平均面積は1.70 haである．

13.4.3　総合設計制度

総合設計制度は，一定規模以上の敷地において，一定割合以上の空地を確保する建築計画に対して，その内容を総合的に判断し，市街地環境の向上に資すると思われる場合は，容積率，斜線制限などの緩和を認めるものである．アメリカ合衆国のインセンティブゾーニングに類似している（12.4.5項（2）参照）．

総合設計制度は1970年に創設されたが，都市計画的な課題に応じて，その種類を増やしてきた．都心部における住宅供給の促進を目的として，1983年に市街地住宅総合設計制度，1995年に都心居住型総合設計制度，1986年に再開発方針に沿う計画に対する適用を目的とした再開発方針など適合型総合設計制度などが設けられた．2013年3月末日時点において，全国で3 328地区（建築工事が中止された物件を含む）に適用されてきた．そのうち，もともとの総合設計制度が約6割を占め最も多い．市街地住宅総合設計制度は約1/3を占めている．そのほかの再開発方針など適合型などはきわめて少ない．なお，敷地内に設けられる空地は**公開空地**とよばれ，通路，緑地，広場として24時間一般開放されている．

写真13-2は名古屋市における公開空地の整備例である．右側の歩道と建物の間が公開空地であり，いつでも誰でも出入りできる空間である．

13.4.4　地区計画

地区計画は，ドイツの**B**プラン（12.2.2項参照）を参考にして1980年に導入された．ただし，**B**プランは原則としてすべての開発の前提となる計

写真13-2　公開空地の整備例（名古屋市）

画であり，Bプランがなければ開発が認められない．しかし，地区計画の場合は，地区計画がなくても開発が可能である．そのため，Bプランと地区計画は基本的な性格と役割が大きく異なっている．

（1）制度の概要

都市計画区域内の一定地区を対象にし，地区施設と建築物を一体的に整備する．都市基盤施設を対象とするマクロな都市計画と，敷地単位のミクロな建築規制の中間的な領域を扱うものとして位置づけられる．また，市町村が実施主体となり，計画策定にあたっては関係者の意見聴取が義務づけられているなど，住民参加方式による市町村主導の都市計画制度である．

地区計画では，決めることができる項目が定められており（メニュー制），それらを図13-5，表13-9に示す．個々の敷地については建築物の用途，容積率，建ぺい率，外壁の色彩，材料，屋根の勾配，垣・柵の高さや種類，敷地面積の最低限度，道路や敷地の境界線からの後退距離などが定められている．また，地区全体については，道路

や公園の位置を決めることが可能である．対象地区の性格に基づいて地権者などとの協議により，これらから選択して規定する．地区計画区域内では，建築活動などに届出義務が課せられ，建築の確認申請の前に地区計画への適合がチェックされる．不適合項目については，指導や勧告が行われる．

なお，1987年には，市街化調整区域などにお

図13-5　地区計画による規制可能メニュー

表13-9　地区計画制度の概要

決定主体		市町村	
決定手続		都市計画決定の手続きによる．（案作成時に土地所有者などの意見を求める）	
計画事項	区域	地区計画区域	地区整備計画区域(左の区域の一部でも可)
	内容	地区整備の方針 1．地区計画の目標 2．地区の整備，開発および保全の方針 地区整備計画区域	つぎの事項のうち必要なものを定める． 1．地区施設の配置・規模 2．建築物などの用途の制限，容積率の最高限度・最低限度，建ぺい率の最高限度，敷地面積・建築面積の最低限度，壁面の位置の制限，建築物などの高さの最高限度・最低限度，そのほか建築物などに関して政令で定めるもの 3．土地の利用の制限に関して政令に定めるもの（予定道路など）
制限等		なし	1．要請制度：権利者は協定を締結した場合，都市計画決定者に対して地区整備計画を定めることを要請できる． 2．届出，勧告制度：当該行為に着手する30日以前に届出，計画不適合について市町村長が設計の変更そのほか必要な措置を執ることを勧告 3．開発許可の基準 4．市町村の条例に基づく制限：建築物の敷地・用途に関する事項 5．①地区施設の配置・規模，②容積率の最高限度，③容積率の最高限度・最低限度，④敷地面積の最低限度，⑤壁面位置の制限 6．道路の位置の指定は計画に即して行う． 7．予定道路の指定・道路の幅員による容積率制限の特例
整備主体		建築を行う者，開発行為を行う者または市町村	
助成措置		土地に関する権利の処分に関する斡旋そのほかの措置	

ける農業集落の周辺部などにおいて，営農条件と調和のとれた良好な居住環境を整備するために集落地区計画が創設された．また，2000年の都市計画法改正で，市町村条例により住民などから地区計画の内容，決定などについて提案する方法を定めることができるようになった．

(2) 実　績

地区計画は2020年3月末日時点において全国で8081地区，面積約17.1万haにおいて指定されている．1地区平均約23haで地区整備計画区域の面積の割合は89%である．地区整備計画の内容が確実に守られるように，建築条例を定めて建築確認申請と連動するようにしているのは，約7割程度である．

地区計画の適用区域は，当初，市街化区域における下記の3タイプに限定されていた．

① 土地区画整理事業等の市街地開発事業の実施(予定を含む)区域

② スプロール的な市街化が進行する恐れがある区域

③ 良好な居住環境が形成されている区域

しかし，1992年の都市計画法改正により市街化調整区域においても地区計画を定めることが可能になり，2020年3月末において1083地区，10557haに指定されている．また，2000年改正により用途地域指定区域内ではどこでも指定可能になり，都市計画区域内で用途地域が指定されていない区域に62地区4300haが指定されている．

(3) 地区計画制度の新展開

一定のまとまりある地区を対象とする都市計画の必要性が高まってきており，地区計画制度は，徐々にその種類を増やしてきている．詳細を表13-10に示す．幹線道路沿道に中高層建築物の立地を誘導し，交通騒音などの公害を防止または緩和しようとする沿道地区計画，都心部の商業系地域などに住宅の立地を誘導するための用途別容積型地区計画，道路などの公共施設が未整備な区域において公共施設の整備状況に応じた容積率などを適用する誘導容積型地区計画，密集市街地の防災対策を進めるための防災街区地区計画などがあ

る．

また，**街並み誘導型地区計画**では，街路と建築物が一体となった良好な街並みと土地利用を形成するため，地区計画において図13-6に示すように壁面の位置の制限，建築物の高さの最高限度，セットバック部分における工作物の設置の制限などを定める．それに対応して，前面道路幅員に応じて容積率制限と斜線制限(4.4.6項(2)参照)の緩和を行う．その結果，新規の利用可能空間が認められ，土地の有効利用と建物上部が斜めにカットされていない整形な建築が可能となり，良好な街並み形成を誘導することができる．

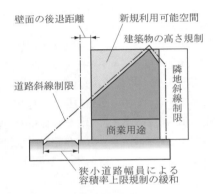

図13-6　街並み誘導型地区計画の概念

(4) 制度的特徴と課題

わが国では地区計画がなくても，通常の用途地域などに基づいて開発や建築活動が認められる．地区計画は，関係権利者などの受け入れを前提として上乗せ規制として指定されるものである．そのため，地区計画の多くは，土地区画整理事業施行地区など新規開発地に指定されることが多く，既成市街地では比較的少ない．

また，地区計画で規定できる内容は，あらかじめ決められた項目から選定し，そのほかのものは設定できない．また，定められた項目も現行の用途地域制に用いられているものがほとんどである．そのため，ドイツの**B**プランに比較してかなり限定されている．その結果，地区計画で細街路など基礎的な市街地整備を行ったり，問題のある建築活動などを防いだりすることは可能であるが，良

表13-10 地区計画制度の種類

名 称	創設年	内 容	実 績
沿道地区計画	1980	幹線道路沿道に中高層建築物等の立地を誘導し，交通騒音などの公害を防止または緩和する．	4都市，50地区，667 ha
集落地区計画	1988	市街化調整区域または区域区分のない都市計画区域における集落地区において，営農と居住環境が調和した土地利用を図る．	14都市，16地区，513 ha
用途別容積型地区計画	1990	都心部等における第一種・第二種住居地域，準住居地域，近隣商業地域，商業地域または準工業地域内で，住宅供給の誘導を目的として，住宅について容積率を1.5倍まで緩和する．	26地区，464 ha
誘導容積型地区計画	1992	公共施設が未整備の地区を対象として，地区の特性に応じた容積率の最高限度（目標容積率）と公共施設の整備状況に応じた容積率の最高限度（暫定容積率）を定め，公共施設の整備状況に応じてそれらを適用する．	77地区，2 334 ha
容積適正配分型地区計画	1992	公共施設が整備された地区において，地区の特性に応じて，用途に応じた容積率を適用するもので，敷地面積と指定容積率に応じた容積率の範囲内で，建築物の容積を配分する．	13地区，192 ha
街並み誘導型地区計画	1995	街路と建築物が一体となった良好な街並みと土地利用を形成するため，壁面の位置の制限，建築物の高さの最高限度，セットバック部分における工作物の設置の制限等を定め，前面道路幅員に応じて容積率制限と斜線制限の緩和を行う．	105地区，1 841 ha
防災街区整備地区計画	1997	防災上危険な密集市街地において，延焼防止機能や避難機能を確保するため，道路・公園等の公共施設整備と併せて，その周辺の建築物の耐火構造化を誘導する．	10都市，38地区，2 213 ha
再開発等促進区を定める地区計画	2002	工場跡地，鉄道操車場跡地，住居専用地域内の農地等の低未利用地などにおける土地利用転換を進めるため，道路，公園等の公共施設整備と併せて，用途・容積率等の緩和を行う．再開発地区計画（1988年創設）と住宅地高度利用地区計画（1990年創設）が統合されて創設された．	273地区，4 044 ha
高度利用型地区計画	2002	都心部等において，建ぺい率の最高限度，敷地面積や建築面積の最低限度等を定め，容積率制限と斜線制限の緩和を行うことで，敷地の統合，小規模建築物の抑制，敷地内空地の確保を進め，土地の高度利用と都市機能の更新を進める．	67地区，1 159 ha
開発整備促進区を定める地区計画	2007	特定大規模建築物の整備による商業そのほか業務の利便の増進を図るため，一体的かつ総合的な市街地の開発整備を実現する．	13地区，144 ha
歴史的風致維持向上地区計画	2009	歴史的風致にふさわしい用途の建築物を総合的に整備する必要がある区域において，歴史的風致の維持および向上と土地の合理的かつ健全な利用を図る．	2都市，2地区，4.3 ha
立体道路制度を適用する地区計画	2018	道路上に建築物の建設が可能になるもので，地区整備計画で重複利用区域を設定することにより可能である．	20地区，463 ha

注）都市計画現況調査，より作成．実績は2020年3月末日時点．　　　　　　　　　　　　　　　　　　　　　　　（国土交通省資料，より作成）

好な市街地や美しい街並みを形成するには不十分である．

13.4.5　容積率移転制度

わが国においても，アメリカ合衆国のTDR（**12.4.5**項（**3**）参照）のように，容積率を隣地間などで譲渡する仕組みがある．特例容積率適用区域制度で，**2000**年の都市計画法改正で創設された．指定区域内での敷地間の容積率の移転が可能である．東京丸の内駅舎（赤煉瓦）の未利用容積を複数

写真13-3　特例容積率適用区域制度による建物
（東京丸の内）

の周辺建物の開発に利用し，その譲渡益は赤煉瓦駅舎の保存と改修に用いられた（写真13-3）．そのほか，特定街区（13.4.2項），容積適正配分型地区計画（13.4.4項）などでも容積率の隣地間などで移転が可能であり，用いられている．

ただし，わが国のものは，民間どうしの譲渡契約でしかなく，移転された容積率の法制度上の位置づけが不確定であり，公定された権利として確立されていない点で課題がある．

13.5 宅地開発指導要綱

13.5.1　社会的背景

1960年代以降，都市への人口や産業活動が集中し，とくに大都市周辺地域の市街地の拡大が激しくなった．そうした状況に対応するため，各市町村が宅地開発指導要綱を定めた．なお，要綱とは法や条例などの法的根拠をもたずに定められたものであり，行政上の業務を行うためにその要領などを定めたものである．法制度上，民間開発などに対して規制や負担金を課す場合，必ず法的な根拠に基づかなければならないが，要綱による場

合，法的問題がある．

宅地開発指導要綱は，1965年に川崎市が定めたものが全国的に初めてとされている．これが，まず三大都市圏の主要な人口急増地帯の市町村に広がり，その後，全国的に都市的地域を中心として制定されるようになった．

義務教育施設，保育園などの生活関連施設，上下水道や道路などの生活関連基盤などの整備は市町村の責務とされており，人口急増市町村におけるそれらの整備は，市町村の財政の逼迫をもたらした．また，都市内における中高層建築物の建築に伴う日照障害などの相隣紛争が頻発し，それらへの対応も必要とされた．さらに，都市周辺部の宅地開発には敷地規模の狭小な宅地が集合したいわゆるミニ開発とよばれるものが多くみられた．こうした住宅地の開発は，生活環境上の問題も多く，低質な住宅地を形成するため，これらへの対応も必要とされた．

一方，わが国における当時の都市計画には，こうした問題に的確に対応するものがみられず，また，市町村の都市計画権限はきわめて限定されていた．都市計画の内容は，比較的マクロな都市基盤施設などを対象とし，前述のような生活関連施設は対象外とする傾向がある．さらに，建築基準法に基づく建築物の規制は，基本的には敷地単位で建築物にのみ規制しているもので，その内容は必要な最低の規制である．

13.5.2　制度内容

大都市周辺地域における人口急増市町村において，市街地周辺部における低丘陵地の宅地開発などに対して各種の規制を設けて自然環境の保全を行うこと，人口増に伴う公共施設整備などに対する財政負担の一部を開発業者に求めることなどを内容としたものである．また，市町村は，そうしたことを通じて急激な開発の進行を抑制し，できるだけ良好な住宅地の開発を誘導しようとする意図をもっていた．要綱に規定しているのは「対象事業の開発規模，面積または戸数」「最低区画面積」「**開発負担金**」「住民への説明会の開催」などである．

13.5.3 実績と課題

宅地開発指導要綱の制定は，2001年10月1日時点で，1 658（全国市町村数の51.1%），制定要綱数は2 201であり，その後全国的な調査は行われていない．それらは，開発圧力の強い大都市で多くなっている．また，開発指導要綱の中で開発者に負担金を課すことを規定しているものがあった．開発負担金が開発原価に占める割合は，1970年ごろには約2〜3割になり，中には4〜5割に達するものまで現れた．そうした法定外負担金には違法性があり，社会的問題となった．そのため国による是正指導が行われ，その部分についてはなくすように改定されている．

宅地開発指導要綱は都市計画行政を実質的に補完する役割を果たしている．また，近年，都市計画の地方分権が進み，自治体が条例を定めて内容の一部を取り込むようにしている．今後は，「法体系の整備と法体系上の位置づけ」「規制内容等の根拠の明確化」「規制や負担の内容の適正化」などより進める必要がある．

13.6 計画決定プロセス

13.6.1 計画決定手続きの役割

都市計画を決定するには，計画内容を検討し，原案を作成し，関係機関との調整を行い，さらに，関係権利者や住民の意見を反映させ，それらに基づいて必要な修正を行い，公的に決定するようなプロセスを経ることになる．そうした都市計画の決定プロセスは，一般的には，「関係主体間の調整」「利害関係者の保護」「関係権利者の意見反映」「内容の公告，周知徹底」「権威づけ」「住民参加」「計画内容の向上」などの役割をもっている．

13.6.2 都市計画の決定権

1918年の都市計画法では，都市計画の決定権は国の大臣に帰属するとされていたが，1968年法において大臣から地方，主として都道府県知事に委譲され，基本的な都市計画，広域の見地からすべき都市計画，重要な都市計画については都道府県知事，そのほかについては市町村長が有するとされた．ただし，近年の地方分権の流れの中で，都道府県から市町村へ権限が委譲されるものが増えてきている．

都道府県知事が担当するのは，市街化区域および市街化調整区域の区域区分，広域的地域地区，広域的根幹的な都市施設，市街地開発事業などである．また，市町村決定の一部のものについては，都道府県知事との事前協議が要件とされている．ただし，市は2011年より，町村は2020年より同意を得る必要はなくなった．

市町村の都市計画は，都道府県の都市計画に適合させることが義務づけられ，両者が矛盾している場合は，都道府県のものを優先させることが規定されている．二つ以上の都道府県にまたがる区域を対象とする都市計画は，国土交通大臣が直接担当する．さらに，重要な都市計画の決定には，国土交通大臣の認可を要件としている．

全体として，都道府県から市町村への権限の委譲が進んでおり，また，市町村がその目的や特性に合わせて運用できる都市計画制度も増えている．そのため，わが国においても，都道府県による広域調整のもとに，市町村が主体的に創意工夫して都市計画を進めることが可能になりつつある．そのため，それだけ，市町村の役割と責任が大きくなっているといえる．

なお，行政の位置づけが自治事務に移行したとはいえ，都市計画については都道府県および市町村の議会は直接関与しない仕組みになっており，地方自治体固有の領域とは必ずしも位置づけられていない．

13.6.3 都道府県が定める都市計画

都道府県が定める都市計画の決定手続きは，図13-7に示すとおりである．また，対象としては，以下のようなものがあげられている．

① 市街化区域および市街化調整区域の区域区分

② 地域地区のうち，国などの調整を要する広域的なもの

a. 上位計画などに基づくもので，臨港地区，歴史的風土特別保存地区，近郊緑地特別保全地区，流通業務地区などがある．

b. 以下の地域における用途地域
　・首都圏，近畿圏，中部圏，新産業都市，工業整備特別区域
　・東京都の区域，県庁所在都市，人口25万人以上の都市
　・環境省大臣の指定する集団施設地区

c. 都市計画条例による風致地区

d. 都市施設のうち，広域的，根幹的なもの

e. 小規模な土地区画整理事業を除くすべての市街地開発事業

13.6.4　市町村が定める都市計画

市町村が定める都市計画の決定手続きは，図13-8に示すとおりである．また，対象は都道府県が定めるもの以外であるが，以下のようなものがあげられる．

① **広域ではない地域地区**：高度地区，特別用途地区，防火地域など限定されたものがある．ただし，実態としては，国の基準に基づいて定め，国土交通省との協議が義務づけられている．

② **広域的，根幹的でない都市施設**：4車線未満の道路，10 ha未満の公園．

③ **用途地域**：大都市地域，および，県庁所在

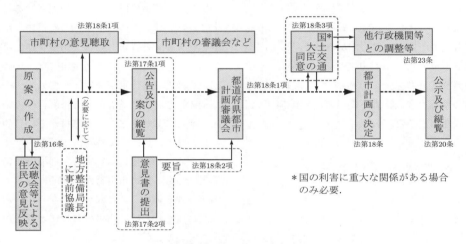

図13-7　都道府県が定める都市計画決定の手続き

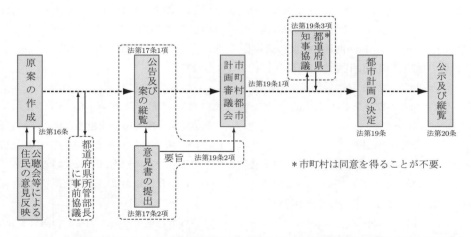

図13-8　市町村が定める都市計画決定の手続き（市町村都市計画審議会を設置している場合）

都市，人口25万人以上の都市を除く地域の市町村．

以上のように，都道府県と市町村で分担する関係にある．また，都市計画自体は市町村が地方自治法に基づいて定める基本構想に即するとされているが，市町村議会の決定を必要としていないこと，上記のような内容だけでは市町村独自の都市計画を定めることは困難であることなどから，現状では，市町村がもっている都市計画の権限や，独自に定めることができる内容の範囲はまだ限定されている．

13.6.5　都市計画の提案制度

土地の所有者，NPO団体，民間会社など民間が具体的な都市計画を提案できる制度が2002年に創設された．これにより，それまで行政だけに限定されていた都市計画の立案を民間で行うことも可能になり，より民意を反映した都市計画とすることができるようになった．

都市計画の提案は，0.5 ha以上の土地について，土地所有者の2/3以上の同意を得ているものであり，都市基本計画などに整合していなければならない．都市計画決定権者は，提案を検討し1年以内に都市計画を決定しなければならない．また，都市計画を決定しない場合は，その理由を示す必要がある．

実績としては，ディベロッパーが所有する土地などを対象として規制緩和型の提案を行うもの，住民が住環境保全のために用途地域の変更や地区計画の策定などを行うものなどがある．

13.6.6　都道府県による広域調整制度

大規模な集客施設の立地などは，一つの市町村を超えて，広域的な影響を及ぼす可能性があるため，2006年に都道府県知事による広域調整制度の仕組みが導入された．都道府県知事は，当該市町村から関連情報を求め，隣接市町村からそれに対する意向を聞き，都市計画区域マスタープランなどを参照して，必要な場合，理由を示して意見をいうことができる．

ほとんどの都道府県において，広域調整の指針を定めて運用しているが，都道府県が積極的な意見を述べるなどしている事例はきわめて少ない．市町村への権限委譲が進む中で，都道府県の広域調整において果たす役割は大きくなっているため，今後はより積極的な運用を図る必要がある（4.4.9項参照）．

13.6.7　決定プロセス

都市計画の決定は，都道府県については図13-7，市町村については図13-8のように進められる．

（1）公聴会

公聴会は，都市計画案の段階で，都道府県または市町村が必要であると判断した場合に開催され，都市計画に対して意見を述べたい希望者が文書で申し出て，公開の場で与えられた時間に意見を発表する機会を与えられる．なお，必要があるとされているのは，「市街化区域および市街化調整区域の区域区分」「用途地域の全般的見直し」「根幹的都市施設など都市構造全体に影響を及ぼすと考えられる基本的な都市計画の決定」についてである．

（2）縦　覧

縦覧は，都市計画案を公開するための制度で，場所を公告することにより，一定期間（2週間）その場所へ出向いて申し出れば閲覧することができる．

（3）意見書の提出

関係市町村の住民や利害関係者が，縦覧などに基づいて縦覧期間中に都市計画案に対する意見を文書で提出することができる．

（4）公　告

公告とは，広く公衆に通知するという意味である．その内容は国土交通省令により，「都市計画の種類」「都市計画を定める土地の区域」，縦覧のためには，それらに加えて「都市計画案の縦覧場所」が必要と定めている．

これらは，情報公開としてみると，内容と方法がきわめて限定されている．実際には，法定以外

の任意の方法による，より積極的な情報の伝達，広報が工夫されている場合が多い．

（5）都市計画審議会

都市計画審議会は，都道府県知事および市町村長により諮問された都市計画案を審議して承認する機関であり，都市計画決定に必ず必要とされる．ただし，都市計画審議会は決定に同意するものであり，内容を修正する権限は与えられていない．

構成員は，都道府県の場合，学識経験者，関係行政機関職員，市町村長を代表する者，都道府県議会議員，市町村議会議長を代表する者であり，前二者が過半数になるように選定される．市町村の場合もこれに準ずる．また，このように都市計画審議会の構成員に地方自治体の議員が含まれていることから，間接的には地方自治体の関与がなされているといえる．

前述の意見書については，その要旨が都市計画審議会に提出され，審議の参考とされる．なお，都市計画審議会は非公開とされている場合や，議事録も公開されない場合が多かったが，近年では情報公開促進の流れの中で公開されるようになっている．また，委員の一部を公募する事例も増えている．

13.6.8　自治体による住民参加

前述のような法定の制度だけでは必ずしも十分ではなく，運用によっては形式的なものになっている場合も多い．そのため，より実質的で有効なものとするため，各自治体はさまざまに工夫している．たとえば，原案作成段階において関連する要望の調査などを行ったり，また，原案までの計画案を**素案**と称し，それに対して説明会を開催したり，**Web**サイトなどで公開して意見（**パブリックコメント**）を求めたりしている．

たとえば，原案作成前の段階における説明会の開催，関連する要望の調査などを積極的に行う場合がある．また，そうした段階において，**ワークショップ**を開催し，より活発な意見交換を行ったり，計画案の検討を行ったりする機会を設けることが行われる場合もある．

原案の公表についても，縦覧だけでは不十分で，より積極的な説明責任を果たすため，広報紙やチラシ配布，インターネット活用などにより行う場合が多い．

また，計画決定に伴い，権利制限が発生する土地や家屋の所有者などには，直接説明し，了解を

パブリックコメント（public comment）

計画案を公表し，それに対して住民などから広く意見を求めることが一般的になってきている．そうした意見のことをパブリックコメントという．インターネットの普及により，計画案の公表と閲覧が**Web**サイト上で比較的容易に行うことが可能である．また，それに対して意見を述べることも，電子メールや**Fax**により簡便に行える．そのため，主要な都市計画については，法定ではないが，素案についてパブリックコメントを集め，寄せられた意見に対応して必要な修正を行って原案とすることが一般的になっている．なお，パブリックコメントについては，寄せられた意見とその対応について整理して公表することも行われる場合が多い．

ワークショップ（workshop）

計画に関係する住民などに集まってもらい，計画について話しあったり案の検討などを行うことを意味する．そのときに，意見交換を活発にするため，途中段階において，**10人**程度の小人数のグループに分かれることも多い．グループでは，それぞれファシリテーター（会議進行役）を配し，活発な意見交換をうながしたり，うまくとりまとめたりするようにする．ただし，ファシリテーターが意見を主張したり，議論を支配したりしてはならない．グループの意見をとりまとめ全体に報告し，最後に全体の意見などをとりまとめるようにして進められる．

得る努力をする場合もある.

13.7 まちづくり関連条例

わが国の都市計画は幹線道路の整備や用途地域などによる全国画一的な法的基準による建築活動の規制誘導を行ってきている.しかし,幹線道路などの都市の基盤施設の整備が進み,経済的水準にふさわしい豊かな都市生活の実現が求められているのに対して,そうした仕組みだけでは不十分である.そのため,各都市の実態や課題に対応した工夫のある取り組みが求められている.

前述のように,都市計画の地方分権が進み,都市計画が国の地方自治体への機関委任事務から自治体固有の自治事務へと制度変更がなされた(13.1.1項(3)参照).そのため,都市計画やより広義の都市づくりのために**まちづくり関連条例**が活用されることが多くなっている.

まちづくり関連条例には,法律に基づいて制定されるもの(**委任条例**)と自治体が独自に制定するもの(**自主条例**)がある.前者の例として,都市計画法で規定されている,風致地区(表4-1参照),特別用途地区(4.4.5項(2)参照),開発許可条例(13.2.4項(4)参照)などがある.近年,後者のまちづくり関連の自主条例を活用することが多くなっている.また,都市計画が自治事務に位置づけられたことから,法制度が設けられても,必要に応じて,条例で規制を追加したりより強化したり

することが可能となっていることが多い.

まちづくりに関連する自主条例は,金沢市による伝統環境保存条例(1968年)が最初であるとされている.その後,法制度が十分に対応せず都市づくりの課題とされた,景観,バリアフリー,土地利用,歴史的環境の保存などの分野で自主条例を制定する事例が多くみられる.また,近年では,委任条例と自主条例を組み合わせて総合的な計画制度とすることも多くなっている.景観や土地利用などにおいてみられ,名称も**まちづくり条例**などとしているものもある.

今後,都市計画分野において法律は基本的な骨格を示すものとし,具体的な規定や基準は,各自治体が地域の実態や特性に対応したものとするように変革していく必要がある.用途地域の種類や具体的基準がまずそうした対象として考えられる.

また,これからの都市計画は住民の役割がより重要になり,まちづくりに関心を持ち主体的に活動する人々の存在が欠かせない.学校教育の中でもそれに関連した動きがみられる.2022年度より高校教育に「総合的な探求の時間」が開始される.生徒がグループなどで主体的に課題を設定し,情報の収集や整理と分析を行いとりまとめる能力を育成することを目的としている.課題は自由に設定することができるため,自分達に身近で将来を創造的に形成することに関わる都市計画やまちづくりに関するものはふさわしいと思われる.

■ **演習問題** ■

13.1　下記の用語について説明しなさい．なお，複数の用語があげられている場合は，それらの相互関係についても説明しなさい．

  (1)　市区改正条例，都市計画法，市街地建築物法

  (2)　都市計画区域，市街化区域，市街化調整区域

  (3)　開発許可，開発行為

  (4)　開発許可条例

  (5)　保留区域，特定保留区域

  (6)　市街地開発事業

  (7)　新住宅市街地開発事業

  (8)　建築協定，特定街区

  (9)　総合設計制度

  (10)　宅地開発指導要綱

  (11)　公聴会，縦覧，意見書

  (12)　ワークショップ，ファシリテーター

13.2　わが国における土地区画整理事業の内容について，事業の仕組み，市街地整備に果たしてきた役割，線引きとのかかわりなどについて説明し，さらに，今後の課題などについて考察しなさい．

13.3　土地区画整理事業施行地区における市街化の特徴や問題点について説明しなさい．また，線引き制度や地区計画制度との関連性についても説明しなさい．

13.4　わが国における市街地再開発事業の内容について，事業の仕組み，市街地整備に果たしてきた役割，などについて説明しなさい．説明に際して，権利変換方式，管理処分方式，地上権，保留床などについても説明しなさい．

13.5　わが国の地区計画の特徴について説明しなさい．説明に際して，地区整備計画，ドイツの**B**プランとの比較についても説明しなさい．

13.6　わが国における都市計画の決定プロセスについて，都市計画審議会，公聴会，縦覧，意見書などについてもふれながら説明しなさい．

13.7　都市計画決定における住民参加の実態とあり方について論じなさい．

演習問題の解答例およびヒント

※ [ ] はヒント.

第1章

1.1

(1) 人口集中地区とは，わが国で設定されている都市的地域を表すための統計的地域区分であり，一方，市は，基礎的自治体の行政上の種類を表す．市町村合併により市域に農山村の地域を多く含むようになり，**1960**年より設けられた．**p.2**用語説明「人口集中地区」参照．

(2) 基礎的自治体である市について，行政的能力の高さを示すため，人口規模などにより種類を設定し，都道府県などが担当する行政事務を担当できるとしている．**1966**年より政令指定都市が開始されたが，近年，地方分権をより一層進めるために，中核市，特例市が設けられた．中核市と特例市は人口**20**万人以上であり，それぞれ一定の権限が委譲されている．

(3) 産業革命による工業化の進展により，都市が生産の場になったことで多くの古典的都市問題が発生するようになった．古典的都市問題には，労働者の劣悪な生活環境などがあげられる．それらは，都市計画を含む社会改良により克服されてきた．それらと異なる現代的都市問題として，大量の生産と消費による環境問題，大都市の出現による非人間的な生活，交通問題などが発生してきており，いずれも私たちに課せられた大きな課題である．

(4) **p.6**用語説明「人口の指標」参照．　　　　(5) **p.6**用語説明「合計特殊出生率」参照．

1.2 ［現代的都市問題などについて，その種類や原因を述べ，具体的な問題を一つ取り上げるなどして，論述するようにする．］

1.3 ［新聞記事などから，土地利用，交通などにかかわる問題を取り上げ，本書などを参照しながらその原因，解決のあり方などを考察する．論述にあたっては，引用箇所とその出典を明記する必要がある．なお，日頃から新聞などを読むようにするとよい．］

第2章

2.1

(1) わが国における最初の都市計画であり，首都である東京を西洋諸国の大都市のように改造することを目的としたものである．

(2) 東京の銀座一帯が大火で消失後，欧米諸国のような広幅員街路と両側に煉瓦造の建物列を築造したものである．わが国における本格的な西洋風の都市整備事業として位置づけられる．

(3) 古典的都市問題を解決するために，社会改良家や良心的な工場主により提唱され，一部実現されたものである．工場と労働者の自給自足的な社会を形成しようとしているものが多い．

(4) **C.A.**ペリーが**1929**年に提唱したものである．幹線道路で囲まれたスーパーブロックに，小学校一つを需要する人口を居住させ，中心部に地区の公共施設，周辺部に商業地区を立地させる．また，地区内の街路は通過交通が発生しないようなものとする．住宅地や施設配置の計画理論として用いられている．

(5) デンマークのコペンハーゲンを対象として計画提案された考え方である．手のひらのように，都市の市街地は交通軸を含む指状に開発し，指の付け根に拠点地区，指と指の間にオープンスペースを設けるものである．そうすることにより，計画的な市街地の発展とオープンスペースへの良好なアクセスが可能となる．大ロンドン計画にみられる，新都市による中心都市の成長抑制とは対比的な考え方である．

2.2 オスマンはパリの大改造を行い，今日見られるような都市美を形成した．幾何学的で規則的な広幅員街路およびそれと一体となった沿道建造物群，主要な交差点への記念物や公園の配置などにより，壮麗な都市美を創造した．そうした手法は，その後の都市づくりにつねに規範となるような影響を与えた．わが国においても明治期などの都市改造の規範とした．

2.3 田園都市は，E. ハワードが提唱し，実際に出資者を募り，ロンドン近郊に建設したものである．農地の中で一定の人口規模の都市を整備し，豊かな自然の中で働いて住む人間的な暮らしを実現しようとした．土地は借地とし，開発利益は都市整備に還元するものとした．新都市の開発の考え方として世界的な影響を与えた．第二次大戦後，イギリスのニュータウンにおいて第一世代の基本的な考え方とされた．また，わが国のニュータウン開発の考え方などにも取り入れられている．

2.4 2.3.7項参照．[まず大ロンドン計画を説明し，第一世代から第三世代までの計画の考え方などを説明する．]

第3章

3.1
 (1) 都市基本計画はマスタープランともよばれ，都市計画の基本となる総合的な内容の計画である．わが国の場合，都市計画区域マスタープランを都道府県が策定し，都市計画区域を有する市町村が，都市計画区域マスタープランを上位計画，都市計画区域を主な対象地域として市町村都市計画マスタープランを策定している．なお，基本構想とは，都市基本計画のもととなるようなものであるが，都市基本計画にそうした内容を含むことも多い．

 (2) 特定の計画について，その前提として考慮すべきものを上位計画，内容の調整をする必要のあるものを関連計画とよぶ．都市基本計画の場合は，上位計画としては，都市計画区域より広域のもの，広域的基盤施設など，関連計画としては，工業，商業，農林業など他部門の計画が該当する．

 (3) フレームワークとは，特定の計画についてその枠組みとして位置づけられるものを指す．都市基本計画の場合は，経済的指標，人口，土地条件などが該当する．

 (4) 3.4.1項(2)参照． (5) 3.6.4項参照

 (6) 都市計画の策定には，人口，建築物などの分布状態を表す密度指標が用いられることが多い．密度指標としては，面積の取り方によって三種類ある．それぞれの説明は3.4.1項(3)参照．

3.2 3.1節参照．

3.3 3.2節，p.19用語説明「市区町村の基本構想」，表3-1参照．[各自の身近な市町村などの事例を調べて書くなどすることもよい．]

3.4 都市基本計画は，都市計画の課題や目標を示し，それらを実現するために土地利用計画，交通計画，公園などの計画を定める．立地適正化計画は，公共交通の整備と連携して，集約型都市構造を実現するために，居住誘導区域とその中に都市機能誘導区域を定める．立地適正化計画は都市計画マスタープランの実現手法に位置づけられる．

第4章

4.1
 (1) 都市計画区域は，わが国で定めている都市計画の対象地域である．法制度上は，実質的な都市圏に一致するように決めることが求められている．

 (2) 都市計画区域を市街化区域と市街化調整区域に区域区分することの通称である．[説明は，4.4.2項を参照して，区域区分やそれぞれの区域の目的などを書く．]

 (3) わが国のゾーニングとしては地域地区が設けられ，その主要なものが用途地域である．用途地域

は13種類あり，徐々に専用化されるようになってきている．

(4) 用途地域の規定として，建築物の用途規制と形態規制がある．用途規制は，用途種別ごとに建築物の許容用途または禁止用途を規定しており，良好な土地利用の実現を目的としている．一方，形態規制は，土地利用強度，高さなどを規定しているもので，建ぺい率や容積率，および，前面道路または隣地からの斜線制限などにより定められている．

(5) 斜線制限は，建築物に対する集団規定の一つで，明るさや風通しの確保など環境衛生上の観点から設けられている．斜線には前面道路からのものと隣地境界線からのものがあり，用途地域の種別により斜線の角度が異なる．また，建築物の位置を下げることにより，斜線位置が反対方向にずれる緩和措置も設けられている．

(6) わが国における建築基準法に基づく建築物の規制には，全国的に適用される単体規定と都市計画区域内だけに適用される集団規定がある．集団規定の内容として，用途規制，形態規制，接道義務などが設けられている．

(7) 建築物に関する法規定が制定されたときにすでに存在している建築物については，その法規定に適合していないものを既存不適格建築物とよぶ．既存不適格建築物は，建替えや大規模な修繕などのときに法規定に適合するようにしなければならない．

(8) 接道義務は集団規定の一つであり，建築物の敷地は道路に2 m以上接しなければならないというものである．旗竿敷地は接道義務を満たすために出現する旗竿状の敷地である．竿部分においてトラブルが発生することがあり，できるだけそういった敷地の発生を避ける必要がある．

4.2 4.4.5項，および4.4.8項参照．

4.3 準工業地域は最も多くの用途の建物立地が可能であり，住環境などがよくなく，相隣紛争が発生しやすい．そのため，できるだけ利用を抑制する必要があり，やむを得ず指定する場合は，合わせて特別用途地区または地区計画を指定し，そうした問題発生を防ぐことが望ましい．

第5章

5.1

(1) 5.3.2項，p.46用語説明「パーソントリップ調査」参照．

(2) 5.3.3項参照．

(3) TDMは，都市交通計画の基本的な考え方になっているものであり，都市中心部などにおいて自動車交通を抑制するため，公共交通の充実や優先を行うものである．一方，MMは，人々の交通行動意識や交通手段選択について自覚や啓発を通じて交通行動選択を変えようとするものである．

(4) 交通需要管理政策(TDM)の一環として行われるものである．都市中心部をいくつかのセル(ゾーンともよぶ)に区分し，区分線にトランジットモールなどを配してセル間の自動車の移動を禁止し，中心部での自動車の利用を抑制して歩行環境の改善を行うものである．

(5) いずれも中規模都市などにおける公共交通の基幹システムとして導入されている．パークアンドライドやバス路線網の再編と組み合わせることにより，交通環境の改善，環境問題の向上，中心市街地の活性化などを目的としている．LRTは軌道を走行するため安定性が高いが，整備や維持のコストがやや高く，BRTは輸送量がやや少なく安定性に欠けるが，路線の設定に柔軟性がある．

(6) 5.5.2項(3)参照．   (7) 5.5.2項(4)参照．

(8) 自動車と歩行者を完全分離することにより交通問題の改善を図ろうとするものであり，アメリカ合衆国のラドバーンで実現された．小学校や商店などは歩行者路のネットワークでアクセスできるようになっており，ニュータウンなど新規開発地の計画理論として取り入れられてきている．

(9) ボンエルフはオランダで発祥した考え方であり，歩車共存をめざすもので，ラドバーンシステム

の歩車分離とは対照的である．幹線道路を含まない地区を指定して，そこでは歩行や生活行動が優先されるようにして，自動車がスピードを出し難いように街路を改造するなどし，通過交通も抑制する．コミュニティ道路は，そうした考え方を実現するためにわが国で制度化された国による道路整備の補助事業である．ボンエルフと比較すると，歩行環境の優先度などが必ずしも十分ではない．

(10) いずれもボンエルフやコミュニティ道路の実現のために用いられている街路構造の物理的な改善手法である．それぞれの説明は5.7.3項参照．

(11) 幹線道路で囲まれた生活道路を中心とした地区を対象にして，車の最高速度を30 km/h以下に抑制するものである．ただし，標識や路面の速度標示のみでは限界があるため，シケインやハンプなどと組み合わせることが必要である．

5.2 5.2節参照．［街路の果たしている役割や交通計画のあり方について，各自の身近な例をあげながら説明するとよい．］

5.3 5.5.2項参照．［主な交通戦略は表5.5に整理して示しているが，そのうちのいくつかについて，各自が見聞したことのあるものを具体的にあげるなどして説明するとよい．］

5.4 5.7.1項，5.7.3項参照．［ラドバーンシステムにみられる分離の考え方と，ボンエルフなどにみられる共存の考え方を対比的に説明するとよい．］

5.5 5.7.3項，5.7.4項，5.7.5項参照．［ハード，ソフトの内容を説明するとともに，それらを一定の地区単位で行うことの必要性を説明するとよい．］

第6章

6.1

(1) 街区公園は，都市公園として設けられている住区基幹公園の中で最も身近な公園である．誘致距離を約250 m，面積約0.25 haを標準としている．児童公園は，街区公園の旧称であり，立地地域の特性に合わせて，児童だけでなく高齢者を含む多様な利用者に対応した整備内容を目標としている．

(2) いずれも都市公園として設けられている住区基幹公園の種類である．そのうち，近隣公園は，近隣住区に対応するものとし，誘致距離を約500 m，面積約2 haを標準としている．地区公園は，誘致距離を約1 km，面積約4 haを標準としている．

(3) ドイツで取り組まれてきた考え方であり，それぞれの土地が有している本来の植生や小動物などの生育環境にふさわしい自然環境を創出しようとするものである．

(4) ドイツの都市計画の中で実際に行われている考え方である．市街地における建物や緑地の配置により，まわりの自然環境からの風が都市の中を抜けるようにし，都市の環境の改善を図ろうとするものである．［説明に際して，ヒートアイランド現象の緩和と関連づけるとよい．］

(5) 6.5.3項参照．

6.2 6.3節参照．［機能のいくつかについて，各自の身近な公園の事例をあげながら説明するとよい．］

6.3 6.5節参照．

第7章

7.1

(1) 各人が居住している住宅についての意識を表すもので，実際の居住水準だけでなく，他人との比較，各人の居住経歴や住居観などによって規定されている．住宅困窮意識を少なくしていくことも，住宅政策の課題の一つである．

(2) 職業や経済的な理由などにより住まいの場所が限定されている世帯が一定の社会的な階層として存在している．そうしたことを前提として都市計画や住宅政策を検討する必要がある．

(3) わが国の住宅政策を検討するために設定されているものである．最低居住面積水準は計画目標年までにすべての世帯が達成すべきもので，誘導居住面積水準は半数以上の世帯が達成すべきものである．また，誘導居住面積水準には，都市内の共同住宅を想定した都市型誘導居住面積水準と，郊外などの戸建住宅を想定した一般型誘導居住面積水準がある．

(4) 建築物などの敷地を画地ともよび，それらがまとまって道路に囲まれている単位を街区とよぶ．土地区画整理事業などの市街地の基盤整備のための計画，設計においてよく用いられる．

(5) わが国においてもニュータウンの計画理論として近隣住区が採用されることが多く，近隣住区をさらに区分して近隣分区が設けられた．近隣住区は小学校，近隣分区は幼稚園などに対応した人口を単位としている．

(6) 空家のうち，倒壊の恐れのあるもの，著しく不衛生なものや景観を損っているものについては市町村長が特定空家として指定でき，所有者に適切な管理や取壊しを行うように指導，勧告，命令をすることができる．

(7) 中古住宅の流通促進を図るため，専門家が診断して住宅の品質を保証する仕組みのことである．

(8) 住宅の長寿命化のため，建物の躯体(スケルトン)を長期間の使用に耐えるものとし，内部(インフィル)や設備機器は必要に応じて変えられるようにするものである．そうすることにより，世帯のライフサイクルの変化や世帯の入れ替えに応じて間取りなどを比較的容易に変えられるようにする．

(9) 7.6.7項参照．

7.2 7.1節，7.2節参照．［各自の出身市町村などの例をあげて説明するとなおよい．］

7.3 7.3節，7.4.2項参照．［各自の出身市町村などの例をあげて説明するとなおよい．］

第8章

8.1

(1) 都市施設はわが国の都市計画で定めることのできる都市に必要な基盤施設であり，それらが都市計画の手続きを経て決定されると都市計画施設となる．都市計画施設の計画区域には都市計画制限が掛けられ，建築行為には許可を必要とし，一定規模以下のものしか認められないようになる．

(2) 飲料水などのために上水道が整備され，汚水を処理するために下水道が整備される．近年，大都市などの水不足に対応するため，下水処理後の水を再利用するための中水道が整備されることがある．

(3) 8.3.2項参照．　　　　　　　　　　　(4) 8.4節参照．

(5) 8.6.2項参照．

8.2 8.1節，表8-1参照．［身近な例をあげて説明するとよい．］

8.3 8.5節参照．［全体的な概要を説明するとともに，特定のものについて身近な例をあげて説明するとよい．］

8.4 1.6節，8.4節参照．［各自の生活体験などの例をあげて説明するとよい．］

第9章

9.1

(1) 公害とは産業活動などによる環境上の問題であり，被害者が加害者を提訴することがある．それに対応して公害紛争処理法に基づいた紛争処理制度があり，国や都道府県で設けられている組織が調停などにあたる．

(2) 9.1節参照．　　　　　　　　　　　(3) 9.2.1項参照．

(4) 9.2.2項参照．　　　　　　　　　　　(5) 9.2.3項参照．

(6) わが国では住生活における日照が重視されているため，中高層建築物による日影を一定以下に規

制すべく，日影規制の制度を設けている．また，北側斜線制限とは，一般的な日影規制に加えて，住居専用地域だけで規制されるもので，建築敷地の北側の隣地の日影を一定以下に抑制するための建築物の建築範囲を制限するものである．

9.2　**9.2.3**項参照．[全体的な概要を説明するとともに，特定のものについて身近な例をあげて説明するとよい．]

9.3　**9.4.1**項参照．[中高層建築物による相隣紛争についての各自の身近な例をあげて説明するとなおよい．]

第10章

10.1

(1)　**10.1.1**項参照

(2)　いずれも大地震時における都市の安全性を評価する指標であり，都市レベルと地区レベルの評価がある．延焼危険度は，木造建築物の割合などで計測される．また，避難危険度は，都市レベルの場合，広域避難地から 2 km 以上離れた地域を広域避難困難区域とし，その割合により評価し，地区レベルの場合，道路閉塞率や一次避難地からの距離などにより計測する．

(3)　大地震発生時に緊急的に避難するために一次避難地を設ける．規模は 1〜2 ha が望ましく，近隣公園などを活用する．また，避難路は複数確保することが望ましい．広域避難地は，おおむね 10 ha 以上，一人あたり 2 m² 以上などとする．

(4)　**10.5**節(**1**)参照．　　　　　　　　(5)　**10.5**節(**3**)参照．

10.2　**10.2**節参照．[表 10-1 にわが国における主な都市地域で発生した地震を示している．これらのうちの一つまたは複数のものを取り上げて，各種資料や **Web** サイトなどで調べて書くとよい．]

10.3　**10.4**節参照．[身近な公園を観察するなどして書くとよい．]

第11章

11.1

(1)　ケビン・リンチが提唱した都市に対して人々がもっている共通的イメージの表記法である．都市イメージの構成要素として，パス(道路)，エッジ(縁)，ノード(結節点)，ディストリクト(地区)，ランドマーク(目印)をあげ，それらをさらに主要な要素と主要でない要素に分けている．

(2)　アレグザンダーが提唱した考え方で，人々が心地よいと感じる都市空間や建物についてパタンを分類し，それらが文章のようにつながり親しみのもてる生き生きとした都市空間や建物ができるとした．

(3)　市街地において，建物の壁面を道路境界線に接するように建て，道路に対してほぼ隙間なく建物が連続するような形式を囲み(閉鎖)型街区，逆に，建物と建物の間や建物の前面が空いているような形式を開放型街区とよぶ．閉鎖型街区はヨーロッパの歴史的市街地において多くみられる．そうした地区では，建物の新築，建替え，増改築に際しても，そうした形式を踏襲するような規制が行われていることが多い．

(4)　街路空間の特性を評価する指標の一つであり，街路幅員(D)と沿道建築物の高さ(H)の比である．**11.5.3**項参照．

(5)　街路景観を表現するときに用いられるものである．突きあたり形式の街路構造となっており，突きあたり部分に位置するものを指す．アイストップにランドマーク的な建築などを配置することがある．

(6)　**11.8**節参照．

(7) **11.11.1**項, 図**11-16**参照.

11.2 **11.1.4**項参照.

11.3 **11.1**節参照.

11.4 **11.10**節参照.

第12章

12.1

(1) イギリスの都市基本計画である開発計画で二段階となっている場合は, 上位計画としてのストラクチュアプランと下位計画としてのローカルプランである. ストラクチュアプランは, カウンティにより策定される長期的な計画である. ローカルプランは, ディストリクトによりストラクチュアプランに準拠して策定され, 開発許可の指針となる.

(2) イギリスのローカルプランに策定されることがあるもので, 特別の都市計画的対応が予定されている区域である.

(3) **12.1.3**項参照.

(4) ドイツにおける計画の策定と執行は市町村が行うが, 計画は上位計画として, 広域計画のもとで定められる**F**プランと下位計画としての**B**プランから構成される. **F**プランには, 土地利用と都市施設の計画が示される. 公的機関を直接拘束するが, 民間を直接拘束しない. **B**プランは, 地区単位に比較的詳細な内容が策定され, 民間開発も拘束する.

(5) フランスの計画制度であり, **SRU**法のもとに, 上位計画である**SCOT**がコミューヌの連合体によって策定され, それに整合するようにして下位計画である**PLU**が定められる. 実際の土地利用や建物は**PLU**により規制・誘導を行う.

(6) インセンティブゾーニングとは, アメリカ合衆国などで用いられている都市計画の実現手法であり, 何らかの都市計画的優遇措置を設けることにより民間の開発などを誘導しようとするものである. それに用いられるものの一つが容積率の割増しを認める容積率ボーナスであり, わが国においても用いられている.

(7) アメリカ合衆国において宅地開発のときにその内容を規制, 誘導するために用いられている制度である. 街路構造, 宅地割, 都市施設の整備などが定められている.

(8) **12.4.5**項(3)参照.

(9) アメリカ合衆国において都市の成長管理政策のための手法として用いられているものであり, 事業所の開発など開発の進行する分野と開発が行われ難い分野を結びつけようとするものである.

12.2 **12.1**節参照. [各自が関連文献や**Web**サイトなどを調べて説明するとなおよい.]

12.3 **12.2**節参照. [各自が関連文献や**Web**サイトなどを調べて説明するとなおよい.]

12.4 フランスの計画制度は, 基礎的自治体であるコミューヌが権限をもっているが, 国が基本的枠組みを定め, また, コミューヌの連合体が主として計画の策定や実行を担っている. 具体的には, **SRU**法のもとに, 上位計画である**SCOT**がコミューヌの連合体によって策定され, それに整合するようにして下位計画である**PLU**が定められる. 実際の土地利用や建物は**PLU**により規制・誘導を行う. フランスの計画制度の特徴は, 地球温暖化などの環境問題の解決のために, 住宅計画や交通計画の内容が明確に位置づけられていることである.

12.5 **12.4**節参照. [各自が関連文献や**Web**サイトなどを調べて説明するとなおよい.]

第13章

13.1

(1) わが国の主な都市計画制度である．市区改正条例は東京府に適用するために1888年に制定された初めての都市計画制度であり，順次ほかの都市に準用された．都市計画法と市街地建築物法は1919年に制定されたもので，二つで都市計画に関連する内容を規定するようになり，これまで引き継がれてきている．

(2) わが国の都市計画は主に都市計画区域に適用される．都市計画が一定の都市規模の場合，都市計画区域マスタープランに市街化区域と市街化調整区域の区域区分を行うかどうかを定める．市街化区域は，「すでに市街地を形成している区域および，おおむね10年以内に優先的かつ計画的に市街化を図るべき区域」であり，市街化調整区域は「市街化を抑制すべき区域」である．

(3) 13.2.4項参照．

(4) 地域の実情などに対応するため，自治体が開発許可条例を定めて，あらかじめ区域と許可の要件を示すことにより，市街化調整区域における開発許可を出せるようにしたものである．市街化区域に近隣接する区域を対象とするものと，市街化調整区域全域を対象とするものがある．

(5) 13.2.3項(6)参照．　　　　　　　　　　　(6) 13.3.1項参照．

(7) 13.3.3項参照．

(8) いずれも地区を対象とする計画制度である．建築協定は，地区内の地権者全員の合意によるもので，建築物の意匠なども定めることが可能である．特定街区は一体的な開発において空地確保などの環境改善に寄与することを条件に，通常の地域地区にかかわらず特別の用途・形態規制を行うものである．

(9) 13.4.3項参照．

(10) 市町村が宅地開発や中高層建築物の建築に対する規制のために緊急避難的に行っているものである．都市計画制度で規定されていない内容について市町村が要綱という形式で行政上の指針を定めて民間開発の内容を規制，誘導している．

(11) いずれもわが国における都市計画の計画決定プロセスに設けられている住民参加制度である．13.6.7項参照．

(12) p.162用語説明「ワークショップ」参照．

13.2 13.3.2項参照．[13.3.2項の内容に基づいて説明する．また，各自が関連文献やWebサイトなどを調べたり，身近な土地区画整理事業の例をあげたりして論じるとなおよい．]

13.3 土地区画整理事業は市街地の基盤整備を行うものであり，わが国におけるほぼ唯一の面的な市街地の基盤整備事業であり，市街化区域における計画的な市街化のための手法として多用されている．また，土地区画整理事業後の上物(建築物)による市街化の進行は，用途地域などの一般的な都市計画の規制，誘導に依存している．そのため，土地区画整理事業の計画時に想定しているものとずれが生じたりする．近年，より計画的な市街化を実現するため，地区計画などを指定するものが増加してきている．

13.4 13.3.4項参照．[各自が関連文献やWebサイトなどを調べて説明するとなおよい．]

13.5 13.4.4項参照．[身近な例を取り上げたり，関連文献やWebサイトなどを調べたりして説明するとなおよい．]

13.6 13.6.7項参照．[各自が関連文献やWebサイトなどを調べて説明するとなおよい．]

13.7 13.6.7項，13.6.8項，p.162用語説明「パブリックコメント」「ワークショップ」参照．[各自が身近な例を取り上げたり，関連文献やWebサイトなどを調べたりして説明するとよい．]

参考文献・資料

全体

0-1) The London County Council: The Planning of a New Town-The data and design on a study for a new town of 100,000 at Hook, 1961 （ロンドン州議会著，佐々波秀彦・長峯晴夫共訳：新都市の計画，鹿島出版会，1964）

0-2) 建築学体系編集委員会編：建築学体系26　都市計画，彰国社，1965

0-3) Lewis Keeble: Principles and Practice of Town and Country Planning, The Estate Gazette, Ltd., 1969

0-4) 建築学体系編集委員会編：都市論・住宅問題，建築学体系2，彰国社，1969

0-5) Fredrick Gibberd: Town Design, The Architectural Press, 1970

0-6) 三村浩史：都市を住みよくできるか，日刊工業新聞社，1973

0-7) 渡部与四郎：都市計画・地域計画，技報堂出版，1973

0-8) 日本都市計画学会編：都市計画図集，技法堂出版，1978

0-9) 土木工学体系編集委員会編：土木工学体系23　都市および農村計画，彰国社，1979

0-10) 三村浩史：都市の居住政策，学芸出版社，1980

0-11) 今野博編著：新編都市計画，森北出版，1981

0-12) 日笠端編著：土地問題と都市計画，東京大学出版会，1981

0-13) Arthur B. Gallion, Simon Eisner: The Urban Pattern, Van Nostrand Reinhold Company, 1983

0-14) 光崎育利：都市計画，鹿島出版会，1984

0-15) 日本都市計画学会編著：都市計画マニュアル，日本都市計画学会，1985

0-16) 日笠端：都市計画(第2版)，共立出版，1986

0-17) 加藤晃，河上省吾：都市計画概論(第2版)，共立出版，1986

0-18) Department of the Environment, Planning Control in Western Europe, HMSO, 1987

0-19) 山田学他著：現代都市計画事典，彰国社，1992

0-20) 都市開発制度比較研究会編集：諸外国の都市計画・都市開発，ぎょうせい，1994

0-21) Raymond Unwin: Town Planning in Practice, Princeton Architectural Press, 1994 （Originally published in 1909)

0-22) 都市計画教育研究会編：都市計画教科書(第2版)，彰国社，1995

0-23) 三村浩史：地域共生の都市計画，学芸出版社，1997

0-24) 都市計画用語研究会：都市計画用語事典，ぎょうせい，1998

0-25) 新谷洋二，高橋洋二，岸井孝幸：都市計画，コロナ社，1998

0-26) 萩島哲編：都市計画，朝倉書店，1999

0-27) 都市史図集編集委員会編：都市史図集，彰国社，1999

0-28) 石井一郎他：最新 都市計画(第3版)，森北出版，2000

0-29) 高見沢実：初学者のための都市工学入門，2000

0-30) Clara Greed: Introducing Planning, The Athlone Press, 2000

0-31) 加藤晃：都市計画概論(第5版)，共立出版，2000

0-32) 青山吉隆編：図説 都市地域計画，丸善，2001

0-33) 日端康雄，北沢猛編著：明日の都市づくり，慶應義塾大学出版，2002

0-34) 日本都市計画学会編：都市計画マニュアルⅠ，丸善，2003

0-35) 柳沢厚他編著：自治体都市計画の最前線，学芸出版社，2007

0-36) 蓑原敬：地域主権で始まる本当の都市計画まちづくり，学芸出版社，2009

0-37) 高見沢実：初学者のための都市工学入門，鹿島出版会，2000

0-38) 蓑原敬編著：都市計画根底から見なおし新たな挑戦へ，学芸出版社，2011

0-39) 伊藤雅春他編著：都市計画とまちづくりがわかる本，彰国社，2011

0-40）大西隆編著：人口減少時代の都市計画，学芸出版社，2011

0-41）樗木武：都市計画（第2版），森北出版，2012

0-42）小林敬一：都市計画変革論，鹿島出版会，2017

第1章

1-1）C.C. Knowles, P.H. Pitt: The History of Building Regulation in London, Architectural Press, 1972

1-2）Gordon E. Cherry: Urban Change and Planning, G T Foulis & Co. Ltd., 1972

1-3）柴田徳衛：現代都市論（第2版），東京大学出版会，1976

1-4）角山榮，川北稔：路地裏の大英帝国，平凡社，1982

1-5）石田頼房：日本近代都市計画の百年，自治体研究社，1987

1-6）石田頼房：日本近代都市計画史研究，柏書房，1987

第2章

2-1）Arturo Soria y Mata（Marcos Diaz Gonzalez訳）：The Linear City, 1892 出 版（Stanford University, 1996）

2-2）E.Howard: To-morrow, A Peaceful Path to Real Reform, Swan Sonnenschein & Co. Ltd., 1898

2-3）Patrick Geddes: Cities in Evolution, Williams & Norgate, 1915

2-4）E.Howard: Garden Cities of To-morrow, 1902 （長素連訳：明日の田園都市，鹿島出版会，1968）

2-5）Nelson P. Lewis: The Planning of the Modern City, Jhon Willey & Sons, 1916

2-6）E.ハワード（長素連訳）：明日の田園都市，SD選書28，鹿島出版会，1968

2-7）John Nolen: New Towns for Old, Marshall Jones Company, 1927

2-8）Frederic J. Osborn, Arnold Wittick: The New Towns-The Answer to Megalopolis-, 1963 （ニュータウン－計画と理念－，鹿島出版会，1972）

2-9）佐々木宏：コミュニティ計画の系譜，SD選書，鹿島出版会，1971

2-10）Runcorn Development Corporation: Runcorn New Town, 1973

2-11）Andrew Blowers, et al. ed.: The Future Cities, Hutchinson Educational, 1974

2-12）Gordon E. Cherry: The Evolution of British Town Planning, Leonard Hill Books, 1974

2-13）Peter Hall: Urban and Regional Planning, Penguin Books, 1975

2-14）下総薫：イギリスの大規模ニュータウン，東京大学出版会，1975

2-15）クラレンス・A・ペリー（倉田和四生訳）：近隣住区論，鹿島出版会，1975

2-16）Donald A. Krueckeberg ed.: Introduction to Planning History in the United States, Rutgers University, 1983

2-17）ドーラ・ウィーベンソン（松本篤訳）：工業都市の誕生（The Cities），井上書院，1983

2-18）ハワード・サールマン（小沢明訳）：パリ大改造（The Cities），井上書院，1983

2-19）フランソワーズ・ショエ（彦坂裕訳）：近代都市（The Cities），井上書院，1983

2-20）斉木崇人：最初の田園都市・レッチワース，造景 No.16，1998

2-21）越澤明：東京都市計画物語，筑摩書房，2001

第3章

3-1）森村道美：マスタープランと地区環境整備，学芸出版社，1998

3-2）都市計画学会中部支部編：集約型都市構造への転換とそのプロセスプランニングに向けて，2015

第4章

4-1）F. Stuart Chapin, Jr., Edward J. Kaiser: Urban Land Use Planning, University Illinois Press, 1979 （佐々波秀彦，三輪雅久訳：都市の土地利用計画，鹿島出版会，1966）

4-2）David Rhind, Ray Hudson: Land Use, Methuen, 1980

4-3）宅地開発研究所：宅地開発指導要綱に関する調査研究，調研レポート No.93239，（財）日本住宅総合センター，**1994**

4-4）大友篤：地域分析入門（改訂版），東洋経済新聞社，**1997**

4-5）川上光彦他編著：人口減少時代における土地利用計画，学芸出版社，**2010**

4-6）林直樹他編著：撤退の農村計画，学芸出版社，**2010**

4-7）日本建築学会編：都市縮小時代の土地利用計画，学芸出版社，**2017**

第**5**章

5-1）Clarence Arthur Perry: Neighborhood and Community Planning, Regional Survey, Vol. Ⅶ, Regional Plan of New York and its Environs, 1929

5-2）八十島義之助他編：都市の自動車交通，鹿島出版会，**1965**（Traffic in Towns, HMSO, 1963）

5-3）オランダ王立ツーリングクラブ：オランダにおける WOONERF 計画（1），（2），人と車，**Vol.14, No.1**，**1978**

5-4）天野光三他：歩車共存道路の計画・手法，都市文化社，**1986**

5-5）吉岡昭雄：市街地道路の計画と設計，技術書院，**1988**

5-6）Institute of Transportation Engineers: Residential Street Design and Traffic Control, Prentice Hall, 1989

5-7）土木学会土木計画研究会編：魅力あるみちづくり・まちづくり，土木学会，**1989**

5-8）住区内街路研究会：人と車・おりあいの道づくり，鹿島出版会，**1989**

5-9）楠木武，井上信昭：交通計画学，共立出版，**1993**

5-10）中村英夫，森地茂編：交通安全と街づくり，到草書房，**1993**

5-11）Barry J. Simpson: Urban Public Transport Today, E & FN SPON, 1994

5-12）春日井道彦：ドイツのまちづくり，学芸出版社，**1999**

5-13）山中英生，小谷通泰，新田保次：まちづくりのための交通戦略，学芸出版社，**2000**

5-14）西村幸格，服部重敬：都市と路面公共交通，学芸出版社，**2000**

第**6**章

6-1）田畑貞寿：都市のグリーンマトリックス，鹿島出版会，**1979**

6-2）白幡洋三郎：近代都市公園史の研究，同朋社，**1995**

第**7**章

7-1）西山卯三：住居論，到草書房，**1968**

7-2）早川和男，和田八束，西川圭治：住宅問題入門，有斐閣，**1968**

7-3）金沢良雄，西山卯三，福武直，柴田徳衛編：住宅計画，住宅問題講座6，有斐閣，**1968**

7-4）金沢良雄，西山卯三，福武直，柴田徳衛編：住宅環境，住宅問題講座7，有斐閣，**1969**

7-5）建築学体系編集委員会編：建築学体系27　集団住宅，彰国社，**1971**

7-6）三村浩史：都市の居住政策，学芸出版社，**1980**

7-7）早川和男：居住福祉，岩波新書，岩波書店，**1997**

第**10**章

10-1）三船康道：地域・地区防災まちづくり，オーム社，**1995**

10-2）河田恵昭：都市大災害－阪神・淡路大震災に学ぶ－，近未来社，**1995**

10-3）関沢愛：阪神・淡路大震災における火災の発生状況と焼け止まり状況について，消防科学と情報，No.40，**1995**

10-4）兵庫県都市住宅部計画課：兵庫県防災まちづくりガイドライン，**1997**

10-5）建設省都市局都市防災対策室監修，都市防災実務ハンドブック編集委員会：都市防災実務ハンドブ

ック，ぎょうせい，**1997**

10-6）日本都市計画学会防災・復興問題研究特別委員会編：安全と再生の都市づくり－阪神・淡路大震災を超えて－，学芸出版社，**1999**

10-7）（財）都市緑化技術開発機構公園緑地防災技術共同研究会編：防災公園技術ハンドブック，公害対策技術同友会，**2000**

10-8）内閣府：わが国の防災対策，**2002**

10-9）神戸市都市計画局：安全で快適なまちづくりをめざして，**2002**

第11章

11-1）Charles Mulford Robinson: Modern Civic Art, G.P.Putman's Sons, 1904

11-2）Thomas Adams: Outline of Town and City Planning, Russel Sage Foundation, 1935

11-3）Patrick Abercrombie: Town and Country Planning, Oxford University, 1933

11-4）ケビン・リンチ（富田玲子，丹下健三訳）：都市のイメージ，岩波書店，**1968**

11-5）Frederick Gibberd: Town Design Sixth Edition, The Architectural Press, 1970

11-6）西川幸治：日本都市史研究，日本放送出版協会，**1972**

11-7）Oscar Newman: Crime Prevention Through Urban Design, Institute for Community Design Analysis, Inc., 1973

11-8）芦原義信：外部空間の設計，彰国社，**1975**

11-9）ヘレン・ロウズナウ（西川幸治監訳，理想都市研究会訳）：理想都市，鹿島出版会，**1979**

11-10）都市デザイン研究会：都市デザイン－理論と方法－，学芸出版社，**1981**

11-11）警察庁防犯課監修，伊藤滋編：都市と犯罪，東洋経済新報社，**1982**

11-12）稲葉和也，中山繁信：建築の絵本・日本人のすまい，彰国社，**1983**

11-13）ホースト・ドラクロワ（渡辺洋子訳）：城壁に囲まれた都市（**The Cities**），井上書院，**1983**

11-14）ポール・ランプル（北原理雄訳）：古代オリエント都市（**The Cities**），井上書院，**1983**

11-15）ハワード・サールマン（福川裕一訳）：中世都市（**The Cities**），井上書院，**1983**

11-16）アーバンデザイン研究体：アーバンデザイン－軌跡と実践手法－，彰国社，**1985**

11-17）ノーバート・ショウナワー（三村浩史他訳）：世界のすまい6000年，彰国社，**1985**

11-18）ピエール・ルイジ・チェルベラーティ（加藤晃規編訳）：ボローニャの試み，**1986**

11-19）ウォルフガング・ブラウンフェルス（日高健一郎訳）：西洋の都市，丸善，**1986**

11-20）Wolfgang Braunfels（Kenneth J. Northcott訳）：Urban Design in Western Europe, The University of Chicago Press, 1988

11-21）藤岡通夫：城と城下町，中央公論美術出版，**1988**

11-22）鳴海邦碩編：景観からのまちづくり，学芸出版社，**1988**

11-23）高橋康夫，吉田伸之：日本都市史入門Ⅰ 空間，東京大学出版会，**1989**

11-24）中村良夫，篠原修，越沢明，天野光一：文化遺産としての街路－近代街路計画の思想と手法－，財団法人国際交通安全学会，**1989**

11-25）鳴海邦碩，田端修，榊原和彦編：都市デザインの手法，学芸出版社，**1990**

11-26）Jim McCluskey：Road Form and Townscape Second Edition, Butterworth Architecture, 1979（邦訳：ジム・マクラスキー著，六鹿正治訳，街並をつくる道路，鹿島出版会，**1984**）

11-27）鈴木敏：景観舗装の知識，技報堂出版，**1992**

11-28）Cliff Moughtin：Urban Design; Street and Square, Butterworth Architecture, 1992

11-29）高橋康夫，吉田伸之，宮本雅明，伊藤毅：図集　日本都市史，東京大学出版会，**1993**

11-30）Alan B. Jacobs：Great Street, MIT Press, 1995

11-31）永松栄：ドイツ中世の都市造形，彰国社，**1996**

11-32）相田武文・土屋和男：都市デザインの系譜，鹿島出版会，**1996**

11-33）永松栄：ドイツ中世の都市造形，彰国社，**1996**

11-34）Silvia Cassani ed.: Pompeii, L'Erma di Bretschneider, 1998

11-35）カール・グルーパー（宮本正行訳）：ドイツの都市造形史，西村書店，1999

11-36）西村幸夫，町並み研究会編著：都市の風景計画，学芸出版社，2000

11-37）竹内裕二：イタリアの路地と広場　上・下，彰国社，2001

11-38）都市美研究会編：都市のデザイン，学芸出版社，2002

11-39）西村幸夫，町並み研究会編著：日本の風景計画，学芸出版社，2003

11-40）西村幸夫編著：路地からのまちづくり，学芸出版社，2006

第12章

12-1）Ministry of Housing and Local Government et al.: The Future of Development Plan, 1965

12-2）John Delafons: Land-Use Controls in the United States（2nd ed.），The MIT Press, 1969

12-3）Ministry of Housing and Local Government: Development Plan, HMSO, 1970

12-4）Martin Daub: Bebauungsplanung, Verlag W. Kohlhammer, 1973

12-5）Desmond Heap: An Outline of Planning Law（sixth ed.），Sweet & Maxwell, 1973

12-6）A.E.Telling: Planning Law and Procedure（fourth ed.），Butterworths, 1973

12-7）Josephine Reynolds ed.: Conservation Planning in Town and Country, Liverpool University Press, 1976

12-8）Robert H. Nelson: Zoning and Property Rights, The MIT Press, 1977

12-9）春日井道彦：比較でみる西ドイツの都市と計画，学芸出版社，1981

12-10）ハルムート・ディートリッヒ，ユルゲン・コッホ（阿部成治訳）：西ドイツの都市計画制度，学芸出版社，1981

12-11）渡辺俊一：アメリカ都市計画とコミュニティ理念，技報堂出版，1982

12-12）稲本洋之助他：ヨーロッパの土地法制，東京大学出版会，1983

12-13）Donald Krueckeberg ed.: Introduction to Planning History in the United Sates, Rutgers University, 1983

12-14）木村光宏，日端康雄：ヨーロッパの都市再開発，1984

12-15）R.H.Williams ed.: Planning in Europe, George Allen & Unwin, 1984

12-16）日笠端：先進諸国における都市計画手法の考察，共立出版，1985

12-17）William A.Fischel: The Economics of Zoning Laws, The Johns Hopkins University Press, 1985

12-18）Vittorio Magnago Lampugnani: Architecture and City Planning in the Twentieth Century, Van Nostrand Reinhold Company, 1985

12-19）Boston Development Authority: Citizen's Guide to Zoning for Boston, City of Boston, 1986

12-20）日本建築センター編：西ドイツの都市計画制度と運用，1977

12-21）New York Department of City Planning ed.：Zoning Handbook, City of New York, 1988

12-22）H.W.E.Davies: Planning Control in Western Europe, HMSO, 1989

12-23）矢作弘，大野輝之：日本の都市は救えるか－アメリカ合衆国の「成長管理」政策に学ぶ－，開文堂，1990

12-24）バリー・ポイナー（小出治他訳）：デザインは犯罪を防ぐ，（財）都市防犯研究センター，1991

12-25）日端康雄，木村光宏：アメリカの都市開発，学芸出版社，1992

12-26）大野輝之，レイコ・ハベ・エバンス：都市開発を考える，岩波書店，1992

12-27）Department of the Environment, Planning Policy Guidance No.12: Development Plans and Regional Planning Guidance, HMSO, 1992

12-28）建設省監修，都市開発制度比較研究会編：諸外国の都市計画・都市開発，ぎょうせい，1993.11

12-29）横山浩他：欧米諸国の都市計画コントロールの仕組み，建築研究資料 No.81，建設省建築研究所，1994

12-30）川合正兼：北米のまちづくり，学芸出版社，1995

12-31) K.Ermer, R.Mohrmann, H.Sukopp（水原渉訳）：環境共生時代の都市計画，技報堂，1996

12-32) 大野輝之：現代アメリカ都市計画，学芸出版社，1997

12-33) J.B.Cullingworth and Vincent Nadin: Town & Country Planning in the UK（Twelfth edition），Routledge, 1997

12-34) 高見沢実：イギリスに学ぶ成熟社会のまちづくり，学芸出版会，1998

12-35) 海道清信：コンパクトシティ，学芸出版社，2001

12-36) 阿部成治：大型店とドイツのまちづくり，学芸出版社，2001

12-37) （財）自治体行政国際化協会：英国の地方自治，2002

12-38) （財）自治体行政国際化協会：ドイツの地方自治，2003

12-39) 伊藤滋他監修，（財）民間都市開発推進機構都市研究センター：欧米のまちづくり・都市計画制度，ぎょうせい，2004

12-40) 和田幸信：フランスの環境都市を読む，鹿島出版会，2014

12-41) 服部圭郎：ドイツ・縮小都市の都市デザイン，学芸出版社，2016

第13章

13-1) 建設省都市局区画整理課，（財）都市計画協会：区画整理標準(案)，1977.3

13-2) 建設省編：日本の都市，（社）建設広報協議会，1977

13-3) 建設省編：日本の住宅と建築，（社）建設広報協議会，1977

13-4) 岩見良太郎：土地区画整理の研究，自治体研究社，1978

13-5) 都市行政研究会編：日本の都市，建設広報協議会，1979

13-6) 建設省都市局都市計画課・住宅局市街地建築課：地区計画関係資料集，1980

13-7) 塩見譲監修：宅地開発指導要綱－その運用と展望－，地域科学研究会，1980

13-8) 日笠端編著：地区計画，共立出版，1981

13-9) 岸井隆幸：市街地開発事業，新体系土木工学57 都市計画Ⅲ 都市計画事業 第2章，1981

13-10) 竹重貞蔵：換地設計の手引き，全国土地区画整理組合連合会，1982

13-11) 鈴木克彦：すぐに役立つ「建築協定」の運営とまちづくり，鹿島出版会，1992

13-12) 上田智司：よくわかる改正都市計画法・建築基準法の要点，法学書院，1992

13-13) 岩田規久男，小林重敬，福井秀夫：都市と土地の理論，ぎょうせい，1992

13-14) 日笠端編著：21世紀の都市づくり－地区の都市計画－，第一法規出版，1993

13-15) 岸井隆幸：土地区画整理事業の変遷に関する考察，都市計画 No.181，1993

13-16) 五十嵐敬喜他：美の条例，学芸出版社，1996

13-17) 建設省住宅局市街地建築課監修：建築基準法に基づく総合設計制度の解説，日本建築センター，1996

13-18) 建設省都市局都市計画課・住宅局市街地建築課監修：街並み誘導型地区計画のつかい方，ぎょうせい，1997

13-19) 木下勇：ワークショップ，学芸出版社，2007

13-20) 日本建築学会編：景観法活用ガイド，ぎょうせい，2008

13-21) 大澤昭彦：高さ制限とまちづくり，学芸出版社，2014

索　引

著者略歴

川上　光彦(かわかみ・みつひこ)

1947 年　石川県金沢市生まれ
1972 年　京都大学大学院工学研究科修士課程修了
1976 年　金沢大学工学部助手
1984 年　工学博士
1985 年　金沢大学工学部助教授
1991 年　金沢大学工学部教授
2004 年　金沢大学大学院教授
2008 年　金沢大学理工研究域教授
2013 年　金沢大学名誉教授
　　　　　現在に至る

著書

「まちづくりの戦略」(編著)，山海堂，1994 年，「人口減少時代における
土地利用計画」(編著)，学芸出版社，2010 年，「地方都市の再生戦略」(編著)，
学芸出版社，2013 年など

主な活動

石川県都市計画審議会会長，石川県開発審査会会長，金沢市都市計画マス
タープラン策定委員会委員長，NPO 法人金澤町家研究会理事長など

編集担当　加藤義之(森北出版)
編集責任　藤原祐介(森北出版)
組　　版　コーヤマ
印　　刷　日本制作センター
製　　本　　同

都市計画（第 4 版）　　　　　　　　　　　　　　Ⓒ 川上光彦　2021

2008 年 1 月 21 日　第 1 版第 1 刷発行　　　【本書の無断転載を禁ず】
2011 年 8 月 10 日　第 1 版第 4 刷発行
2012 年 11 月 21 日　第 2 版第 1 刷発行
2016 年 8 月 10 日　第 2 版第 4 刷発行
2017 年 10 月 17 日　第 3 版第 1 刷発行
2020 年 9 月 3 日　第 3 版第 4 刷発行
2021 年 11 月 12 日　第 4 版第 1 刷発行
2023 年 4 月 28 日　第 4 版第 2 刷発行

著　　者　川上光彦
発 行 者　森北博巳
発 行 所　森北出版株式会社

東京都千代田区富士見 1-4-11(〒102-0071)
電話 03-3265-8341／FAX 03-3264-8709
https://www.morikita.co.jp/
日本書籍出版協会・自然科学書協会　会員
JCOPY　＜(一社)出版者著作権管理機構　委託出版物＞

落丁・乱丁本はお取替えいたします.

Printed in Japan／ISBN978-4-627-49614-9